ちくま学芸文庫

関数解析

宮寺 功

筑摩書房

まえがき

本書は大学理工系の一般教育課程の数学を終えられた人達を対象とした現代解析学への入門書である．関数解析は今世紀のはじめ頃から次第に発展し，現在では解析学の中心的地位を占める数学の一分野である．古典的な解析学では，主として個々の関数や方程式の性質を取り扱ってきたのに対し，ここでは関数の集合である関数空間を考え，そこにおいて定義される作用素（関数空間の各要素に他の関数空間の要素を対応させる写像）の性質を位相的方法により研究し，解析学の理論を展開する．

本書においては，その前半（1章〜4章）で関数解析学の基礎としての Banach 空間論の入門的な一応の理論を丁寧に解説した．後半では，積分方程式に関する Fredholm の理論の抽象化である Riesz-Schauder の理論（5章），および発展方程式の Cauchy 問題と密接な関係をもつところの線形作用素の半群に関する Hille-吉田の理論（7章）を叙述した．これら二つの理論はいずれも関数解析があげた重要な成果である．また関数解析では実数値関数の代りに Banach 空間の中に値をもつ関数（ベクトル値関数）の積分や微分がしばしば問題となる．線形作用素の半群の理論を展開する際にもこれが必要となる．そこで，6章において，ベクトル値関数の Lebesgue 式積分

論，いわゆる Bochner 積分論を述べた．以上のような構成により，高度の数学的知識を準備せずに現代解析の一端を解説しようというのが本書のねらいである．

本書を読むにあたって，予備知識としては距離空間のトポロジー理論，および Lebesgue 積分論等が一通り理解されていれば十分である．§1〜§10 を読んだ後 §11，§12 をとばして 6 章，7 章の順に進み最後に §11，§12 を読んでもよく，また Lebesgue 積分を知らない人は 6 章，§16.1，および関数空間 $L^p(a, b)$ を用いる例をとばして読んでもあとのことに殆んど支障はない．本書のいくつかの個所で，定義や定理から容易に得られるような事柄や系，および注意事項等は，煩雑さを避けるため証明をつけなかった．これらは各章末の演習問題の中に採録し，他の問題とともに略解を巻末に付した．

数学を専攻する学生諸君のみならず，物理学や工学を学ぶ学生諸君にとっても，教科書，参考書，あるいは自習書として，本書が現代解析学の学習の入門書として少しでもお役にたてば幸いである．

終わりに，本書の執筆をおすすめ下さった畏友鶴見茂氏に厚く御礼を申上げたい．さらに，原稿を通読し，いろいろ有益な注意をよせられた友人大春慎之助君，ならびに出版について始終お世話になった理工学社の富田宏氏に心から感謝の意を表わす次第である．

1972 年 2 月

宮　寺　　功

第2版にあたり

 (C_0) 半群の積分版ともいえる Integrated Semigroup なる概念が 1987 年に W. Arendt (Vector valued Laplace transforms and Cauchy problems, Israel J. Math. 59 (1987), 327-352) により導入され注目を浴びてきている．この考え方にもとづいて7章，§20 抽象的 Cauchy 問題を全面的に書きかえた．また5章，§10.2 の一部を手直しした．

 改訂にあたり早稲田大学・大学院生の竹内慎吾君と理工学社の吉住久氏に大変お世話になった．ここに記して感謝の意を表わす次第である．

 1995 年 12 月

宮　寺　　功

目　次

第1章　Banach 空間

§ 1. Banach（バナッハ）空間の定義 ………………………… 13
  1.1. 線形空間 …………………………………………………… 13
  1.2. Banach 空間 ……………………………………………… 18
§ 2. Banach 空間の例 ……………………………………………… 23
  2.1. 数列空間 …………………………………………………… 23
  2.2. 関数空間 …………………………………………………… 29
  2.3. Hilbert（ヒルベルト）空間 …………………………… 38
第1章の問題 …………………………………………………………… 43

第2章　線形作用素

§ 3. 線形作用素 ……………………………………………………… 47
  3.1. 線形作用素の定義 ………………………………………… 47
  3.2. 連続性と有界性 …………………………………………… 48
  3.3. 逆作用素 …………………………………………………… 51
  3.4. 作用素の和と積 …………………………………………… 53
  3.5. 線形作用素の例 …………………………………………… 58
§ 4. 一様有界性・開写像・閉グラフ定理 ……………………… 62
  4.1. 一様有界性定理 …………………………………………… 62
  4.2. 開写像定理 ………………………………………………… 67
  4.3. 閉作用素 …………………………………………………… 71
第2章の問題 …………………………………………………………… 75

第3章　線形汎関数

§ 5. 線形汎関数 ……………………………………………………… 78
  5.1. 線形汎関数の定義 ………………………………………… 78
  5.2. 幾何学的性質 ……………………………………………… 80

5.3.	線形汎関数の例	85
§ 6.	線形汎関数の拡張	88
6.1.	Hahn-Banach（ハーン・バナッハ）の拡張定理	88
6.2.	ノルム空間における線形汎関数の拡張	93
第3章の問題		98

第4章 共役空間

§ 7.	共役空間	101
7.1.	共役空間の定義	101
7.2.	第二共役空間・回帰性	104
7.3.	弱収束	109
§ 8.	共役空間の例	117
8.1.	空間 $(c)^*$	117
8.2.	空間 $(l^p)^*$ $(1 \leq p < \infty)$	120
8.3.	空間 $(C[a,b])^*$	124
8.4.	空間 $(L^p(a,b))^*$ $(1 \leq p < \infty)$	132
8.5.	Hilbert 空間の共役空間	143
§ 9.	共役作用素	148
第4章の問題		154

第5章 線形作用素方程式

§ 10.	線形作用素のスペクトルとレゾルベント	157
10.1.	スペクトル，レゾルベント	157
10.2.	閉作用素のレゾルベント	158
§ 11.	完全連続作用素	167
11.1.	完全連続作用素の定義, F. Riesz の補助定理	167
11.2.	完全連続作用素の性質	172
11.3.	完全連続作用素の空間	178
§ 12.	抽象的積分方程式	182
12.1.	（完全連続作用素の）固有値	183
12.2.	（完全連続作用素の）固有空間	188
12.3.	抽象的積分方程式（Fredholm の交替定理）	193

第5章の問題 ……………………………………………… 198

第6章 ベクトル値関数

§ 13. 可測性 ……………………………………………… 201
　13. 1. ベクトル値関数の可測性 …………………………… 201
　13. 2. 作用素値関数の可測性 …………………………… 207
§ 14. Bochner（ボッホナー）積分 ……………………… 211
　14. 1. Bochner積分 ……………………………………… 211
　14. 2. Bochner積分の諸性質 …………………………… 219
§ 15. 区間上のベクトル値関数 …………………………… 228
　15. 1. 連続なベクトル値関数 …………………………… 228
　15. 2. ベクトル値関数の微分可能性 …………………… 235
第6章の問題 ……………………………………………… 247

第7章 線形作用素の半群

§ 16. 線形作用素の半群 …………………………………… 251
　16. 1. 半群の可測性と連続性 …………………………… 251
　16. 2. (C_0) 半群 ………………………………………… 255
　16. 3. 半群の例 …………………………………………… 258
§ 17. 半群の生成作用素 …………………………………… 266
　17. 1. $(C_0)_u$ 半群の生成作用素 …………………………… 267
　17. 2. (C_0) 半群の生成作用素 …………………………… 270
　17. 3. 生成作用素のレゾルベント ……………………… 274
§ 18. (C_0) 半群の表現 …………………………………… 283
§ 19. 半群の生成定理 ……………………………………… 295
　19. 1. 半群の生成定理 …………………………………… 295
　19. 2. 群の生成定理 ……………………………………… 302
§ 20. 抽象的 Cauchy 問題 ………………………………… 305
第7章の問題 ……………………………………………… 317

付　録　320
問題の略解　323

参考文献 357
解説（新井仁之）359
索　引 372

関数解析

第1章 Banach 空間

§1. Banach (バナッハ) 空間の定義

1.1. 線形空間

定義 1.1. Φ を複素数体または実数体とする．或る集合 X が次の条件 I，II を満足するとき，X は Φ の上の**線形空間**（または**ベクトル空間**）であるといわれる．

I．X の任意の 2 元 x, y に対して，これらの和と呼ばれる X の元 $x+y$ が一意的に定まり，しかも，次の性質をもっている．

(1.1) X の任意の元 x, y, z に対して
$$x+y = y+x, \ (x+y)+z = x+(y+z).$$

(1.2) 0 という X の 1 つの元が存在して，任意の $x \in X$ に対して
$$x+0 = x.$$

(1.3) 任意の $x \in X$ に対し，つねに $-x$ という X の元が存在して
$$x+(-x) = 0.$$

II．任意の $\alpha \in \Phi$ と任意の $x \in X$ とに対し，これらの

積と呼ばれる X の元 αx が一意的に定まり，しかも，次の性質をもっている．任意の $\alpha, \beta \in \Phi$，および $x, y \in X$ に対して

(1.4) $1x = x$

(1.5) $(\alpha\beta)x = \alpha(\beta x)$

(1.6) $\alpha(x+y) = \alpha x + \alpha y, \quad (\alpha+\beta)x = \alpha x + \beta x.$

Φ が複素数体（実数体）のとき，Φ の上の線形空間 X を**複素（実）線形空間**という．

X が Φ の上の線形空間のとき，次の (1.7)～(1.11) が容易にわかる．

(1.7) 任意の $x \in X$, $y \in X$ に対し，$y+z=x$ を満足する $z \in X$ がただ1つ存在して $z = x+(-y)$. $x+(-y)$ を $x-y$ とかく．

(1.8) 任意の $\alpha \in \Phi$ に対し，$\alpha 0 = 0$ （0 は X の元）．

(1.9) 任意の $x \in X$ に対し，$0x = 0$ （左辺の 0 は Φ の元，また右辺の 0 は X の元である）．

(1.10) $\alpha \in \Phi$, $x \in X$ に対し，$(-\alpha)x = -\alpha x.$

(1.11) $\alpha x = 0$ （ただし $\alpha \in \Phi$, $x \in X$）ならば，$\alpha = 0$ または $x = 0$.

今後は "Φ の上の" という言葉を省略して，単に線形空間と呼ぶことにする．

例 1.1. n 個の実数の組 $(\xi_1, \xi_2, \cdots, \xi_n)$ の全体からなる集合 V^n を考えよう．V^n の2元 $x = (\xi_1, \xi_2, \cdots, \xi_n)$, $y = (\eta_1, \eta_2, \cdots, \eta_n)$ に対してその和 $x+y$ を

$$x+y = (\xi_1+\eta_1, \xi_2+\eta_2, \cdots, \xi_n+\eta_n)$$

により定義する．また実数 α と V^n の元 $x=(\xi_1,\xi_2,\cdots,\xi_n)$ との積 αx を
$$\alpha x=(\alpha\xi_1,\alpha\xi_2,\cdots,\alpha\xi_n)$$
により定義すると，V^n は実線形空間となる．

例 1.2. 区間 (a,b) で定義された実数値（複素数値）関数 x,y，および実数（複素数）α に対して，$x+y$ および αx をそれぞれ
$$(x+y)(t)=x(t)+y(t),\ (\alpha x)(t)=\alpha x(t)\ (t\in(a,b))$$
により定義する．このとき，(a,b) で定義された実数値（複素数値）関数の全体からなる集合は実（複素）線形空間である．

定義 1.2. 線形空間 X の空でない部分集合 M が，次の条件をもつとき，M を X の**線形部分空間**という．

(1.12)　$x\in M$, $y\in M$ ならば $x+y\in M$.

(1.13)　$x\in M$ ならば，任意の $\alpha\in\Phi$ に対して $\alpha x\in M$.

上の (1.12), (1.13) の代わりに

(1.14)　$x\in M$, $y\in M$ ならば，任意の $\alpha\in\Phi$, $\beta\in\Phi$ に対して
$$\alpha x+\beta y\in M$$
としてもよい．定義から，X の線形部分空間は（X に定義されている線形演算を受けつぐことにより）また 1 つの線形空間である．

定義 1.3. 線形空間 X の元 $x_i\in X$ $(i=1,2,\cdots,n)$ に対し，

$$\alpha_1 x_1 + \alpha_2 x_2 + \cdots + \alpha_n x_n \quad (\alpha_i \in \Phi,\ i=1, 2, \cdots, n)$$
を $x_1, x_2, \cdots, x_n$ の**一次結合**という.

S を X の空でない部分集合とする. S の任意有限個の元の一次結合の全体の集合を M とするとき, M は X の線形部分空間であることが容易にわかる. この M を, S によって**張られる線形部分空間**(または S から**生成される線形部分空間**)と呼ぶ.

X の任意個の線形部分空間の共通集合はまた1つの線形部分空間となるから, 次のことがわかる:

M を S から生成される線形部分空間とすると, M は S を含む線形部分空間の全体の共通集合である. 即ち M は S を含む最小の線形部分空間である.

定義 1.4. 線形空間 X の元 $x_1, x_2, \cdots, x_n$ について,
$$\alpha_1 x_1 + \alpha_2 x_2 + \cdots + \alpha_n x_n = 0$$
ならば
$$\alpha_1 = \alpha_2 = \cdots = \alpha_n = 0$$
となるとき, $x_1, x_2, \cdots, x_n$ は**一次独立**であるという. 一次独立でないとき, $x_1, x_2, \cdots, x_n$ は**一次従属**であるという.

定義 1.5. 線形空間 X において, 任意の自然数 n に対して n 個の一次独立な元が存在するとき, X は**無限次元**であるといい, そうでないとき X は**有限次元**であるという.

X が有限次元で 0 以外の元をもつならば, 次の条件を満足する自然数 n が存在する.

(1.15) X の中に一次独立な n 個の元が存在し,かつ
X のいかなる $n+1$ 個の元も一次従属である.

このとき X は **n 次元**であるという.

また元 0 のみからなる線形空間 $\{0\}$ は **0 次元**であるという.

定義から,X が n 次元線形空間(ただし n は自然数)ならば,一次独立な n 個の X の元 $x_1, x_2, \cdots, x_n$ が存在し,各 $x \in X$ は

(1.16) $\quad x = \alpha_1 x_1 + \alpha_2 x_2 + \cdots + \alpha_n x_n,$
$\quad \alpha_i \in \Phi \ (i=1, 2, \cdots, n)$

なる形に一意的に表わされる.

実際,$x \in X$ のとき,$n+1$ 個の元 $x, x_1, \cdots, x_n$ は一次従属のゆえ,$\beta_0 x + \beta_1 x_1 + \cdots + \beta_n x_n = 0$ で,しかも $\beta_i \ (i=0, 1, \cdots, n)$ の中の少なくとも 1 つは 0 と異なるような $\beta_i \in \Phi$ が存在する.もし $\beta_0 = 0$ ならば $\beta_1 x_1 + \beta_2 x_2 + \cdots + \beta_n x_n = 0$ となり,$x_1, x_2, \cdots, x_n$ が一次独立ということから,$\beta_1 = \beta_2 = \cdots = \beta_n = 0$.ゆえに $\beta_i = 0 \ (i=0, 1, \cdots, n)$ となり矛盾である.従って $\beta_0 \neq 0$.いま $\alpha_i = -\beta_i/\beta_0 \ (\in \Phi) \ (i=1, 2, \cdots, n)$ とおくと,$x = \alpha_1 x_1 + \alpha_2 x_2 + \cdots + \alpha_n x_n$ を得る.次に表現の一意性を示す.もし $x = \alpha_1 x_1 + \alpha_2 x_2 + \cdots + \alpha_n x_n = \alpha'_1 x_1 + \alpha'_2 x_2 + \cdots + \alpha'_n x_n$ ならば,$(\alpha_1 - \alpha'_1) x_1 + (\alpha_2 - \alpha'_2) x_2 + \cdots + (\alpha_n - \alpha'_n) x_n = 0$.$x_1, x_2, \cdots, x_n$ は一次独立のゆえ,$\alpha_1 - \alpha'_1 = 0, \ \alpha_2 - \alpha'_2 = 0, \cdots, \alpha_n - \alpha'_n = 0$,即ち $\alpha_1 = \alpha'_1, \ \alpha_2 = \alpha'_2, \cdots, \alpha_n = \alpha'_n$ である.

例 1.1 における線形空間 V^n は n 次元,また例 1.2 で与えた線形空間は無限次元である.

1.2. Banach 空間

定義 1.6. 線形空間 X の各元 x に実数 $\|x\|$ が対応し,次の 3 つの条件を満足するとき,$\|x\|$ を x のノルムといい,X を**ノルム空間**という.

(1.17) $\|x\| \geqq 0$, $\|x\| = 0 \rightleftarrows x = 0$.

任意の $\alpha \in \Phi$, $x, y \in X$ に対して

(1.18) $\|\alpha x\| = |\alpha| \|x\|$

(1.19) $\|x+y\| \leqq \|x\| + \|y\|$.

X の元のことを**点**とも呼ぶ.また Φ が複素(実)数体のとき,X を**複素(実)ノルム空間**と呼ぶ.

ノルム空間 X の任意の 2 点 x, y に対して

(1.20) $d(x, y) = \|x - y\|$

とおくと,$d(x, y)$ は距離の 3 つの条件

(d_1) $d(x, y) \geqq 0$, $d(x, y) = 0 \rightleftarrows x = y$

(d_2) $d(x, y) = d(y, x)$

(d_3) $d(x, y) \leqq d(x, z) + d(z, y)$

を満たしていることが容易にわかる.従って X は距離空間である.それゆえ,ノルム空間 X にトポロジー的な諸概念を導入することができる.

定義 1.7. X をノルム空間とする.

(ⅰ) $x_n \in X$ $(n = 1, 2, \cdots)$, $x \in X$ が

$$\lim_{n\to\infty} \|x_n - x\| = 0$$

を満足しているとき,点列 $\{x_n\}$ は x に**収束**するといい,また x をこの点列の**極限**という.そして

$$x = \lim_{n\to\infty} x_n \quad \text{または} \quad x_n \to x \ (n \to \infty)$$

とかく.極限は存在すれば一意的に定まる.

(ii) $x_n \in X$ $(n = 1, 2, \cdots)$ とする.$s_n = \sum_{k=1}^{n} x_k$ からなる点列 $\{s_n\}$ が点 $s \in X$ に収束するとき,級数 $\sum_{n=1}^{\infty} x_n$ は s に**収束**するといい,$\sum_{n=1}^{\infty} x_n = s$ とかく.

(iii) X の部分集合 X_0 が与えられたとき,$x \in X$ が X_0 の**集積点**であるとは,x に収束するような x と異なる X_0 の元からなる点列が存在することである.X_0 および X_0 の集積点の全体からなる集合を,X_0 の**閉包**といって,$\overline{X_0}$ で表わす.また $X_0 = \overline{X_0}$ であるような集合を**閉集合**という.

(iv) $x_0 \in X$ および $\varepsilon > 0$ に対し,$S(x_0, \varepsilon) = \{x \, ; \, \|x - x_0\| < \varepsilon\}$ を x_0 の ε **近傍**と呼ぶ.またこれを点 x_0 を中心とした半径 ε の**開球**ともいう.$\{x \, ; \, \|x - x_0\| \leq \varepsilon\}$ のことを点 x_0 を中心とした半径 ε の**閉球**という.

X の部分集合 G が**開集合**であるとは,各 $x \in G$ に対し,適当な $\varepsilon_x > 0$ をとって,$S(x, \varepsilon_x) \subset G$ とできることである.

(v) $X_1 \subset X_0 \subset X$ とする.$X_0 \subset \overline{X_1}$ のとき,X_1 は

X_0 において**稠密**であるという．X が稠密な可算部分集合をもつとき，X は**可分**であるという．

ノルム空間 X の部分集合 X_0 が
$$\sup\{\|x\| ; x \in X_0\} < \infty$$
を満たすとき，X_0 は**有界**であるという．

定理 1.1. ノルム空間 X において

(1.21) $\lim_{n\to\infty} x_n = x$ ならば $\lim_{n\to\infty} \|x_n\| = \|x\|$ （従って $\{x_n\}$ は有界である）．

(1.22) $\lim_{n\to\infty} x_n = x$, $\lim_{n\to\infty} y_n = y$ ならば $\lim_{n\to\infty}(x_n + y_n) = x + y$.

(1.23) $\lim_{n\to\infty} \alpha_n = \alpha$ $(\alpha_n, \alpha \in \Phi)$, $\lim_{n\to\infty} x_n = x$ ならば $\lim_{n\to\infty} \alpha_n x_n = \alpha x$.

(1.24) $\sum_{n=1}^{\infty} x_n = s$, $\sum_{n=1}^{\infty} y_n = t$ ならば $\sum_{n=1}^{\infty}(x_n + y_n) = s + t$, $\sum_{n=1}^{\infty} \alpha x_n = \alpha s$ $(\alpha \in \Phi)$.

証明 $\|x_n\| = \|(x_n - x) + x\| \leq \|x_n - x\| + \|x\|$, $\|x\| = \|(x - x_n) + x_n\| \leq \|x - x_n\| + \|x_n\| = \|x_n - x\| + \|x_n\|$ であるから，$|\|x_n\| - \|x\|| \leq \|x_n - x\| \to 0$ $(n \to \infty)$．よって (1.21) が示された．(1.22) は $\|(x_n + y_n) - (x + y)\| \leq \|x_n - x\| + \|y_n - y\|$ から明らかである．

次に，$\alpha_n x_n - \alpha x = \alpha_n(x_n - x) + (\alpha_n - \alpha)x$ から，
$$\|\alpha_n x_n - \alpha x\| \leq \|\alpha_n(x_n - x)\| + \|(\alpha_n - \alpha)x\|$$
$$= |\alpha_n|\|x_n - x\| + |\alpha_n - \alpha|\|x\|.$$
$\{\alpha_n\}$ は収束数列のゆえ，有界数列である．よって，$n \to \infty$ のとき，上の不等式の右辺 $\to 0$ となり，(1.23) が示

された.（1.24）は（1.22），（1.23）から容易に得られる.　　　　　　　　　　　　　　　　　　　　　（証終）

定義 1.8. X をノルム空間とし，M を X の線形部分空間とする．このとき，X におけるノルムをそのまま受けつぐことにより，M はそれ自身 1 つのノルム空間となっている．このノルム空間 M をノルム空間 X の**線形部分空間**という．M がノルム空間 X の線形部分空間で，かつ閉集合であるとき，M を X の**閉線形部分空間**という．

定理 1.2. M をノルム空間 X の線形部分空間とすると，M の閉包 $\overline{M}$ は X の閉線形部分空間である.

証明 $\overline{M}$ は閉集合のゆえ，$\overline{M}$ が線形部分空間であることを示せばよい．$x \in \overline{M}$, $y \in \overline{M}$ とすると，$x_n \to x$, $y_n \to y$ となるような M の点列 $\{x_n\}$, $\{y_n\}$ が存在する．任意の $\alpha \in \Phi$, $\beta \in \Phi$ に対して
$$\|(\alpha x_n + \beta y_n) - (\alpha x + \beta y)\|$$
$$\leq |\alpha|\|x_n - x\| + |\beta|\|y_n - y\|.$$
かくして $\lim_{n \to \infty}(\alpha x_n + \beta y_n) = \alpha x + \beta y$. M は線形部分空間のゆえ，$\alpha x_n + \beta y_n \in M$ ($n = 1, 2, \cdots$). よって $\alpha x + \beta y \in \overline{M}$.　　　　　　　　　　　　　　　　　　　（証終）

定義 1.9. ノルム空間 X の空でない部分集合 S によって張られる線形部分空間の閉包（上の定理から，これは閉線形部分空間である）を，S によって**張られる閉線形部分空間**（または S から**生成される閉線形部分空間**）という．

X の任意個の閉線形部分空間の共通集合はまた 1 つの閉線形部分空間である．このことから次のことが容易にわ

かる：

"S から生成される閉線形部分空間 M は S を含む閉線形部分空間全体の共通集合である．換言すれば，M は S を含む最小の閉線形部分空間である．"

定義 1.10. ノルム空間 X の点列 $\{x_n\}$ が，$\lim_{m,n\to\infty} \|x_m - x_n\| = 0$ を満足するとき，即ち任意の $\varepsilon > 0$ に対し適当に自然数 N をとると，$m, n \geqq N$ ならば $\|x_m - x_n\| < \varepsilon$ であるとき，$\{x_n\}$ は **Cauchy**（コーシー）**点列**であるという．

定義 1.11. ノルム空間 X において，任意の Cauchy 点列が X の点に収束するとき，X は**完備**であるという．完備なノルム空間のことを **Banach 空間**という．従って，X が Banach 空間であるとは，X がノルム空間で，かつ，$\lim_{m,n\to\infty} \|x_m - x_n\| = 0$ なる点列 $\{x_n\}$ に対し，つねに $\lim_{n\to\infty} \|x_n - x\| = 0$ となるような点 $x \in X$ が存在することである．Banach 空間のことを **B 型空間**とも呼ぶ．また Banach 空間 X は，X が複素ノルム空間であるか，または実ノルム空間であるかによって，それぞれ**複素 Banach 空間**または**実 Banach 空間**と呼ばれる．

Banach 空間の閉線形部分空間 M は完備なノルム空間であるから，M はそれ自身 1 つの Banach 空間である．

注意 完備でないノルム空間 X を距離 $d(x, y) = \|x - y\|$ による距離空間として完備化したもの $\tilde{X}$ は Banach 空

間であることが示される[1]. そして $\widetilde{X}$ を X の**完備化**という. 従って, 完備でないノルム空間 X はつねに Banach 空間 $\widetilde{X}$ の稠密な線形部分空間と考えられる.

§2. Banach 空間の例

2.1. 数列空間

例 2.1. (空間 R^n) n 個の実数の組 $(\xi_1, \xi_2, \cdots, \xi_n)$ の全体からなる集合 V^n が実線形空間であることは例 1.1 において示した. 各 $x = (\xi_1, \xi_2, \cdots, \xi_n) \in V^n$ に対して

$$(2.1) \qquad \|x\| = \sqrt{\sum_{i=1}^{n} |\xi_i|^2}$$

とおくと, V^n は実ノルム空間となる. ノルムに関する 3 条件の中で, はじめの 2 つは自明である. また三角不等式 $\|x+y\| \leqq \|x\| + \|y\|$ は, **Minkowski** (ミンコウスキー) **の不等式**

$$(2.2) \quad \left(\sum_{i=1}^{n} |\xi_i + \eta_i|^p \right)^{1/p}$$
$$\leqq \left(\sum_{i=1}^{n} |\xi_i|^p \right)^{1/p} + \left(\sum_{i=1}^{n} |\eta_i|^p \right)^{1/p} \quad (p \geqq 1)$$

において $p = 2$ ととることにより求まる. さらに V^n はノルム $\|\cdot\|$ に関して完備である. なぜならば, $x_l =$

---

[1] 例えば, 吉田耕作著 "位相解析 I (岩波講座, 現代応用数学)" 参照.

$(\xi_1^{(l)}, \xi_2^{(l)}, \cdots, \xi_n^{(l)}) \in V^n$ $(l = 1, 2, \cdots)$ とし, $\{x_l\}$ が Cauchy 点列であるとする. 定義から, 任意の $\varepsilon > 0$ に対して, 適当に自然数 l_0 を定めると

(2.3) $l \geq l_0, m \geq l_0$ ならば

$$\sqrt{\sum_{i=1}^n |\xi_i^{(l)} - \xi_i^{(m)}|^2} = \|x_l - x_m\| < \varepsilon.$$

これから各 i $(i=1, 2, \cdots, n)$ に対して

$l \geq l_0, \ m \geq l_0$ ならば $|\xi_i^{(l)} - \xi_i^{(m)}| < \varepsilon$,

即ち $\{\xi_i^{(m)}\}_{m=1,2,\cdots}$ は Cauchy 数列である. 実数の完備性から, 各 i $(i=1, 2, \cdots, n)$ に対し, 数列 $\{\xi_i^{(m)}\}_{m=1,2,\cdots}$ は収束する.

$$\lim_{m \to \infty} \xi_i^{(m)} = \xi_i \ (i = 1, 2, \cdots, n)$$

とおくと, (2.3) から ($m \to \infty$ とすることにより)

$l \geq l_0$ ならば $\sqrt{\sum_{i=1}^n |\xi_i^{(l)} - \xi_i|^2} \leq \varepsilon.$

さて $x = (\xi_1, \xi_2, \cdots, \xi_n)$ とおくと, $x \in V^n$, かつ上式から

$l \geq l_0$ ならば $\|x_l - x\| \leq \varepsilon$, 即ち $x_l \to x$ $(l \to \infty)$.

かくして V^n は完備な実ノルム空間, 即ち実 Banach 空間である. これを **n 次元 Euclid (ユークリッド) 空間**といい, R^n とかく.

また, n 個の複素数の組 $(\xi_1, \xi_2, \cdots, \xi_n)$ の全体の集合を K^n とし, K^n の 2 点 x, y の和 $x+y$, 複素数 α と $x \in K^n$ の積 αx, および $x \in K^n$ のノルム $\|x\|$ を R^n におけると同様にして定義する. このとき K^n は 1 つの複素

Banach空間となる. K^n は,いわゆる **n 次元ユニタリー空間**である.

実数列 $\{\xi_k\}$ の全体の集合は,次の算法により,実線形空間となることが容易にわかる:2つの実数列 $x=\{\xi_k\}$, $y=\{\eta_k\}$ の和 $x+y$ を

(2.4) $\qquad x+y=\{\xi_k+\eta_k\}$,

また実数 α と実数列 $x=\{\xi_k\}$ の積 αx を

(2.5) $\qquad \alpha x=\{\alpha\xi_k\}$

により定義する.同じ線形演算により複素数列の全体は複素線形空間を作る.

以下,これらの線形部分空間について調べる.

例 2.2. (空間 (c)) 収束実数列の全体の集合を (c) とかく.各 $x=\{\xi_k\}\in(c)$ に対し,x のノルム $\|x\|$ を

(2.6) $\qquad \|x\|=\sup_k|\xi_k|$

により定義すると,(c) は実 Banach 空間である.実際,(c) がノルム空間であることは容易にわかる.(c) がノルム $\|\cdot\|$ に関して完備であることを示そう.

$\{x_n\}$ を (c) の Cauchy 点列とする.従って,任意の $\varepsilon>0$ に対し適当な自然数 n_0 が存在して,$n\geqq n_0$, $m\geqq n_0$ のとき

$$\|x_n-x_m\|<\varepsilon.$$

$x_n=\{\xi_k^{(n)}:k=1,2,\cdots\}$ $(n=1,2,\cdots)$ とすると,ノルムの定義 (2.6) から,$n\geqq n_0$, $m\geqq n_0$ のとき,各 k に対して

(2.7) $\quad |\xi_k^{(n)} - \xi_k^{(m)}| (\leqq \|x_n - x_m\|) < \varepsilon.$

これは,各 k に対して $\{\xi_k^{(1)}, \xi_k^{(2)}, \cdots, \xi_k^{(m)}, \cdots\}$ が Cauchy 数列であることを示している.よって $\lim_{m\to\infty} \xi_k^{(m)} = \xi_k$ なる実数 ξ_k $(k=1,2,\cdots)$ が存在する.

$x = \{\xi_k\}$ とおく.さてこのとき,$x \in (c)$ かつ $\|x_n - x\| \to 0 \ (n \to \infty)$ であることを示せばよい.(2.7) において,n を固定しておいて,$m \to \infty$ とすると

(2.8) $\quad n \geqq n_0$ のとき $|\xi_k^{(n)} - \xi_k| \leqq \varepsilon \ (k=1,2,\cdots)$,

即ち

(2.9) $\quad n \geqq n_0$ ならば $\sup_k |\xi_k^{(n)} - \xi_k| \leqq \varepsilon.$

$n = n_0$ として (2.8) を用いると

$$|\xi_k - \xi_l| \leqq |\xi_k - \xi_k^{(n_0)}| + |\xi_k^{(n_0)} - \xi_l^{(n_0)}| + |\xi_l^{(n_0)} - \xi_l|$$
$$\leqq 2\varepsilon + |\xi_k^{(n_0)} - \xi_l^{(n_0)}|.$$

$\{\xi_k^{(n_0)} ; k=1,2,\cdots\}$ は収束列であるから,上の不等式より

$$|\xi_k - \xi_l| \to 0 \ (k, l \to \infty).$$

よって $\{\xi_k\}$ は収束実数列,即ち $x = \{\xi_k\} \in (c)$.また,(2.9) から,$\|x_n - x\| \leqq \varepsilon \ (n \geqq n_0)$.

同様にして,収束複素数列の全体の集合(これも (c) とかく)は,ノルム (2.6) により 1 つの複素 Banach 空間を作る.

例 2.3.(空間 (l^p),$1 \leqq p < \infty$) $\sum_{k=1}^{\infty} |\xi_k|^p < \infty$ である

ような実数列 $x = \{\xi_k\}$ の全体の集合を (l^p) とかく.
Minkowski の不等式

(2.10)
$$\left(\sum_{k=1}^{\infty}|\xi_k+\eta_k|^p\right)^{1/p} \leqq \left(\sum_{k=1}^{\infty}|\xi_k|^p\right)^{1/p} + \left(\sum_{k=1}^{\infty}|\eta_k|^p\right)^{1/p}$$

から, $x = \{\xi_k\} \in (l^p)$, $y = \{\eta_k\} \in (l^p)$ に対して $x+y = \{\xi_k + \eta_k\} \in (l^p)$. これから (l^p) は実線形空間であることが容易にわかる. 各 $x = \{\xi_k\} \in (l^p)$ に対し, x のノルム $\|x\|$ を

(2.11) $$\|x\| = \left(\sum_{k=1}^{\infty}|\xi_k|^p\right)^{1/p}$$

により定義すると, (l^p) は実 Banach 空間である. 実際, ノルム空間であることは容易にわかる. ($\|x+y\| \leqq \|x\| + \|y\|$ は Minkowski の不等式 (2.10) にほかならない.)
以下, (l^p) の完備性を示す.

$x_n = \{\xi_k^{(n)} ; k = 1, 2, \cdots\}$ $(n = 1, 2, \cdots)$ とし, $\{x_n\}$ を (l^p) の Cauchy 点列とする. よって, 任意の $\varepsilon > 0$ に対して自然数 n_0 が存在して

(2.12) $n \geqq n_0, m \geqq n_0$ ならば
$$\left(\sum_{k=1}^{\infty}|\xi_k^{(n)} - \xi_k^{(m)}|^p\right)^{1/p} (= \|x_n - x_m\|) < \varepsilon.$$

これから, 各 k に対して $\{\xi_k^{(m)} ; m = 1, 2, \cdots\}$ は Cauchy 数列である. よって $\lim_{m \to \infty} \xi_k^{(m)} = \xi_k$ $(k = 1, 2, \cdots)$ が存在する.

$x = \{\xi_k\}$ とおく. このとき $x \in (l^p)$, しかも $\|x_n - x\|$

$\to 0 \ (n \to \infty)$ となることを示せばよい.

(2.12) から,任意の自然数 l に対して

$$\left(\sum_{k=1}^{l} |\xi_k^{(n)} - \xi_k^{(m)}|^p\right)^{1/p} < \varepsilon \ (n \geqq n_0, \ m \geqq n_0);$$

ここで n を固定しておいて $m \to \infty$ とすると

$$\left(\sum_{k=1}^{l} |\xi_k^{(n)} - \xi_k|^p\right)^{1/p} \leqq \varepsilon \ (n \geqq n_0).$$

l は任意のゆえ,結局

(2.13) $\quad n \geqq n_0$ ならば $\left(\displaystyle\sum_{k=1}^{\infty} |\xi_k^{(n)} - \xi_k|^p\right)^{1/p} \leqq \varepsilon.$

これから $x - x_n = \{\xi_k - \xi_k^{(n)} ; k = 1, 2, \cdots\} \in (l^p)$,それゆえ $x = (x - x_n) + x_n \in (l^p)$. (2.13) から $\|x_n - x\| \leqq \varepsilon$ $(n \geqq n_0)$,即ち $x_n \to x \ (n \to \infty)$.

同様にして,$\displaystyle\sum_{k=1}^{\infty} |\xi_k|^p < \infty$ を満たす複素数列 $x = \{\xi_k\}$ の全体の集合(これも (l^p) とかく)は,ノルムを (2.11) により定義すると,1つの複素 Banach 空間である.

例 2.4.(空間 (l^∞)) 有界な実数列 $x = \{\xi_k\}$ の全体(または有界な複素数列の全体)の集合は,

(2.14) $$\|x\| = \sup_k |\xi_k|$$

によりノルムを定義すると Banach 空間を作る.この空間を (l^∞) とかく. (l^∞) の代わりに (m) とかくこともある.

注意 1°. $(l^p) \subset (c) \subset (l^\infty)$, $(l^p) \neq (c)$, $(c) \neq (l^\infty)$ $(1 \leq p < \infty)$ である.

2°. $1 \leq p < q \ (<\infty)$ ならば $(l^p) \subset (l^q)$, $(l^p) \neq (l^q)$. これは次の **Jensen**(エンセン)の不等式からわかる.

$$\left(\sum_{k=1}^\infty |\xi_k|^q\right)^{1/q} \leq \left(\sum_{k=1}^\infty |\xi_k|^p\right)^{1/p} \quad (0 < p \leq q).$$

2.2. 関数空間

例 2.5. (空間 $C[a,b]$) 有界閉区間 $[a,b]$ で定義された実数値の連続関数 $x(t)$ の全体を $C[a,b]$ とかく. $x(\cdot) \in C[a,b]$, $y(\cdot) \in C[a,b]$ の和 $(x+y)(\cdot)$, および実数 α と $x(\cdot) \in C[a,b]$ の積 $(\alpha x)(\cdot)$ を

$$(2.15) \quad (x+y)(t) = x(t) + y(t), \quad (\alpha x)(t) = \alpha x(t)$$

により, また $x(\cdot) \in C[a,b]$ のノルム $\|x\|$ を

$$(2.16) \quad \|x\| = \sup_{t \in [a,b]} |x(t)|$$

により定義する. このとき $C[a,b]$ は実 Banach 空間を作る.

実ノルム空間であることは明らかである. 完備であることを示そう.

$\{x_n\}$ を $C[a,b]$ における Cauchy 点列とする. 任意の $\varepsilon > 0$ に対し, 自然数 n_0 が存在して

$$\sup_{t \in [a,b]} |x_n(t) - x_m(t)| = \|x_n - x_m\| < \varepsilon \quad (n, m \geq n_0).$$

よって, $n \geq n_0$, $m \geq n_0$ ならば

(2.17) $\quad |x_n(t) - x_m(t)| < \varepsilon \ (t \in [a,b])$.

上式は,各 $t \in [a,b]$ に対し,$\{x_m(t)\}$ が Cauchy 数列,従って収束数列であることを示している.

$$x(t) = \lim_{m \to \infty} x_m(t) \ (t \in [a,b])$$

とおく.(2.17) において $m \to \infty$ とすると(n は固定しておく),

$n \geqq n_0$ ならば $|x_n(t) - x(t)| \leqq \varepsilon \ (t \in [a,b])$.

これは連続関数列 $\{x_n(t)\}$ が $[a,b]$ 上で $x(t)$ に一様収束していることを示している.よって極限関数 $x(t)$ もまた $[a,b]$ 上で連続,即ち $x(\cdot) \in C[a,b]$ となり,$\|x_n - x\| \to 0 \ (n \to \infty)$.

同様に,$[a,b]$ で定義された複素数値の連続関数の全体の集合(これも $C[a,b]$ とかく)は,(2.15) および (2.16) によって複素 Banach 空間を作る.

また,$\lim_{t \to \infty} x(t)$,$\lim_{t \to -\infty} x(t)$ が存在して有限確定であるような $(-\infty, \infty)$ 上の実数値(または複素数値)連続関数の全体 $C[-\infty, \infty]$ は,線形演算 (2.15) およびノルム $\|x\| = \sup_{t \in (-\infty, \infty)} |x(t)|$ によって Banach 空間を作る.

例 2.6.(空間 $L^p(a,b)$,$1 \leqq p < \infty$) 区間 (a,b)(有界区間でも無限区間でもよい)において定義された(実数値または複素数値)可測関数 $x(t)$ が

$$\int_a^b |x(t)|^p dt < \infty$$

を満たすとき, $x(t)$ は (a,b) 上で **p 乗 Lebesgue**（ルベーグ）**積分可能**であるという.

(a,b) 上で p 乗 Lebesgue 積分可能な実数値関数の全体を $L^p(a,b)$ で表わす. $x, y \in L^p(a,b)$ に対し, $x(t) = y(t)$ $(a.e.\,t)$ [1]のとき x と y とは同じものと考え, $x+y$, αx（α は実数）を

$$(2.18) \quad (x+y)(t) = x(t) + y(t), \quad (\alpha x)(t) = \alpha x(t)$$

により定義する. さらに $x \in L^p(a,b)$ のノルム $\|x\|$ を

$$(2.19) \quad \|x\| = \left(\int_a^b |x(t)|^p dt\right)^{1/p}$$

により定義する. このとき $L^p(a,b)$ は実 Banach 空間となる.

実際, **Minkowski の不等式**[2]

$$\left(\int_a^b |x(t)+y(t)|^p dt\right)^{1/p}$$
$$\leq \left(\int_a^b |x(t)|^p dt\right)^{1/p} + \left(\int_a^b |y(t)|^p dt\right)^{1/p}$$

から, $L^p(a,b)$ は実ノルム空間を作ることがわかる. 次に完備であることを示す.

$\{x_n\}$ を $L^p(a,b)$ における Cauchy 点列とする, 即ち

$$\lim_{n,m \to \infty} \|x_n - x_m\| = 0.$$

---

1) (a,b) に属する殆んどすべての t に対して $x(t) = y(t)$ という意味.
2) 例えば, 鶴見茂著 "測度と積分（理工学社）" 参照.

これから，適当な自然数 n_1 が存在して

$n \geqq n_1$ ならば $\|x_n - x_{n_1}\| < 1/2$.

次に，自然数 n_2 を，$n_2 > n_1$ で，しかも

$n \geqq n_2$ ならば $\|x_n - x_{n_2}\| < 1/2^2$

なるようにとれる．これを続けていくと，

$n_1 < n_2 < \cdots < n_k < \cdots$,

$n \geqq n_k$ ならば $\|x_n - x_{n_k}\| < 1/2^k$ $(k=1, 2, \cdots)$

となるような自然数列 $\{n_k\}$ がとれる．とくに

(2.20) $\quad \|x_{n_{k+1}} - x_{n_k}\| < 1/2^k$ $(k=1, 2, \cdots)$.

$y_1(t) = |x_{n_1}(t)|$, $y_k(t) = |x_{n_1}(t)| + \sum_{i=1}^{k-1} |x_{n_{i+1}}(t) - x_{n_i}(t)|$ $(k=2, 3, \cdots)$ とおくと，$0 \leqq y_1(t) \leqq y_2(t) \leqq \cdots \leqq y_k(t) \leqq \cdots$；Minkowski の不等式と (2.20) とから，$y_k \in L^p(a, b)$, かつ

$$\|y_k\| \leqq \|x_{n_1}\| + \sum_{i=1}^{k-1} \|x_{n_{i+1}} - x_{n_i}\| < \|x_{n_1}\| + 1$$

$(k=1, 2, \cdots)$.

Fatou（ファトゥー）の補助定理から

$$\int_a^b \lim_{k \to \infty} y_k(t)^p dt \leqq \lim_{k \to \infty} \int_a^b y_k(t)^p dt$$

$$= \lim_{k \to \infty} \|y_k\|^p \leqq (\|x_{n_1}\| + 1)^p.$$

よって a.e. $t \in (a, b)$ に対して有限な $\lim_{k \to \infty} y_k(t)$ が存在し，$y(t) = \lim_{k \to \infty} y_k(t)$ とおくと $y \in L^p(a, b)$, $\|y\| \leqq \|x_{n_1}\| + 1$. これと y_k の定義から，

$$x_{n_k}(t) = x_{n_1}(t) + \sum_{i=1}^{k-1}(x_{n_{i+1}}(t) - x_{n_i}(t))$$

は, $k \to \infty$ のとき, $a.e.\,t \in (a,b)$ (実は, $\lim_{k \to \infty} y_k(t)$ が存在するような t) に対して収束する, 即ち $a.e.\,t \in (a,b)$ に対して有限な $x(t) = \lim_{k \to \infty} x_{n_k}(t)$ が存在し, $|x(t)| \leq y(t)$. よって $x \in L^p(a,b)$. また

$$|x(t) - x_{n_k}(t)| = \left|\sum_{i=k}^{\infty}(x_{n_{i+1}}(t) - x_{n_i}(t))\right|$$
$$\leq \sum_{i=k}^{\infty}|x_{n_{i+1}}(t) - x_{n_i}(t)| \leq y(t)$$

から $|x(t) - x_{n_k}(t)|^p \leq y(t)^p$ $(k = 1, 2, \cdots)$. $y(t)^p$ は (a,b) で可積分のゆえ, Lebesgue の収束定理から

$$\lim_{k \to \infty}\int_a^b |x(t) - x_{n_k}(t)|^p dt$$
$$= \int_a^b \lim_{k \to \infty}|x(t) - x_{n_k}(t)|^p dt = 0,$$

即ち $\lim_{k \to \infty}\|x - x_{n_k}\| = 0$.

$\{x_n\}$ は Cauchy 列のゆえ, 任意の $\varepsilon > 0$ に対して自然数 n_0 が存在して

$n \geq n_0, \ m \geq n_0$ ならば $\|x_n - x_m\| < \varepsilon$.

従って, $n \geq n_0, \ n_k \geq n_0$ のとき

$\|x_n - x\|(\leq \|x_n - x_{n_k}\| + \|x_{n_k} - x\|) < \varepsilon + \|x_{n_k} - x\|$.

ここで $k \to \infty$ とすると, $\|x_n - x\| \leq \varepsilon$ $(n \geq n_0)$. よって $L^p(a,b)$ の完備性が証明された.

上と同様にして, (a,b) 上で p 乗 Lebesgue 積分可能な複

素数値関数の全体（これも $L^p(a,b)$ とかく）は，(2.18)，(2.19) によって複素 Banach 空間を作る．

例 2.7.（空間 $L^\infty(a,b)$）　区間 (a,b)（有界区間でも無限区間でもよい）で定義された実数値（または複素数値）可測関数 $x(t)$ が**本質的に有界**であるとは，測度 0 の集合 N（$\subset (a,b)$）が存在して，$x(t)$ は $(a,b)\setminus N$（N の (a,b) に関する補集合）において有界，即ち $\sup\limits_{t\in(a,b)\setminus N}|x(t)|<\infty$ となることである．このとき $\text{ess sup}\limits_{t\in(a,b)}|x(t)|$（これを $|x(t)|$ の**本質的上限**という）を

$$(2.21) \quad \underset{t\in(a,b)}{\text{ess sup}}|x(t)| = \inf_{N\in\mathfrak{N}}\{\sup_{t\in(a,b)\setminus N}|x(t)|\}$$

により定義する，ただし $\mathfrak{N}$ は (a,b) に含まれる測度 0 の集合全体からなる集合族を表わす．

(a,b) で定義された可測，かつ本質的に有界な実数値関数の全体を $L^\infty(a,b)$ とかく，ただし $x(t)=y(t)$ $(a.e.t)$ のときは x と y とは同じものと考える．$L^\infty(a,b)$ の代わりに $M(a,b)$ なる記号を用いることもある．$x\in L^\infty(a,b)$，$y\in L^\infty(a,b)$，実数 α に対し，$x+y$, αx を (2.18) により，また $x\in L^\infty(a,b)$ のノルム $\|x\|$ を

$$(2.22) \quad \|x\| = \underset{t\in(a,b)}{\text{ess sup}}|x(t)|$$

により定義する．このとき $L^\infty(a,b)$ は実 Banach 空間となる．$L^\infty(a,b)$ が実線形空間であることは明らかである．次にノルムに関する 3 条件を検討しよう．

$\|x\|=0$ とすると,ess sup の定義 (2.21) から,任意の自然数 n に対して
$$\sup_{t\in(a,b)\setminus N_n}|x(t)|<1/n$$
となる $N_n\in\mathfrak{N}$ が存在する. $N=\bigcup_{n=1}^{\infty}N_n$ とおくと, $N\in\mathfrak{N}$.

$$\sup_{t\in(a,b)\setminus N}|x(t)|\leq\sup_{t\in(a,b)\setminus N_n}|x(t)|<1/n\ (n=1,2,\cdots)$$

のゆえ, $\sup_{t\in(a,b)\setminus N}|x(t)|=0$, 即ち $x(t)=0\ (a.e.\ t\in(a,b))$. よって $x=0$.

$\|\alpha x\|=|\alpha|\|x\|$ は自明である. $\|x+y\|\leq\|x\|+\|y\|$ を示そう.任意の $\varepsilon>0$ に対して
$$\sup_{t\in(a,b)\setminus N_1}|x(t)|<\|x\|+\varepsilon/2,$$
$$\sup_{t\in(a,b)\setminus N_2}|y(t)|<\|y\|+\varepsilon/2$$
を満たす $N_1\in\mathfrak{N},\ N_2\in\mathfrak{N}$ が存在する. $N=N_1\cup N_2$ とおくと, $N\in\mathfrak{N}$.
$$\sup_{t\in(a,b)\setminus N}|x(t)|\leq\sup_{t\in(a,b)\setminus N_1}|x(t)|<\|x\|+\varepsilon/2,$$
$$\sup_{t\in(a,b)\setminus N}|y(t)|\leq\sup_{t\in(a,b)\setminus N_2}|y(t)|<\|y\|+\varepsilon/2$$
であるから
$$\|x+y\|\leq\sup_{t\in(a,b)\setminus N}|x(t)+y(t)|$$
$$\leq\sup_{t\in(a,b)\setminus N}|x(t)|+\sup_{t\in(a,b)\setminus N}|y(t)|<\|x\|+\|y\|+\varepsilon.$$

$\varepsilon>0$ は任意のゆえ，$\|x+y\| \leqq \|x\|+\|y\|$.

次に，$L^\infty(a,b)$ が完備であることを証明する．$\{x_n\}$ を $L^\infty(a,b)$ における Cauchy 点列とする．従って任意の自然数 k に対し，自然数 $n(k)$ が存在して

$$\inf_{N\in\mathfrak{N}}\{\sup_{t\in(a,b)\setminus N}|x_n(t)-x_m(t)|\}=\|x_n-x_m\|<1/k$$

$(n\geqq n(k),\ m\geqq n(k))$.

これから

(2.23) $\quad\displaystyle\sup_{t\in(a,b)\setminus N_k}|x_n(t)-x_m(t)|<1/k$

$(n\geqq n(k),\ m\geqq n(k))$

となるような $N_k\in\mathfrak{N}$ が存在する．（N_k は k にのみ依存する集合であることに注意せよ．）——実際，$n\geqq n(k)$, $m\geqq n(k)$ なる自然数 n, m に対して

$$\sup_{t\in(a,b)\setminus N(n,m,k)}|x_n(t)-x_m(t)|<1/k$$

となる $N(n,m,k)\in\mathfrak{N}$ がとれる．

$$N_k=\bigcup_{n,m=n(k)}^{\infty}N(n,m,k)\ (\in\mathfrak{N})$$

とおけばよい——

$$N=\bigcup_{k=1}^{\infty}N_k$$

とおくと $N\in\mathfrak{N}$. (2.23) から

$\displaystyle\sup_{t\in(a,b)\setminus N}|x_n(t)-x_m(t)|<1/k\ (n\geqq n(k), m\geqq n(k))$.

$\varepsilon > 0$ を任意に与え,$1/k \leq \varepsilon$ となる自然数 k を1つとる.上に示したことから,適当な自然数 $n_0 \; (= n_0(\varepsilon))$ が存在して

(2.24) $\quad n \geq n_0$,$m \geq n_0$ ならば $|x_n(t) - x_m(t)| < \varepsilon$
$$(t \in (a,b) \setminus N).$$

これから,各 $t \in (a,b) \setminus N$ (従って $a.e.\, t \in (a,b)$) に対し,$\{x_m(t)\}$ は Cauchy 数列,よって収束数列である.$x(t) = \lim_{m \to \infty} x_m(t) \; (t \in (a,b) \setminus N)$ とおく.(2.24) において,n を固定しておいて $m \to \infty$ とすると

(2.25) $\quad n \geq n_0$ ならば $|x_n(t) - x(t)| < \varepsilon$
$$(t \in (a,b) \setminus N).$$

ゆえに $x(t) - x_n(t) \; (n \geq n_0)$ は本質的に有界な可測関数,即ち $x - x_n \in L^\infty(a,b)$.従って $x = (x - x_n) + x_n \in L^\infty(a,b)$.再び (2.25) を用いて

$$\|x_n - x\| \leq \sup_{t \in (a,b) \setminus N} |x_n(t) - x(t)| \leq \varepsilon \; (n \geq n_0).$$

以上から $L^\infty(a,b)$ は実 Banach 空間である.

同様に,(a,b) で定義された本質的に有界な複素数値可測関数の全体(これも $L^\infty(a,b)$ とかく)は,(2.18) および (2.22) により複素 Banach 空間を作る.

注意 1°.(a,b) が有界区間のとき,$1 \leq p \leq q \leq \infty$ ならば $L^q(a,b) \subset L^p(a,b)$.実際,$q = \infty$ ならば上の包含関係は明らかである.$1 \leq p \leq q < \infty$ のときは,次の Hölder (ヘルダー) の不等式から,$x \in L^q(a,b)$ に対し,

$$\int_a^b |x(t)|^p dt \leq \left(\int_a^b |x(t)|^q dt\right)^{p/q} (b-a)^{1-p/q} < \infty.$$

よって $L^q(a,b) \subset L^p(a,b)$. また $L^q(a,b) \neq L^p(a,b)$ ($p \neq q$) であることが容易にわかる. (a,b) が無限区間のときには上の包含関係は成立しない.

2°. (**Hölder の不等式**[1]) $1 < p < \infty$, $1/p + 1/q = 1$ とする. $x \in L^p(a,b)$, $y \in L^q(a,b)$ ならば, $xy \in L(a,b)$ ($=L^1(a,b)$), かつ

(2.26)
$$\int_a^b |x(t)y(t)|dt \leq \left(\int_a^b |x(t)|^p dt\right)^{1/p} \left(\int_a^b |y(t)|^q dt\right)^{1/q}.$$

((a,b) は有界区間でも無限区間でもよい.)

2.3. Hilbert (ヒルベルト) 空間

定義 2.1. 複素線形空間 X の任意の 2 元の組 $\{x, y\}$ に対して次の条件を満たす複素数 (x, y) が対応するとき, (x, y) を x と y との**内積**という.

(2.27) $(x, x) \geq 0$；$x = 0$ のとき, かつそのときに限り $(x, x) = 0$,

(2.28) $(x, y) = \overline{(y, x)}$ ($\overline{(y, x)}$ は (y, x) の共役複素数),

(2.29) $(x+z, y) = (x, y) + (z, y)$,

(2.30) $(\alpha x, y) = \alpha(x, y)$ (α は複素数).

このような内積の定義された空間を**内積空間**という.

---

[1] 例えば, 鶴見茂著"前掲書"参照.

実線形空間 X の任意の2元の組 $\{x, y\}$ に対して (2.27)~(2.30)（ただし (2.30) の α は実数とする）を満たす実数 (x, y) が対応するとき, X を**実内積空間**という.

(2.28)~(2.30) から直ちに次のことが得られる.

(2.31) $\qquad (x, y+z) = (x, y) + (x, z)$

(2.32) $\qquad (x, \alpha y) = \overline{\alpha}(x, y).$

補助定理 2.1. (**Schwarz**（シュワルツ）**の不等式**) 内積空間 X の2元 x, y に対して
$$|(x, y)| \leq \sqrt{(x, x)}\sqrt{(y, y)}.$$

証明 任意の実数 λ に対して
$$\begin{aligned}0 &\leq (x+\lambda(x,y)y, x+\lambda(x,y)y) \\ &= (x, x) + (x, \lambda(x, y)y) + (\lambda(x, y)y, x) \\ &\quad + (\lambda(x, y)y, \lambda(x, y)y) \\ &= (x, x) + 2\lambda|(x, y)|^2 + \lambda^2|(x, y)|^2(y, y)\end{aligned}$$
であるから,
$$判別式 = |(x, y)|^4 - |(x, y)|^2(x, x)(y, y) \leq 0.$$
よって $|(x, y)| \neq 0$ ならば $|(x, y)|^2 \leq (x, x)(y, y)$；また $|(x, y)| = 0$ のときは, $|(x, y)| = 0 \leq \sqrt{(x, x)}\sqrt{(y, y)}$.

(証終)

内積空間 X の任意の元 x に対して

(2.33) $\qquad \|x\| = \sqrt{(x, x)}$

とおくとき, $\|x\|$ はノルムの3条件 (1.17)~(1.19) を満足する. 実際, (1.17) は (2.27) から明らか. $\|\alpha x\| = \sqrt{(\alpha x, \alpha x)} = \sqrt{|\alpha|^2(x, x)} = |\alpha|\|x\|$. また Schwarz の

不等式 $|(x,y)| \leq \|x\|\|y\|$ から，
$$\begin{aligned}\|x+y\|^2 &= (x+y, x+y)\\ &= (x,x) + 2\mathrm{Re}(x,y) + (y,y)\\ &\leq \|x\|^2 + 2\|x\|\|y\| + \|y\|^2\\ &= (\|x\| + \|y\|)^2\end{aligned}$$
(ただし $\mathrm{Re}(x,y)$ は (x,y) の実部を表わす). よって $\|x+y\| \leq \|x\| + \|y\|$. 以上から，内積空間 X はノルム $\|x\| = \sqrt{(x,x)}$ によりノルム空間を作る．

定理 2.2. ノルム空間 X に $\|x\| = \sqrt{(x,x)}$ となるように，内積 $(\cdot, \cdot)$ を定義し得るための必要十分条件は，X の任意の 2 点 x, y に対して

(2.34) $\quad \|x+y\|^2 + \|x-y\|^2 = 2\|x\|^2 + 2\|y\|^2$

が成立することである．

証明 必要性は内積の性質から明らかのゆえ，十分性を証明する．X を複素ノルム空間とし，X の任意の 2 点 x, y に対して

(2.35) $\quad (x,y) = \left\|\dfrac{x+y}{2}\right\|^2 - \left\|\dfrac{x-y}{2}\right\|^2$
$\qquad\qquad + i\left\|\dfrac{x+iy}{2}\right\|^2 - i\left\|\dfrac{x-iy}{2}\right\|^2$

(i は虚数単位) とおく．明らかに $(x,x) = \|x\|^2$. さて (x,y) が条件 (2.27)～(2.30) を満足することを示そう．(2.27) は $(x,x) = \|x\|^2$ とノルムに関する第 1 条件 (1.17) から求まる．次に，上の定義式 (2.35) から，直ちに $(x,y) = \overline{(y,x)}$, $(ix, y) = i(x,y)$ が得られる．従って，残りの (2.29), (2.30) が満たされるためには

(2.36)　　$(x+z, y) = (x, y) + (z, y),$

(2.37)　　$(\alpha x, y) = \alpha(x, y)$　(α は実数)

を示せば十分である．はじめに $(0, y) = 0$ であることに注意する．(2.34) から

$$\left(\left\|\frac{x+y}{2}\right\|^2 - \left\|\frac{x-y}{2}\right\|^2\right) + \left(\left\|\frac{z+y}{2}\right\|^2 - \left\|\frac{z-y}{2}\right\|^2\right)$$
$$= \left(\left\|\frac{x+y}{2}\right\|^2 + \left\|\frac{z+y}{2}\right\|^2\right) - \left(\left\|\frac{x-y}{2}\right\|^2 + \left\|\frac{z-y}{2}\right\|^2\right)$$
$$= \frac{1}{2}\left(\left\|\frac{x+z}{2}+y\right\|^2 - \left\|\frac{x+z}{2}-y\right\|^2\right)$$
$$= 2\left(\left\|\frac{\frac{x+z}{2}+y}{2}\right\|^2 - \left\|\frac{\frac{x+z}{2}-y}{2}\right\|^2\right).$$

同様にして

$$\left(\left\|\frac{x+iy}{2}\right\|^2 - \left\|\frac{x-iy}{2}\right\|^2\right) + \left(\left\|\frac{z+iy}{2}\right\|^2 - \left\|\frac{z-iy}{2}\right\|^2\right)$$
$$= 2\left(\left\|\frac{\frac{x+z}{2}+iy}{2}\right\|^2 - \left\|\frac{\frac{x+z}{2}-iy}{2}\right\|^2\right).$$

ゆえに

$$(x, y) + (z, y)$$
$$= \left(\left\|\frac{x+y}{2}\right\|^2 - \left\|\frac{x-y}{2}\right\|^2\right) + \left(\left\|\frac{z+y}{2}\right\|^2 - \left\|\frac{z-y}{2}\right\|^2\right)$$
$$+ i\left(\left\|\frac{x+iy}{2}\right\|^2 - \left\|\frac{x-iy}{2}\right\|^2\right)$$
$$+ i\left(\left\|\frac{z+iy}{2}\right\|^2 - \left\|\frac{z-iy}{2}\right\|^2\right)$$

$$= 2\Big(\Big\|\frac{\frac{x+z}{2}+y}{2}\Big\|^2 - \Big\|\frac{\frac{x+z}{2}-y}{2}\Big\|^2$$
$$+ i\Big\|\frac{\frac{x+z}{2}+iy}{2}\Big\|^2 - i\Big\|\frac{\frac{x+z}{2}-iy}{2}\Big\|^2\Big)$$
$$= 2\Big(\frac{x+z}{2}, y\Big).$$

この式で $z=0$ とおくと, $(x,y) = 2\Big(\dfrac{x}{2}, y\Big)$. これを前式の最後の項に応用して $2\Big(\dfrac{x+z}{2}, y\Big) = (x+z, y)$, よって (2.36) が示された.

次に, (2.36) から, 任意の自然数 m, n に対して $\Big(\dfrac{m}{n}x, y\Big) = \dfrac{m}{n}(x, y)$ が成立する;さらに, これと $(0, y) = 0$ とから, $\Big(-\dfrac{m}{n}x, y\Big) = -\dfrac{m}{n}(x, y)$. 結局, 任意の有理数 r に対して

(2.38) $\qquad (rx, y) = r(x, y).$

$\|\beta u + v\|$ $(u, v \in X)$ が β (実数) の連続関数である (定理 1.1 による) から, $(\beta x, y)$ は β の連続関数である. 実数 α に対し, $\lim_{n\to\infty} r_n = \alpha$ となる有理数列 $\{r_n\}$ を選ぶ. (2.38) より $(r_n x, y) = r_n(x, y)$. ここで $n \to \infty$ とすると, $(\alpha x, y) = \alpha(x, y)$ となり, (2.37) が示された. ($(\beta x, y)$ が β (実数) の連続関数であることから, $(r_n x, y) \to (\alpha x, y)$ $(n \to \infty)$ が得られる.)

なお, X が実ノルム空間のときは (2.35) の代わりに

$$(x, y) = \Big\|\frac{x+y}{2}\Big\|^2 - \Big\|\frac{x-y}{2}\Big\|^2$$

とおけばよい. (証終)

定義2.2. 内積空間 X がノルム $\|x\| = \sqrt{(x,x)}$ に関して完備であるとき，X を **Hilbert空間**という．Hilbert空間 X は，X が実内積空間のとき**実Hilbert空間**と呼ぶ．

定義からわかるように，Hilbert空間はBanach空間である．

例2.8. 複素数列の空間 (l^2)（例2.3参照）は，$x = \{\xi_n\}$, $y = \{\eta_n\} \in (l^2)$ に対して

$$(2.39) \qquad (x,y) = \sum_{n=1}^{\infty} \xi_n \overline{\eta_n}$$

により内積を定義すると，Hilbert空間を作る．

また，複素数値関数の空間 $L^2(a,b)$（例2.6参照）は，$x, y \in L^2(a,b)$ の内積 (x,y) を

$$(2.40) \qquad (x,y) = \int_a^b x(t)\overline{y(t)} dt$$

によって定義すると，Hilbert空間になる．

n 次元ユニタリー空間 K^n は n 次元の Hilbert空間，また n 次元 Euclid 空間 R^n は n 次元の実 Hilbert 空間になっている．

第1章の問題

1. X が線形空間のとき，次のことを証明せよ．

(i) X の任意個の線形部分空間の共通集合は線形部分空間である．

(ii) X_1, X_2 を X の線形部分空間とする．$X_1 \cup X_2$ が線形部分空間であるための必要十分条件は，$X_1 \subset X_2$ または $X_2 \subset X_1$ となることである．

2. X が線形空間のとき，次の(i)，(ii)を証明せよ．

(i) X の部分集合 $S (\neq \emptyset)$ から生成される線形部分空間 M は，S を含む最小の線形部分空間である．

(ii) X_1, X_2 を X の線形部分空間とする．$X_1 \cap X_2 = \{0\}$ で，かつ $X_1 \cup X_2$ から生成される線形部分空間が X と一致するならば，任意の元 $x \in X$ は $x = x_1 + x_2$（ただし $x_1 \in X_1$, $x_2 \in X_2$）なる形に一意的に表わされる．

3. 例 1.1 において与えられた線形空間 V^n は n 次元空間であることを示せ．また，区間 (a, b) で定義される実数値関数の全体（例 1.2 参照）は，無限次元の線形空間であることを示せ．

4. $\{x_n\}$ をノルム空間 X の点列とする．$\lim_{n \to \infty} x_n = x$ ならば $\lim_{n \to \infty} \frac{1}{n} \sum_{k=1}^{n} x_k = x$ であることを証明せよ．

5. ノルム空間 X の部分集合 $S (\neq \emptyset)$ から生成される閉線形部分空間 M は，S を含む最小の閉線形部分空間であることを示せ．

6. Banach 空間 X の線形部分空間 X_0 が（X のノルムに関して）完備である（従って，Banach 空間を作る）ための必要十分条件は，X_0 が閉集合であることを証明せよ．次に，閉区間 $[0, 1]$ 上の多項式の全体 $P (\subset C[0, 1])$ は，$C[0, 1]$ におけるノルムによってノルム空間となるが，完備ではない，即ち Banach 空間とならないことを示せ．

7. ノルム空間 X が完備であるための必要十分条件は，$x_n \in X$ $(n = 1, 2, \cdots)$，$\sum_{n=1}^{\infty} \|x_n\| < \infty$ ならば $\sum_{n=1}^{\infty} x_n$ が収束することである，を証明せよ．

8. 空間 (l^∞)（例 2.4 参照）が Banach 空間であることを示せ.

9. $(-\infty, \infty)$ 上で連続, かつ $\lim_{t \to -\infty} x(t)$, $\lim_{t \to \infty} x(t)$ が存在して有限であるような実数値関数の全体 $C[-\infty, \infty]$ は, ノルム $\|x\| = \sup_{-\infty < t < \infty} |x(t)|$ によって Banach 空間となることを示せ.

10. 空間 $C[a,b]$, $L^p(a,b)$ $(p \neq 2)$ は (2.34) を満足しないことを示せ.

11. Hilbert 空間 X の 2 元 x, y は $(x, y) = 0$ を満足するとき, 互いに**直交**するという. X の部分集合 S が 0 を含まず, その任意の 2 元が互いに直交するとき, S を**直交系**といい, とくに各 $x \in S$ が $\|x\| = 1$ を満たすとき, S を**正規直交系**という.

$x_1, x_2, \cdots, x_n, \cdots$ を X の 1 つの正規直交系とするとき, 次の (ⅰ), (ⅱ) が成立することを証明せよ.

（ⅰ）任意の $x \in X$ に対し, $\sum_{n=1}^{\infty} |(x, x_n)|^2 \leq \|x\|^2$. これを **Bessel**（ベッセル）**の不等式**という.

（ⅱ）$\sum_{n=1}^{\infty} |c_n|^2 < \infty$ を満たす複素数列 $\{c_n\}$ に対し, 級数 $\sum_{n=1}^{\infty} c_n x_n$ は収束し, $x = \sum_{n=1}^{\infty} c_n x_n$ とすれば $(x, x_n) = c_n$ $(n = 1, 2, \cdots)$ である.

12. Hilbert 空間 X の直交系 S が**完全直交系**であるとは, S を含む S 以外の直交系が存在しないことである. $S = \{x_1, x_2, \cdots, x_n, \cdots\}$ が可算な Hilbert 空間 X の正規直交系であるとき, 次の (ⅰ)〜(ⅲ) は互いに同値であることを証明せよ.

（ⅰ）S が完全系である.

（ⅱ）任意の $x \in X$ に対し, $x = \sum_{n=1}^{\infty} (x, x_n) x_n$.

（ⅲ）任意の $x \in X$ に対し, $\|x\|^2 = \sum_{n=1}^{\infty} |(x, x_n)|^2$. これを **Parseval**（パーセバル）**の等式**という.

注意 Hilbert 空間には完全正規直交系が存在する, とくに可

分な Hilbert 空間は可算個の元からなる完全正規直交系をもつことが知られている.

第2章 線形作用素

§3. 線形作用素

3.1. 線形作用素の定義

線形空間 X の部分集合 D の各元 x に線形空間 Y の元 Tx を対応させる写像 T を，D から Y への**作用素**といい，$T: D \to Y$ で表わす．そして D を T の**定義域**，$\{Tx ; x \in D\}$ を T の**値域**という．T の定義域を $D(T)$，値域を $R(T)$ で表わす．また $R(T) = Y$ のとき，T を D から Y の上への作用素という．

定義 3.1. Φ を実数体または複素数体とし，X, Y をともに Φ の上の線形空間とする．X の線形部分空間 X_0 から Y への作用素 T が次の2つの条件を満たすとき，T を X_0 から Y への**線形作用素**という．

(3.1) $T(x_1 + x_2) = Tx_1 + Tx_2 \quad (x_1, x_2 \in X_0)$,

(3.2) $T(\alpha x) = \alpha T(x) \quad (x \in X_0, \ \alpha \in \Phi)$.

上の定義において，(3.1), (3.2) の代わりに

(3.3) $\quad T(\alpha x_1 + \beta x_2) = \alpha T x_1 + \beta T x_2$
$\quad\quad\quad\quad (x_1, x_2 \in X_0 \,;\, \alpha, \beta \in \Phi)$

としてもよい.これを繰返し用いると,任意有限個の $x_i \in X_0$, $\alpha_i \in \Phi$ $(i=1,2,\cdots,n)$ に対して

(3.4) $\quad T(\alpha_1 x_1 + \alpha_2 x_2 + \cdots + \alpha_n x_n)$
$$= \alpha_1 T x_1 + \alpha_2 T x_2 + \cdots + \alpha_n T x_n$$

が成立する.また,(3.2) で $\alpha=0$ とおくと

(3.5) $\qquad\qquad T(0) = 0.$

定理 3.1. T が X_0 から Y への線形作用素ならば,T の値域 $R(T)$ は Y の線形部分空間である.

証明 $y_i \in R(T)$ $(i=1,2)$ に対し,$Tx_i = y_i$ となる $x_i \in X_0$ が存在する.(3.1) から,$y_1+y_2 = Tx_1+Tx_2 = T(x_1+x_2) \in R(T)$. 次に,(3.2) から,$\alpha \in \Phi$ に対し,$\alpha y_1 = \alpha Tx_1 = T(\alpha x_1) \in R(T)$. よって $R(T)$ は Y の線形部分空間である. (証終)

3.2. 連続性と有界性

1つのノルム空間 X から第2のノルム空間 Y への線形作用素を考える.その際(定義3.1から),X と Y はともに実ノルム空間であるか,またはともに複素ノルム空間であることに注意する.

定義 3.2. X, Y をノルム空間,T を X から Y への線形作用素とする.次の (3.6) を満足するとき,T は点 $x_0 \in X$ で**連続**であるという.

(3.6) $\lim_{n\to\infty} x_n = x_0$ ならば $\lim_{n\to\infty} Tx_n = Tx_0$.

T が X の各点で連続のとき,T を**連続作用素**と呼ぶ.

定義 3.3. X, Y をノルム空間とする．X から Y への線形作用素 T が**有界**であるとは，或る定数 $c\ (\geqq 0)$ が存在して

(3.7) $\qquad \|Tx\| \leqq c\|x\|\ (x \in X)$

となることである．

不等式 (3.7) において，右辺の $\|\cdot\|$ は X におけるノルムを，また左辺の $\|\cdot\|$ は Y におけるノルムを表わしている．今後これと同じように2つまたはそれ以上のノルム空間を同時に取扱うとき，混同するおそれのない限り，おのおのの空間におけるノルムを同一の記号 $\|\cdot\|$ にて表わすことにする．

定理 3.2. T をノルム空間 X からノルム空間 Y への線形作用素とすると，次の3つの条件は互いに同値である．

(i) T は或る1点 x_0 で連続である．

(ii) T は連続作用素である．

(iii) T は有界である．

証明 (i) $\Rightarrow$ (ii)：$x \in X$ を任意の点とする．$\lim_{n\to\infty} x_n = x$ とすると $x_n - x + x_0 \to x_0\ (n \to \infty)$．$T$ は点 x_0 で連続のゆえ

$$T(x_n - x + x_0) \to Tx_0\ (n \to \infty).$$

$T(x_n - x + x_0) = Tx_n - Tx + Tx_0$ から

$$Tx_n - Tx \to 0\ (n \to \infty),\ \text{即ち}\ \lim_{n\to\infty} Tx_n = Tx.$$

よって T は連続作用素である．

(ii) $\Rightarrow$ (iii)：T が有界でないとすると，自然数 n に対

して
$$\|Tx_n\| > n\|x_n\|$$
を満足する x_n ($\neq 0$) が存在する．$y_n = x_n/n\|x_n\|$ とおくと，$\|y_n\| = 1/n \to 0$ ($n \to \infty$)．T の連続性から $\|Ty_n\| \to 0$ ($n \to \infty$)．

一方，x_n のとり方から，$\|Ty_n\| = \|Tx_n\|/n\|x_n\| > 1$ ($n = 1, 2, \cdots$)．これは矛盾である．

(iii)⇒(i)：T が $x = 0$ で連続であることを示せばよい．$x_n \to 0$ ($n \to \infty$) とすると，$\|Tx_n\| \leq c\|x_n\|$ から，$Tx_n \to 0$ ($n \to \infty$)． (証終)

定義 3.4. T をノルム空間 X からノルム空間 Y への有界線形作用素とする．定義から，或る定数 $c \geq 0$ が存在して

$$\|Tx\| \leq c\|x\| \ (x \in X) \ (\rightleftarrows \sup_{x \neq 0} \|Tx\|/\|x\| \leq c).$$

このような c の最小値を**作用素 T のノルム**といい，$\|T\|$ とかく．従って $\|T\| = \sup_{x \neq 0} \|Tx\|/\|x\|$ である．

定義から，容易に

(3.8) $\quad \|Tx\| \leq \|T\|\|x\| \ (x \in X),$

(3.9) $\quad \|T\| = \sup_{\|x\| \leq 1} \|Tx\| = \sup_{\|x\|=1} \|Tx\|$

が得られる．

定理 3.3. X_0 をノルム空間 X の稠密な線形部分空間とし，T を X_0 から Banach 空間 Y への有界線形作用素とする．このとき，次の条件を満たす X から Y への有界

線形作用素 $\overline{T}$ がただ1つ存在する.

$$\overline{T}x = Tx \ (x \in X_0), \ \|\overline{T}\| = \|T\| \ (= \sup_{\substack{\|x\| \leq 1 \\ x \in X_0}} \|Tx\|)$$

証明 $x \in X$ に対して $x_n \to x \ (n \to \infty)$ となる点列 $\{x_n\}$, $x_n \in X_0$ が存在する. $\|Tx_n - Tx_m\| \leq \|T\|\|x_n - x_m\| \to 0 \ (n, m \to \infty)$, 即ち $\{Tx_n\}$ は Y における Cauchy 点列である. Y は Banach 空間のゆえ, $\{Tx_n\}$ は収束する；そしてその極限は $x_n \to x \ (n \to \infty)$ となる点列 $\{x_n\}$, $x_n \in X_0$ の選び方に依存しないことに注意する. いま

$$\overline{T}x = \lim_{n \to \infty} Tx_n$$

とおくと, 明らかに $\overline{T}$ は X から Y への線形作用素で, $\overline{T}x = Tx \ (x \in X_0)$ となる. $\|Tx_n\| \leq \|T\|\|x_n\|$ から $\|\overline{T}x\| = \lim_{n \to \infty} \|Tx_n\| \leq \|T\|\|x\|$, 即ち $\|\overline{T}x\| \leq \|T\|\|x\|$ $(x \in X)$ となり $\overline{T}$ は有界線形作用素である, かつ $\|\overline{T}\| \leq \|T\|$. 一方, $\|Tx\| = \|\overline{T}x\| \leq \|\overline{T}\|\|x\| \ (x \in X_0)$ から $\|T\| \leq \|\overline{T}\|$. ゆえに $\|\overline{T}\| = \|T\|$. 最後に, $\widetilde{T}x = Tx (= \overline{T}x) \ (x \in X_0)$ で, $\widetilde{T}$ が X から Y への有界線形作用素ならば

$$\widetilde{T}x = \overline{T}x \ (x \in X)$$

となり, $\overline{T}$ の一意性が示された. (証終)

3.3. 逆作用素

線形空間 X の部分集合 D から線形空間 Y への作用素

T が1対1写像のとき，T の逆写像 T^{-1} を T の**逆作用素**という．定義から $D(T^{-1}) = R(T)$，$R(T^{-1}) = D(T)$，かつ

$T^{-1}(Tx) = x \ (x \in D(T))$，$T(T^{-1}y) = y \ (y \in R(T))$．

定理 3.4. T が X_0（X の線形部分空間）から Y への線形作用素ならば，

（ⅰ）T^{-1} が存在する（即ち T が1対1である）ための必要十分条件は，$Tx = 0$ ならば $x = 0$ となることである．

（ⅱ）T^{-1} が存在すれば，T^{-1} は $R(T)$ から X への線形作用素である．

証明（ⅰ）T^{-1} が存在したとする．T は1対1のゆえ，$x \neq 0$ ならば $Tx \neq T0 = 0$．よって必要性が示された．逆に，$Tx = 0$ ならば $x = 0$ とする．もし $Tx_1 = Tx_2$ ならば，$T(x_1 - x_2) = 0$ のゆえ，$x_1 - x_2 = 0$ となり $x_1 = x_2$．従って T は1対1となり，T^{-1} が存在する．

（ⅱ）定理 3.1 から $R(T)$ は Y の線形部分空間である．$y_i \in R(T) \ (i = 1, 2)$ とし，$T^{-1}y = x$ とおく．従って $y_i = Tx_i$．

$x_1 + x_2 = T^{-1}(T(x_1 + x_2)) = T^{-1}(Tx_1 + Tx_2)$，$\alpha x_1 = T^{-1}(T(\alpha x_1)) = T^{-1}(\alpha Tx_1) \ (\alpha \in \Phi)$ のゆえ
$T^{-1}y_1 + T^{-1}y_2 = T^{-1}(y_1 + y_2)$，$\alpha T^{-1}y_1 = T^{-1}(\alpha y_1)$．
よって T^{-1} は $R(T)$ から X への線形作用素である．

(証終)

これから，次の系が容易に導かれる．

系 3.5. ノルム空間 X からノルム空間 Y への線形作用素 T が有界な逆作用素 T^{-1} をもつための必要十分条件は,
$$\|Tx\| \geqq c\|x\| \quad (x \in X)$$
を満たす正の定数 c が存在することである.

3.4. 作用素の和と積

定義 3.5. (i) X, Y を線形空間とし,$T_i\ (i=1,2)$ を $D(T_i) \subset X,\ R(T_i) \subset Y$ なる線形作用素とする.このとき,和 T_1+T_2,および αT_1 ($\alpha \in \Phi$, Φ は X, Y の係数体) を

(3.10) $\quad D(T_1+T_2) = D(T_1) \cap D(T_2),$
$\quad (T_1+T_2)x = T_1x + T_2x \ (x \in D(T_1) \cap D(T_2))$

(3.11) $\quad D(\alpha T_1) = D(T_1),$
$\quad (\alpha T_1)x = \alpha(T_1x) \ (x \in D(T_1))$

により定義する.T_1+T_2, αT_1 は線形作用素であることが容易にわかる.

(ii) X, Y, Z を線形空間とし,T が $D(T) \subset X$, $R(T) \subset Y$ なる線形作用素,S が $D(S) \subset Y$, $R(S) \subset Z$ なる線形作用素のとき,積 ST を

(3.12) $\quad D(ST) = \{x\,;\,x \in D(T),\ Tx \in D(S)\},$
$\quad (ST)x = S(Tx) \ (x \in D(ST))$

により定義する.このとき ST は線形作用素である.

系 3.6. X, Y, Z をノルム空間とする.

(i) $T_i\ (i=1,2)$ が X から Y への有界線形作用素ならば,T_1+T_2, $\alpha T_1\ (\alpha \in \Phi)$ も X から Y への有界線

形作用素で,

$$\|T_1+T_2\| \leq \|T_1\|+\|T_2\|, \quad \|\alpha T_1\| = |\alpha|\|T_1\|.$$

（ⅱ） T が X から Y への有界線形作用素, S が Y から Z への有界線形作用素ならば, ST は X から Z への有界線形作用素で,

$$\|ST\| \leq \|S\|\|T\|.$$

ノルム空間 X からノルム空間 Y への有界線形作用素の全体を $B(X,Y)$ で表わす. 上の系3.6（ⅰ）から, $B(X,Y)$ は, 線形演算 (3.10), (3.11), およびノルム $\|T\| = \sup_{\|x\| \leq 1} \|Tx\|$ $(T \in B(X,Y))$ によってノルム空間を作る. このとき, $B(X,Y)$ の零元 0 は, すべての元 $x \in X$ に $0 \in Y$ を対応させる作用素（この作用素を**零作用素**と呼ぶ）である.

定理3.7. とくに Y が Banach 空間ならば, 上述のノルム空間 $B(X,Y)$ は完備である. 即ち $B(X,Y)$ は Banach 空間である.

証明 $\{T_n\}$ を $B(X,Y)$ における Cauchy 列とする. 即ち $\lim_{n,m\to\infty} \|T_n - T_m\| = 0$ とする. このとき, 適当な $T \in B(X,Y)$ が存在して, $\lim_{n\to\infty} \|T_n - T\| = 0$ となることを示せばよい. 任意の $\varepsilon > 0$ に対し自然数 n_0 を適当に定めると, $\|T_n - T_m\| < \varepsilon$ $(n \geq n_0, m \geq n_0)$ が成立する. ゆえに, $n \geq n_0, m \geq n_0$ ならば

(3.13)

$$\|T_n x - T_m x\| (\leq \|T_n - T_m\|\|x\|) \leq \varepsilon\|x\| \quad (x \in X).$$

これは，各 $x \in X$ に対し，$\{T_n x\}$ が Y における Cauchy 点列であることを示している．Y は完備であるから，各 $x \in X$ に対して $\{T_n x\}$ は収束する．いま

$$Tx = \lim_{n \to \infty} T_n x \quad (x \in X)$$

により作用素 T を定義すると，T は X から Y への線形作用素で，

$$\|Tx\| = \lim_{n \to \infty} \|T_n x\| \leq (\lim_{n \to \infty} \|T_n\|) \|x\| \quad (x \in X).$$

($|\|T_n\| - \|T_m\|| \leq \|T_n - T_m\|$ であるから，$\{\|T_n\|\}$ は Cauchy 数列，従って収束数列である．) ゆえに，T は有界線形作用素である．即ち $T \in B(X, Y)$.

(3.13) において $m \to \infty$ とすると，$n \geq n_0$ のとき $\|T_n x - Tx\| \leq \varepsilon \|x\|$ $(x \in X)$. よって $\|T_n - T\| \leq \varepsilon$ $(n \geq n_0)$ となり，$\|T_n - T\| \to 0$ $(n \to \infty)$ が示された． (証終)

$B(X, Y)$ において，とくに $Y = X$ のとき，これを $B(X)$ とかく．定義から，$B(X)$ はノルム空間 X からそれ自身への有界線形作用素の全体で，上述の線形演算とノルムとによってノルム空間を作る．とくに X が Banach 空間のときは，定理 3.7 から，$B(X)$ も Banach 空間になる．いま，$S \in B(X)$, $T \in B(X)$ の積 ST を (3.12)，即ち

$$(ST)x = S(Tx) \quad (x \in X)$$

により定義する (系 3.6 (ii) により $ST \in B(X)$ であ

ることに注意）とき，次のことが成立する：$S, T, U \in B(X)$, $\alpha, \beta \in \Phi$ に対して

(3.14) $\qquad (ST)U = S(TU)$

(3.15) $\quad S(T+U) = ST+SU, \quad (T+U)S = TS+US$

(3.16) $\qquad (\alpha S)(\beta T) = (\alpha\beta)(ST)$.

$I \in B(X)$ を $Ix = x$ $(x \in X)$ なる作用素（これを**恒等作用素**という）とするとき

(3.17) $\qquad IT = TI = T \ (T \in B(X))$

が成立する．I の定義と系 3.6 (ii) から

(3.18) $\quad \|I\| = 1, \ \|ST\| \leq \|S\|\|T\| \ (S, T \in B(X))$.

一般に，(3.14), (3.15), (3.16) を満足するような乗法（積）が定義されている線形空間のことを**アルジブラ**と呼ぶ．また，Banach 空間 $\mathfrak{B}$ が (3.17) を満足するような乗法単位をもつアルジブラで，かつ (3.18) を満たすとき，$\mathfrak{B}$ を **Banach アルジブラ**という．従って X が Banach 空間のとき，$B(X)$ は Banach アルジブラを作る．

$T \in B(X)$ のとき，$T^n \ (n = 0, 1, 2, \cdots)$ を
$$T^0 = I, \ T^n = TT^{n-1} \ (n = 1, 2, \cdots)$$
により定義する．明らかに $T^n \in B(X)$, $\|T^n\| \leq \|T\|^n$ $(n = 0, 1, 2, \cdots)$.

定理 3.8. Banach 空間 X からそれ自身への有界線形作用素 T，即ち $T \in B(X)$ が $\|I - T\| < 1$ を満足すれば，T^{-1} が存在し，それは X からそれ自身への有界線形作用素である．そして

(3.19)
$$T^{-1} = I + (I-T) + (I-T)^2 + \cdots \left(= \sum_{n=0}^{\infty} (I-T)^n\right)$$
で,かつ $\|T^{-1}\| \leq (1-\|I-T\|)^{-1}$. ((3.19) の右辺を **C. Neumann**(ノイマン)の級数という.)

証明 $S_n = I + (I-T) + \cdots + (I-T)^n \ (n=1,2,\cdots)$ とおくと, $S_n \in B(X)$. $\|(I-T)^k\| \leq \|I-T\|^k \ (k=1, 2,\cdots)$ であるから

$$\|S_n - S_m\| = \left\|\sum_{k=m+1}^{n} (I-T)^k\right\|$$
$$\leq \sum_{k=m+1}^{n} \|I-T\|^k \ (n > m).$$

$\|I-T\| < 1$ のゆえ, $m, n \to \infty$ のとき上式の右辺 $\to 0$. 従って $\lim_{n,m \to \infty} \|S_n - S_m\| = 0$ となり, $\{S_n\}$ は $B(X)$ における Cauchy 列である. $B(X)$ が完備であるから $\{S_n\}$ は収束する, 即ち $S \in B(X)$ が存在して $\|S - S_n\| \to 0$ $(n \to \infty)$. $S = T^{-1}$ であることを示す.

$TS_n = (I-(I-T))S_n = S_n - (I-T)S_n = I - (I-T)^{n+1}$ より $\|TS_n - I\| = \|(I-T)^{n+1}\| \leq \|I-T\|^{n+1} \to 0 \ (n \to \infty)$. これと $\|TS_n - TS\| \leq \|T\|\|S_n - S\| \to 0$ $(n \to \infty)$ とから, $TS = I$. 同様にして $ST = I$ が得られ, $TS = ST = I$ となるから $S = T^{-1}$ である. そして $S = \lim_{n \to \infty} S_n = I + (I-T) + \cdots + (I-T)^n + \cdots$, $\|S\| = \lim_{n \to \infty} \|S_n\| \leq 1 + \|I-T\| + \cdots + \|I-T\|^n + \cdots = (1-\|I-T\|)^{-1}$. (証終)

3.5. 線形作用素の例

例 3.1. (α_{ij}) は実数からなる n 次の正方行列とする. 各 $x = (\xi_1, \xi_2, \cdots, \xi_n) \in R^n$ に

$$\sum_{j=1}^{n} \alpha_{ij} \xi_j = \eta_i \ (i = 1, 2, \cdots, n)$$

で定まる $y = (\eta_1, \eta_2, \cdots, \eta_n)$ を対応させる作用素を T とおく. T が R^n からそれ自身への線形作用素であること, また (α_{ij}) が正則行列ならば, (α_{ij}) の逆行列により T の逆作用素 T^{-1} (このとき T^{-1} は R^n からそれ自身への作用素) が与えられることは線形代数学でよく知られている事柄である.

Cauchy-Schwarz の不等式によって

$$\|y\| = \left(\sum_{i=1}^{n} |\eta_i|^2\right)^{1/2} = \left\{\sum_{i=1}^{n} \left(\sum_{j=1}^{n} \alpha_{ij} \xi_j\right)^2\right\}^{1/2}$$

$$\leqq \left(\sum_{i,j=1}^{n} \alpha_{ij}^2\right)^{1/2} \left(\sum_{j=1}^{n} \xi_j^2\right)^{1/2} = \left(\sum_{i,j=1}^{n} \alpha_{ij}^2\right)^{1/2} \|x\|.$$

$c = \left(\sum_{i,j=1}^{n} \alpha_{ij}^2\right)^{1/2}$ とおくと

$$\|Tx\| (= \|y\|) \leqq c\|x\| \ (x \in R^n).$$

これは T が R^n からそれ自身への有界線形作用素であることを示している.

例 3.2. (α_{ij}) は実数からなる無限次の行列で

$$\sum_{i,j=1}^{\infty} |\alpha_{ij}|^q < \infty \ (ただし 1 < q < \infty)$$

を満たすものとする. $1/p + 1/q = 1$ とする.

各 $x = \{\xi_1, \xi_2, \cdots, \xi_n, \cdots\} \in (l^p)$ に対し,$Tx = y$ を
$$\sum_{j=1}^{\infty} \alpha_{ij} \xi_j = \eta_i \quad (i = 1, 2, \cdots, n, \cdots),$$
$$y = \{\eta_1, \eta_2, \cdots, \eta_n, \cdots\}$$
により定義すると,T は (l^p) から (l^q) への有界線形作用素である.

なぜならば,Hölder の不等式から
$$\sum_{i=1}^{\infty} |\eta_i|^q = \sum_{i=1}^{\infty} \left| \sum_{j=1}^{\infty} \alpha_{ij} \xi_j \right|^q$$
$$\leq \sum_{i=1}^{\infty} \left\{ \left(\sum_{j=1}^{\infty} |\alpha_{ij}|^q \right)^{1/q} \left(\sum_{j=1}^{\infty} |\xi_j|^p \right)^{1/p} \right\}^q$$
$$= \|x\|^q \sum_{i,j=1}^{\infty} |\alpha_{ij}|^q \quad (< \infty).$$

従って $y = \{\eta_1, \eta_2, \cdots, \eta_n, \cdots\} \in (l^q)$ で,$\left(\sum_{i,j=1}^{\infty} |\alpha_{ij}|^q \right)^{1/q} = c$ とおくと

(3.20)
$$\|Tx\| = \|y\| = \left(\sum_{i=1}^{\infty} |\eta_i|^q \right)^{1/q} \leq c\|x\| \quad (x \in (l^p)).$$

次に,$x = \{\xi_n\} \in (l^p)$,$x' = \{\xi_n'\} \in (l^p)$,実数 α に対して
$$\sum_{j=1}^{\infty} \alpha_{ij} (\xi_j + \xi_j') = \sum_{j=1}^{\infty} \alpha_{ij} \xi_j + \sum_{j=1}^{\infty} \alpha_{ij} \xi_j',$$
$$\sum_{j=1}^{\infty} \alpha_{ij} (\alpha \xi_j) = \alpha \sum_{j=1}^{\infty} \alpha_{ij} \xi_j$$

のゆえ

(3.21) $\quad T(x+x') = Tx+Tx', \; T(\alpha x) = \alpha Tx.$

(3.21), (3.20) は T が (l^p) から (l^q) への有界線形作用素であることを示している.

例 3.3. $K(s,t)\,(s,t\in(a,b))$ を 2 変数 s,t の複素数値可測関数とし,かつ

$$\int_a^b \int_a^b |K(s,t)|^q ds\, dt < \infty \;\text{(ただし } 1<q<\infty\text{)}$$

を満たすものとする.ここに (a,b) は有限区間でも無限区間でもよい.$1/p+1/q=1$ とする.

$x\in L^p(a,b)$ に対し,$Tx=y$ を

$$y(s) = \int_a^b K(s,t)x(t)dt \;\;(s\in(a,b))$$

により定義する.T が $L^p(a,b)$ から $L^q(a,b)$ への有界線形作用素であることを示そう.Hölder の不等式から

$$\int_a^b |y(s)|^q ds = \int_a^b \left|\int_a^b K(s,t)x(t)dt\right|^q ds$$
$$\leq \int_a^b \left\{\left(\int_a^b |K(s,t)|^q dt\right)^{1/q}\left(\int_a^b |x(t)|^p dt\right)^{1/p}\right\}^q ds$$
$$= \|x\|^q \int_a^b \int_a^b |K(s,t)|^q ds\, dt.$$

ゆえに $y\in L^q(a,b)$ で,$c = \left(\int_a^b \int_a^b |K(s,t)|^q ds\, dt\right)^{1/q}$ とおくと

$$\|Tx\| = \|y\| = \left(\int_a^b |y(s)|^q ds\right)^{1/q}$$
$$\leqq c\|x\| \;\;(x\in L^p(a,b)).$$

また，T が線形作用素であることは積分の線形性から求まる．

例 3.4. 有界閉区間 $[a,b]$ で定義された1回連続微分可能な実数値関数の全体を D とする．D は $C[a,b]$ の線形部分空間である．各 $x \in D$ にその導関数 dx/dt を対応させる作用素を T とする．即ち $y = Tx$ $(x \in D)$ は
$$y(t) = dx/dt \quad (t \in [a,b])$$
を意味する．微分演算の線形性から，T は $D(T) = D \subset C[a,b]$，$R(T) \subset C[a,b]$ なる線形作用素である．この作用素は有界ではない．なぜなら，いま関数列
$$x_n(t) = \sin \frac{n\pi(t-a)}{b-a} \quad (n = 1, 2, \cdots)$$
を考えると，$x_n \in D(T)$，$\|x_n\| = \max_{a \leq t \leq b} |x_n(t)| = 1$．一方，
$$(Tx_n)(t) = dx_n/dt = \frac{n\pi}{b-a} \cos \frac{n\pi(t-a)}{b-a}$$
から，$\|Tx_n\| = \dfrac{n\pi}{b-a} \to \infty$ $(n \to \infty)$．よって $\|Tx\| \leq c\|x\|$ $(x \in D(T))$ なる如き定数 c (≥ 0) は存在しない．

例 3.5. T は例 3.4 において定義された作用素とする．値 0 をとらない定数値関数 $x(t)$ を考えると，$x \neq 0$ であるが $Tx = 0$．よって T の逆作用素は存在しない．

次に，$t = a$ でつねに値 0 をとるような 1 回連続微分可能な実数値関数の全体を D_0 とし，T_0 を T の D_0 への制限，即ち

$$(T_0 x)(t) = (Tx)(t) (= dx(t)/dt) \ (x \in D_0)$$

とする.D_0 は $C[a,b]$ の線形部分空間であり,また T_0 は $D(T_0) = D_0 \subset C[a,b]$,$R(T_0) \subset C[a,b]$ なる線形作用素である.$T_0 x = 0$ となるのは $x = 0$ のときに限るゆえ,逆作用素 T_0^{-1} が存在する.そして微分と積分との関係から $D(T_0^{-1}) = R(T_0) = C[a,b]$,

$$(T_0^{-1} x)(t) = \int_a^t x(s) ds \ (x \in C[a,b]).$$

なお,T の場合と同様にして,T_0 も有界でないことがわかる.

§4. 一様有界性・開写像・閉グラフ定理

4.1. 一様有界性定理

はじめに Baire (ベール) のカテゴリー定理を準備する.

Baire のカテゴリー定理 X を完備な距離空間とする.X の可算個の閉部分集合 $X_1, X_2, \cdots, X_n, \cdots$ が X を被っている,即ち $\bigcup_{n=1}^{\infty} X_n = X$ となっているならば,少なくとも 1 つの X_n は開球を含む.

証明 $d(x,y)$ を X における距離とする.どの X_n も開球を含まないとしよう.従って $X_1 \neq X$ である.X_1^c [1] は

---

1) X_1^c は X_1 の補集合を表わす.

空でない開集合であるから,X_1^c は或る開球 $S(x_1, \varepsilon_1)$ $(= \{x ; x \in X, d(x, x_1) < \varepsilon_1\})$, $0 < \varepsilon_1 < 1/2$ を含む.仮定により, X_2 は開球 $S(x_1, \varepsilon_1/2)$ を含まないゆえ, $X_2^c \cap S(x_1, \varepsilon_1/2) \neq \emptyset$. $X_2^c \cap S(x_1, \varepsilon_1/2)$ は空でない開集合のゆえ,或る開球 $S(x_2, \varepsilon_2)$, $0 < \varepsilon_2 < 1/2^2$ を含む.これを続けて,次のような性質をもつ開球の列 $\{S(x_n, \varepsilon_n)\}$ が選べる:

$$0 < \varepsilon_n < 1/2^n, \quad S(x_{n+1}, \varepsilon_{n+1}) \subset S(x_n, \varepsilon_n/2),$$
$$S(x_n, \varepsilon_n) \cap X_n = \emptyset \quad (n = 1, 2, \cdots).$$

$n > m$ なる自然数 n, m に対して
$$d(x_m, x_n) \leq d(x_m, x_{m+1}) + d(x_{m+1}, x_{m+2}) + \cdots$$
$$+ d(x_{n-1}, x_n)$$
$$< 1/2^{m+1} + 1/2^{m+2} + \cdots + 1/2^n < 1/2^m.$$

よって $\{x_n\}$ は Cauchy 点列であり, X が完備であることから,或る点 $x \ (\in X)$ に収束する. m を任意の自然数とする. $d(x_n, x) \to 0 \ (n \to \infty)$ のゆえ, $d(x_{n_m}, x) < \varepsilon_m/2$ なる自然数 $n_m \ (> m)$ が存在する. $d(x_m, x) \leq d(x_m, x_{n_m}) + d(x_{n_m}, x) < \varepsilon_m/2 + \varepsilon_m/2 = \varepsilon_m$ であるから, $x \in S(x_m, \varepsilon_m)$. $S(x_m, \varepsilon_m) \cap X_m = \emptyset$ により, $x \notin X_m \ (m = 1, 2, \cdots)$, 即ち $x \notin \bigcup_{m=1}^{\infty} X_m$. これは $X = \bigcup_{m=1}^{\infty} X_m$ に反する. (証終)

次の定理は**一様有界性の定理**または**共鳴定理**と呼ばれ,後述の開写像・閉グラフ定理とともに線形作用素論におけ

る基本的な定理である.

定理 4.1. A を無限集合とする. T_a, $a \in A$, が Banach 空間 X からノルム空間 Y への有界線形作用素で, すべての $x \in X$ に対して

$$\sup_{a \in A} \|T_a x\| < \infty \tag{4.1}$$

ならば,

$$\sup_{a \in A} \|T_a\| < \infty. \tag{4.2}$$

証明 自然数 n に対して

$$X_n = \{x \in X \,;\, \sup_{a \in A} \|T_a x\| \leqq n\}$$

とおく. $X_n = \bigcap_{a \in A} \{x \in X \,;\, \|T_a x\| \leqq n\}$ で, かつ各 $\{x \in X \,;\, \|T_a x\| \leqq n\}$ が閉集合であるから, X_n は閉集合である. さらに仮定 (4.1) から $X = \bigcup_{n=1}^{\infty} X_n$. X は完備のゆえ, Baire のカテゴリー定理により, X_n ($n = 1, 2, \cdots$) のいずれか 1 つは開球を含む. X_{n_0} が開球 $S(x_0, r) = \{x \in X \,;\, \|x - x_0\| < r\}$ (ただし $r > 0$) を含むとする, 即ち

$$x \in S(x_0, r) \text{ ならば } \|T_a x\| \leqq n_0 \ (a \in A).$$

任意の $x \in X$, $x \neq 0$ に対して $rx/2\|x\| + x_0 \in S(x_0, r)$ のゆえ, 各 $a \in A$ に対して

$$(r/2\|x\|)\|T_a x\| - \|T_a x_0\| \leqq \|T_a(rx/2\|x\| + x_0)\|$$
$$\leqq n_0 \ (x \in X, x \neq 0).$$

これと $\|T_a x_0\| \leq n_0$ より

$$\|T_a x\| \leq \frac{4n_0}{r} \|x\| \quad (x \in X, \ a \in A).$$

かくして $\|T_a\| \leq 4n_0/r \ (a \in A)$. (証終)

注意 X が完備でないノルム空間のときには，この定理は成立しない（問題7参照）．

定理 4.2. $T_n, \ n=1,2,\cdots,$ は Banach 空間 X からノルム空間 Y への有界線形作用素の列とする．すべての $x \in X$ に対して $\lim_{n \to \infty} T_n x$ が存在すれば，$\{\|T_n\|\}$ は有界数列で，かつ

$$Tx = \lim_{n \to \infty} T_n x \ (x \in X)$$

とおくと，T は X から Y への有界線形作用素で

(4.3) $$\|T\| \leq \liminf_{n \to \infty} \|T_n\|.$$

証明 各 $x \in X$ に対して $\lim_{n \to \infty} T_n x$ が存在するゆえ

$$\sup_n \|T_n x\| < \infty \ (x \in X).$$

従って，定理 4.1 から，$\{\|T_n\|\}$ は有界数列である．T が X から Y への線形作用素であることは，$T_n, \ n=1,2,\cdots,$ の線形性から明らかである．

$$\|Tx\| = \lim_{n \to \infty} \|T_n x\| \leq (\liminf_{n \to \infty} \|T_n\|) \|x\| \ (x \in X)$$

から (4.3) が求まる． (証終)

定理 4.3.（Banach-Steinhaus（バナッハ・スタイン

ハウス）の定理）　T_n, $n = 1, 2, \cdots$, を Banach 空間 X から Banach 空間 Y への有界線形作用素の列とし，X_0 を X の稠密な部分集合とする．$\sup_n \|T_n x\| < \infty$ $(x \in X)$，かつ各 $x \in X_0$ に対して $\lim_{n \to \infty} T_n x$ が存在すれば，次の（i），（ii）が成立する．

（i）　すべての $x \in X$ に対して $\lim_{n \to \infty} T_n x$ が存在する．

（ii）　$Tx = \lim_{n \to \infty} T_n x$ $(x \in X)$ とおくと，T は X から Y への有界線形作用素で（4.3）が成立している．

証明　（i）　定理4.1により，定数 M (> 0) が存在して
$$\|T_n\| \leq M \quad (n = 1, 2, \cdots).$$
$x \in X$, $\varepsilon > 0$ とする．$\|x - y\| < \varepsilon/3M$ を満たす $y \in X_0$ を選ぶ．$\lim_{n \to \infty} T_n y$ の存在から，適当に自然数 n_0 を定めると，$\|T_n y - T_m y\| < \varepsilon/3$ $(n, m \geq n_0)$ が成り立つ．
$$\begin{aligned}\|T_n x - T_m x\| &\leq \|T_n x - T_n y\| + \|T_n y - T_m y\| \\ &\quad + \|T_m y - T_m x\| \\ &\leq 2M\|x - y\| + \|T_n y - T_m y\| \\ &< 2\varepsilon/3 + \|T_n y - T_m y\|\end{aligned}$$
のゆえ，$n, m \geq n_0$ ならば $\|T_n x - T_m x\| < \varepsilon$. 従って $\{T_n x\}$ は Y における Cauchy 点列であり，Y が完備であることから $\lim_{n \to \infty} T_n x$ $(x \in X)$ が存在する．

（ii）は（i）と定理4.2から得られる．　　　　（証終）

注意　X_0 自身は X において稠密でなくても，X_0 から生成される線形部分空間 X_1 が稠密であれば，上の定理は成立している．なぜなら，各 $x \in X_0$ に対して $\lim_{n \to \infty} T_n$

が存在すれば,任意の $x \in X_1$ に対して $\lim_{n\to\infty} T_n x$ が存在するから.

4.2. 開写像定理

補助定理 4.4. T を Banach 空間 X からノルム空間 Y への有界線形作用素とする. X の単位球 $S_X(0,1) = \{x \in X ; \|x\| < 1\}$ の T による像 $TS_X(0,1)$ の閉包が Y の或る原点中心の開球 $S_Y(0,r) = \{y \in Y ; \|y\| < r\}$ $(r > 0)$ を含むならば,実は $TS_X(0,1) \supset S_Y(0,r)$ である.

証明 $\overline{TS_X(0,1)} \supset S_Y(0,r)$ という仮定から,任意の $x \in X$, $\rho > 0$ に対して

(4.4) $\qquad \overline{TS_X(x,\rho)} \supset S_Y(Tx, \rho r)$

が成り立つことに注意する,ここに $S_X(x,\rho) = \{x' \in X ; \|x'-x\| < \rho\}$, $S_Y(Tx, \rho r) = \{y \in Y ; \|y-Tx\| < \rho r\}$. はじめに,任意の $\varepsilon > 0$ に対して $S_Y(0,r) \subset TS_X(0, 1+\varepsilon)$ となることを示す.

いま,$\varepsilon > 0$ に対して正数列 $\varepsilon_1 = 1, \varepsilon_2, \cdots$ を $\sum_{n=1}^{\infty} \varepsilon_n < 1+\varepsilon$ なる如く定める. $y \in S_Y(0,r)$ とする. $\overline{TS_X(0,1)} \supset S_Y(0,r)$(仮定)のゆえ

$\qquad x_1 \in S_X(0,1) \ (= S_X(0,\varepsilon_1)), \ \|Tx_1 - y\| < \varepsilon_2 r$

を満たす x_1 が選べる. 次に,$\overline{TS_X(x_1, \varepsilon_2)} \supset S_Y(Tx_1, \varepsilon_2 r)$ ((4.4)) と $y \in S_Y(Tx_1, \varepsilon_2 r)$ から

$\qquad x_2 \in S_X(x_1, \varepsilon_2), \ \|Tx_2 - y\| < \varepsilon_3 r$

となる x_2 が存在する. これを続けて,次の性質をもつ X

の点列 $\{x_n\}$ が選べる：

(4.5) $\quad x_n \in S_X(x_{n-1}, \varepsilon_n)$,
$\quad\quad \|Tx_n - y\| < \varepsilon_{n+1} r \ (n = 1, 2, \cdots)$,

ただし $x_0 = 0$ とおく．実際，$x_1, x_2, \cdots, x_{n-1}$ まで選べたとすると，$y \in S_Y(Tx_{n-1}, \varepsilon_n r)$. $\overline{TS_X(x_{n-1}, \varepsilon_n)} \supset S_Y(Tx_{n-1}, \varepsilon_n r)$ ((4.4)) により，x_n を，$x_n \in S_X(x_{n-1}, \varepsilon_n)$, $\|Tx_n - y\| < \varepsilon_{n+1} r$ であるようにとることができる．かくして帰納法から，(4.5)を満たす点列 $\{x_n\}$ が選べる．

(4.5) から $\|x_n - x_{n-1}\| < \varepsilon_n \ (n = 1, 2, \cdots)$；従って $m > n$ ならば

$$\|x_m - x_n\| \leq \|x_m - x_{m-1}\| + \|x_{m-1} - x_{m-2}\| + \cdots + \|x_{n+1} - x_n\|$$
$$\leq \varepsilon_m + \varepsilon_{m-1} + \cdots + \varepsilon_{n+1}$$

となり，$\sum_{n=1}^{\infty} \varepsilon_n$ が収束することより $\lim_{m,n\to\infty} \|x_m - x_n\| = 0$，即ち $\{x_n\}$ は X における Cauchy 点列である．X が完備であるから，$\{x_n\}$ は収束する．いま $x = \lim_{n\to\infty} x_n$ とおくと，$\|x\| = \lim_{n\to\infty} \|x_n\| \leq \lim_{n\to\infty} \sum_{k=1}^{n} \|x_k - x_{k-1}\| \leq \lim_{n\to\infty} \sum_{k=1}^{n} \varepsilon_k = \sum_{k=1}^{\infty} \varepsilon_k < 1 + \varepsilon$. また $\|Tx_n - y\| < \varepsilon_{n+1} r$ $(n = 1, 2, \cdots)$ から，$y = \lim_{n\to\infty} Tx_n = Tx$. ゆえに $y \in TS_X(0, 1+\varepsilon)$ となり

(4.6) $\quad S_Y(0, r) \subset TS_X(0, 1+\varepsilon) \ (\varepsilon > 0)$

が示された．

ところが，実は $S_Y(0, r) \subset TS_X(0, 1)$ となっている．

実際, $y \in S_Y(0, r)$ とすると, $\|y\| < r$ であるから $\|y\| < \dfrac{r}{1+\varepsilon}$, 即ち $y \in S_Y(0, r/(1+\varepsilon))$ となる $\varepsilon > 0$ が存在する. (4.6) から
$$S_Y(0, r/(1+\varepsilon)) \subset \overline{TS_X(0, 1)}$$
が導かれる (これは (4.6) と同値である) ゆえ, $y \in \overline{TS_X(0, 1)}$ である. (証終)

定理 4.5.(開写像定理) X, Y を Banach 空間とする. T が X から Y の上への有界線形作用素ならば, X の任意の開集合 G の T による像 TG は Y の開集合である.

証明 はじめに, 任意の $\rho > 0$ に対して $TS_X(0, \rho)$ が或る開球 $S_Y(0, \rho')$ $(\rho' > 0)$ を含むことを示す. $Y_n = \overline{TS_X(0, n)}$ $(n = 1, 2, \cdots)$ とおくと, Y_n は閉集合で, かつ, $Y = R(T) = T(\bigcup_{n=1}^{\infty} S_X(0, n)) = \bigcup_{n=1}^{\infty} TS_X(0, n)$ から, $Y = \bigcup_{n=1}^{\infty} Y_n$. Y が完備であるから, Baire のカテゴリー定理により, 或る Y_{n_0} は開球 $S_Y(y_0, r)$ $(r > 0)$ を含む, 即ち $\overline{TS_X(0, n_0)} \supset S_Y(y_0, r)$. また, $-y_0 \in -\overline{TS_X(0, n_0)} = \overline{TS_X(0, n_0)}$. ゆえに
$$\begin{aligned}S_Y(0, r) &= -y_0 + S_Y(y_0, r) \\ &\subset \overline{TS_X(0, n_0)} + \overline{TS_X(0, n_0)} \\ &\subset \overline{TS_X(0, n_0) + TS_X(0, n_0)} = \overline{TS_X(0, 2n_0)}.\end{aligned}$$
(ここで, 次の記号を用いている. X の部分集合 A, B, および数 α に対し, $A + B = \{x + y ; x \in A, y \in B\}$, $\alpha A = \{\alpha x ; x \in A\}$ とおく. また, $\{z\} + A$ のことを $z + A$ とかく.) よって

$$S_Y(0, r/2n_0) \subset \overline{TS_X(0,1)}.$$

従って,補助定理 4.4 から

$$S_Y(0, r/2n_0) \subset TS_X(0,1)$$

となり,任意の $\rho > 0$ に対して $S_Y(0, \rho r/2n_0) \subset TS_X(0, \rho)$. ここで $\rho' = \rho r/2n_0$ とおけば,$TS_X(0, \rho) \supset S_Y(0, \rho')$.

いま G を X の開集合とする.$x \in G$ とすると,$S_X(x, \rho) \subset G$ となる開球 $S_X(x, \rho)$ ($\rho > 0$) が存在する.$S_X(x, \rho) = x + S_X(0, \rho)$ で,かつ,上に示した如く,適当な開球 $S_Y(0, \rho')$ ($\rho' > 0$) が存在して $TS_X(0, \rho) \supset S_Y(0, \rho')$ であるから

$$TG \supset TS_X(x, \rho) = T(x + S_X(0, \rho)) = Tx + TS_X(0, \rho)$$
$$\supset Tx + S_Y(0, \rho') = S_Y(Tx, \rho').$$

従って TG は Y の開集合である.　　　　　(証終)

定理 4.6. X, Y を Banach 空間とする.T が X から Y への 1 対 1,かつ上への有界線形作用素であるならば,逆作用素 T^{-1} は Y から X への有界線形作用素である.

証明 T^{-1} は Y から X への線形作用素である(定理 3.4 参照).定理 4.5 により,X の任意の開集合 G に対して $(T^{-1})^{-1}G = TG$ は開集合である.従って T^{-1} は連続作用素となり,定理 3.2 から,T^{-1} は有界である.

(証終)

4.3. 閉作用素

定義 4.1. X, Y をともにノルム空間[1]とし,$x \in X$, $y \in Y$ の対 $[x, y]$ の全体 $\{[x, y] ; x \in X,\ y \in Y\}$ に

(4.7) $\quad [x_1, y_1] + [x_2, y_2] = [x_1 + x_2, y_1 + y_2]$

(4.8) $\quad\quad\quad\quad \alpha[x, y] = [\alpha x, \alpha y]$

(4.9) $\quad\quad\quad\quad \|[x, y]\| = \|x\| + \|y\|$

によって線形演算,およびノルムを導入すれば,この集合はノルム空間を作る.これを X と Y との**直積空間**といい $X \times Y$ とかく.X, Y が Banach 空間ならば,直積空間 $X \times Y$ も Banach 空間となることが容易にわかる.

定義 4.2. X, Y をノルム空間とし,T を $D(T) \subset X$,$R(T) \subset Y$ なる線形作用素とする.このとき

$$G(T) = \{[x, Tx] \in X \times Y ; x \in D(T)\}$$

を T の**グラフ**という.明らかに $G(T)$ は $X \times Y$ の線形部分空間である.

T が $D(T) \subset X$,$R(T) \subset Y$ なる線形作用素で,かつそのグラフ $G(T)$ が $X \times Y$ の閉部分集合(従って閉線形部分空間)であるとき,T を**閉作用素**という.

定理 4.7. X, Y をノルム空間,T を $D(T) \subset X$,$R(T) \subset Y$ なる線形作用素とする.T が閉作用素であるための必要十分条件は

---

[1] X, Y は同じ係数体 Φ をもつものとする.

(4.10) $\begin{cases} x_n \in D(T) \ (n=1,2,\cdots),\ \lim_{n\to\infty} x_n = x \\ \text{かつ}\ \lim_{n\to\infty} Tx_n = y\ \text{ならば, 必ず}\ x \in D(T) \\ \text{で, かつ}\ Tx = y\ \text{である}. \end{cases}$

証明 $[x_n, Tx_n] \in G(T)$ $(n=1,2,\cdots)$, $[x,y] \in X \times Y$ に対して, $\|[x_n, Tx_n] - [x,y]\| = \|x_n - x\| + \|Tx_n - y\|$ であるから, $\lim_{n\to\infty}[x_n, Tx_n] = [x,y]$ と "$\lim_{n\to\infty} x_n = x$, $\lim_{n\to\infty} Tx_n = y$" とは同値である. さらに $[x,y] \in G(T)$ と "$x \in D(T)$, $y = Tx$" とは同値であるゆえ, $G(T)$ が $X \times Y$ の閉部分集合である (即ち T が閉作用素である) ための必要十分条件は (4.10) が成立することである. (証終)

例 4.1. 有界閉区間 $[a,b]$ で定義された 1 回連続微分可能な実数値関数の全体を D とし, 各 $x \in D$ に dx/dt を対応させる作用素を T とする. 例 3.4 において示した如く, T は $D(T) = D \subset C[a,b]$, $R(T) \subset C[a,b]$ なる線形作用素であるが有界ではない. T が閉作用素であることを示そう.

いま, $x_n \in D(T)$ $(n=1,2,\cdots)$, $\lim_{n\to\infty}\|x_n - x\| = \lim_{n\to\infty}\{\max_{t\in[a,b]}|x_n(t) - x(t)|\} = 0$, $\lim_{n\to\infty}\|Tx_n - y\| = \lim_{n\to\infty}\{\max_{t\in[a,b]}|dx_n/dt - y(t)|\} = 0$ とする.

$$x_n(t) - x_n(a) = \int_a^t (dx_n/ds)ds \quad (t \in [a,b], n=1,2,\cdots)$$

において $n \to \infty$ とすると, $[a,b]$ 上で $x_n(t)$ が $x(t)$ に, かつ dx_n/dt が $y(t)$ に一様収束していることから,

$$x(t) - x(a) = \int_a^t y(s)ds \ (t \in [a, b]).$$

$y \in C[a, b]$ のゆえ,x は $[a, b]$ で1回連続微分可能で,$dx/dt = y(t)$ $(t \in [a, b])$. 即ち

$$x \in D = D(T), \ \text{かつ} \ y = dx/dt = Tx$$

となり,T は閉作用素である(定理4.7参照).

定理 4.8. X, Y はノルム空間,T は $D(T) \subset X$,$R(T) \subset Y$ なる線形作用素とする.

(i) T が有界(即ち定数 $c \geq 0$ が存在して $\|Tx\| \leq c\|x\|$ $(x \in D(T))$,かつ $D(T)$ が閉集合ならば,T は閉作用素である.

(ii) T が閉作用素で T^{-1} が存在すれば,T^{-1} も閉作用素である.

証明 (i) $x_n \in D(T)$ $(n = 1, 2, \cdots)$,$\lim_{n \to \infty} x_n = x$ かつ $\lim_{n \to \infty} Tx_n = y$ とする.$D(T)$ が閉集合のゆえ $x \in D(T)$,これから $\|Tx_n - Tx\| \leq c\|x_n - x\| \to 0$ $(n \to \infty)$. ゆえに $y = \lim_{n \to \infty} Tx_n = Tx$ となり,(4.10) が成立した.よって T は閉作用素である.

(ii) T^{-1} は $D(T^{-1}) = R(T) \subset Y$,$R(T^{-1}) = D(T) \subset X$ なる線形作用素である(定理3.4参照).定理4.7により,$y_n \in D(T^{-1})$ $(n = 1, 2, \cdots)$,$\lim_{n \to \infty} y_n = y$ かつ $\lim_{n \to \infty} T^{-1}y_n = x$ ならば,$y \in D(T^{-1})$ で,しかも $T^{-1}y = x$ であることを示せばよい.

いま $y_n \in D(T^{-1})$ $(n = 1, 2, \cdots)$,$\lim_{n \to \infty} y_n = y$,$\lim_{n \to \infty} T^{-1}y_n = x$ とする.$T^{-1}y_n = x_n$ とおくと,$x_n \in D(T)$,

$\lim_{n\to\infty} x_n = x$ かつ $\lim_{n\to\infty} Tx_n = \lim_{n\to\infty} y_n = y$ となり,T が閉作用素であることから,$x \in D(T)$ かつ $Tx = y$.ゆえに $y \in R(T) = D(T^{-1})$ で,かつ $T^{-1}y = x$. (証終)

この定理の (i) から,ノルム空間 X からノルム空間 Y への有界線形作用素は閉作用素である.

定理 4.9. (閉グラフ定理) X, Y を Banach 空間とし,T を $D(T) \subset X$,$R(T) \subset Y$ なる閉作用素とする.もしも $D(T) = X$ ならば[1],T は有界である.

証明 X, Y が Banach 空間であるから,$X \times Y$ も Banach 空間である.T が閉作用素のゆえ,そのグラフ $G(T)$ は $X \times Y$ の閉線形部分空間である;従って $G(T)$ は 1 つの Banach 空間である.いま
$$G(T) \ni [x, Tx] \to x \in X$$
により,$G(T)$ から X への作用素 J を定義すると,J は線形作用素で
$$\|J([x, Tx])\| = \|x\| \leq \|x\| + \|Tx\|$$
$$= \|[x, Tx]\| \quad ([x, Tx] \in G(T)).$$
よって,J は Banach 空間 $G(T)$ から Banach 空間 X への有界線形作用素である.次に,$J([x, Tx]) = 0$ ならば $x = 0$.従って $Tx = 0$.ゆえに $[x, Tx] = 0$[2] となり,J は 1 対 1 である(定理 3.4 参照).さらに,$D(T) = X$ から,J は $G(T)$ から X の上への(有界線形)作用素であ

---

1) この仮定がなければ定理は成立しない(例 4.1 参照).
2) $X \times Y$ の零元である.

る.従って,定理 4.6 により,J^{-1} は X から $G(T)$ への有界線形作用素である.即ち適当な定数 $c>0$ が存在して $\|J^{-1}x\| \leq c\|x\|$ $(x \in X)$. $J^{-1}x = [x, Tx]$ であるから,
$$\|x\| + \|Tx\| = \|[x, Tx]\| = \|J^{-1}x\| \leq c\|x\| \quad (x \in X).$$
よって
$$\|Tx\| \leq c\|x\| \quad (x \in X)$$
となり,T は有界である. (証終)

第 2 章の問題

1. T がノルム空間 X からノルム空間 Y への有界線形作用素ならば,$\{x\,;\,Tx=0\}$ は X の閉線形部分空間であることを証明せよ.

2. T をノルム空間 X からノルム空間 Y への有界線形作用素とする.次式を証明せよ.
$$\|T\| = \sup_{\|x\| \leq 1} \|Tx\| = \sup_{\|x\| = 1} \|Tx\|.$$

3. X, Y をノルム空間とし,T を $D(T) \subset X$,$R(T) \subset Y$ なる線形作用素とする.次のことを示せ.T が($R(T)$ 上で定義された)有界な逆作用素をもつための必要十分条件は,$\|Tx\| \geq c\|x\|$ $(x \in D(T))$ を満足する定数 $c>0$ が存在することである.

4. X, Y, Z がノルム空間のとき,次の (i), (ii) を証明せよ.

(i) $T_i \in B(X, Y)$ $(i = 1, 2)$,$\alpha \in \Phi$ ならば,$T_1 + T_2$,$\alpha T_1 \in B(X, Y)$ で,かつ $\|T_1 + T_2\| \leq \|T_1\| + \|T_2\|$,$\|\alpha T_1\| = |\alpha|\|T_1\|$.

(ii) $T \in B(X, Y)$,$S \in B(Y, Z)$ ならば,$ST \in B(X, Z)$

で,かつ $\|ST\| \leq \|S\|\|T\|$.

5. X, Y をノルム空間とし,$T_n, T \in B(X, Y)$,$x_n, x \in X$ とする.$\|T_n - T\| \to 0$,$\|x_n - x\| \to 0$ ならば $\|T_n x_n - Tx\| \to 0$ $(n \to \infty)$ であることを示せ.

6. 次の(i),(ii)を証明せよ.

(i) $\sup\limits_{1 \leq i, j < \infty} |\alpha_{ij}| < \infty$ のとき,作用素 $y = Tx$ を
$$\eta_i = \sum_{j=1}^{\infty} \alpha_{ij} \xi_j, \quad \text{ただし } x = \{\xi_i\},\ y = \{\eta_i\}$$
により定義すると,T は (l) から (l^∞) への有界線形作用素である.

(ii) $K(s,t)$ が 2 変数 $s, t \in (a, b)$ の可測関数で,$\operatorname*{ess\,sup}\limits_{s, t \in (a,b)} |K(s,t)| < \infty$ のとき,$y(s) = \int_a^b K(s,t) x(t) dt$ により $y = Tx$ を定義すると,T は $L(a, b)$ から $L^\infty(a, b)$ への有界線形作用素である.

7. 多項式の全体を X とすると,X は通常の線形演算により線形空間となる.次の(a),(b)を証明せよ.

(a) $x(t) = \sum\limits_{k=0}^{l} a_k t^k\ (\in X)$ のノルムを $\|x\| = \max\limits_{0 \leq k \leq l} |a_k|$ により導入すると,X はノルム空間であるが,完備ではない(従って Banach 空間でない).

(b) 各自然数 n に対し,X から $R^1 = (-\infty, \infty)$ への作用素 T_n を,
$$T_n x = \sum_{k=0}^{n} a_k \quad (x(t) = \sum_{k=0}^{l} a_k t^k \in X)$$
によって定義する.このとき(i)T_n は X から(Banach 空間)R^1 への有界線形作用素である,(ii)各 $x(t) = \sum\limits_{k=0}^{l_x} a_k t^k \in X$ に対し,$|T_n x| \leq (l_x + 1)\|x\|\ (n \geq 1)$;従って $\sup\limits_{n \geq 1} |T_n x| < \infty\ (x \in X)$,(iii)$\|T_n\| \geq n\ (n \geq 1)$,即ち $\{\|T_n\|\}$ は有界で

ない.

注意 この例からわかるように，一様有界性の定理（定理4.1）は，X がノルム空間のときには成立しない.

8. $[a,b]$ を有界閉区間とし，各 $t \in [a,b]$ に対し，$T(t)$ は Banach 空間 X からノルム空間 Y への有界線形作用素とする．任意の $x \in X$，$s \in [a,b]$ に対して $\lim_{t \to s} T(t)x = T(s)x$ ならば，$\|T(t)\|$ は $[a,b]$ 上で有界であることを証明せよ.

9. 2つの Banach 空間 X, Y の直積空間 $X \times Y$ は Banach 空間を作ることを示せ.

10. X, Y をノルム空間とする.

（i）T_1 が $D(T_1) \subset X$，$R(T_1) \subset Y$ なる閉作用素，$T_2 \in B(X,Y)$ ならば $T_1 + T_2$ は閉作用素であることを示せ.

（ii）T_i ($i = 1, 2$) が $D(T_i) \subset X$，$R(T_i) \subset Y$ なる閉作用素のとき，$T_1 + T_2$ は閉作用素となるか？

11. X を Banach 空間，Y をノルム空間とする．T が $D(T) \subset X$，$R(T) \subset Y$ なる1対1の閉作用素で，かつ T^{-1} がその定義域 $R(T)$ の上で有界ならば，$R(T)$ は Y の閉線形部分空間であることを証明せよ.

12. Y, Z を Banach 空間 X の閉線形部分空間とする．任意の $x \in X$ が，$x = y + z$（ただし $y \in Y$，$z \in Z$）なる形に一意的に表わされるものと仮定する．このとき，x に対し，y を対応させる X から Y への作用素 P が定まる．P は有界線形作用素であることを示せ．（ヒント．閉グラフ定理を利用する）

13. X, Y, Z を Banach 空間とし，$T \in B(X, Z)$，$U \in B(Y, Z)$ とする．任意の $x \in X$ に対し，$Tx = Uy$ を満足する y が1つ，かつただ1つ存在すると仮定する．このとき，x に対し，y を対応させる X から Y への作用素 V は有界線形作用素であることを証明せよ.

第3章 線形汎関数

§5. 線形汎関数

5.1. 線形汎関数の定義

実数または複素数の値をとる作用素のことを**汎関数**という.

定義 5.1. Φ を実数体または複素数体とし, X を Φ の上の線形空間とする. X から Φ への線形作用素のことを, X で定義された**線形汎関数**という. 即ち f が X で定義された線形汎関数であるとは, 各 $x \in X$ に対して $f(x) \in \Phi$, かつ

(5.1) $f(x_1+x_2) = f(x_1)+f(x_2)$ $(x_1, x_2 \in X)$

(5.2) $f(\alpha x) = \alpha f(x)$ $(x \in X, \alpha \in \Phi)$

を満たすことである.

実数体または複素数体 Φ は, $\alpha \in \Phi$ のノルムを α の絶対値 $|\alpha|$ により定義すれば Banach 空間を作ることに注意する. いま, f をノルム空間 X で定義された線形汎関数とすると, f はノルム空間 X から Banach 空間 Φ への線形作用素にほかならない. この線形作用素が連続 (有界)

のとき,線形汎関数 f は **連続**(**有界**)であるという.即ちノルム空間 X で定義された線形汎関数 f が点 $x \in X$ で連続であるとは,

(5.3)
$$\lim_{n \to \infty} \|x_n - x\| = 0 \text{ ならば } \lim_{n \to \infty} |f(x_n) - f(x)| = 0$$

を満たすことであり,f が X の各点で連続のとき,汎関数 f は連続であるという.また,或る定数 $c \geqq 0$ が存在して

(5.4) $\qquad |f(x)| \leqq c\|x\| \quad (x \in X)$

のとき,ノルム空間 X で定義された線形汎関数 f は有界であるという;そして (5.4) を満たすような c の最小値を f の**ノルム**といい,$\|f\|$ とかく.

従って,2章で述べた線形作用素の一般論は,線形汎関数にも通用する.例えば,定理 3.2 から,次の定理を得る.

定理 5.1. f はノルム空間 X で定義された線形汎関数とする.次の 3 つの条件は互いに同値である.

(i) f は或る 1 点で連続である.
(ii) f は連続である.
(iii) f は有界である.

また (3.8), (3.9) から,ノルム空間 X で定義された有界線形汎関数 f に対して

(5.5) $\qquad |f(x)| \leqq \|f\|\|x\| \quad (x \in X)$

(5.6) $$\|f\| = \sup_{\|x\|\leq 1} |f(x)| = \sup_{\|x\|=1} |f(x)|$$

が成立する.

5.2. 幾何学的性質

線形汎関数の幾何学的性質を調べる. 線形空間 X で定義された線形汎関数 f に対して
$$N_f = \{x \in X \,;\, f(x) = 0\}$$
とおく. 明らかに, N_f は X の線形部分空間である.

定理5.2. X を線形空間とする.

(ⅰ) f は X で定義された線形汎関数で恒等的に 0 でないものとする. $x_0 \notin N_f$, 即ち $f(x_0) \neq 0$ とすると, 任意の元 $x \in X$ は,
$$x = z + \alpha x_0, \text{ ただし } z \in N_f, \ \alpha \in \Phi$$
なる形に一意的に表わせる.

(ⅱ) 逆に, $N (\neq X)$ を X の線形部分空間とし, $x_0 \notin N$ とする. 任意の元 $x \in X$ が
$$x = z + \alpha x_0, \text{ ただし } z \in N, \ \alpha \in \Phi$$
なる形で一意的に表わされるならば, X で定義される適当な線形汎関数 f が存在して, $N_f = N$.

証明 (ⅰ) $x \in X$ に対して $f(x) = \alpha f(x_0)$ となるように $\alpha \in \Phi$ を定め, $z = x - \alpha x_0$ とおく. $f(z) = f(x) - \alpha f(x_0) = 0$ のゆえ $z \in N_f$; よって $x = z + \alpha x_0, \ z \in N_f, \ \alpha \in \Phi$. いま $x = z_1 + \alpha_1 x_0 = z_2 + \alpha_2 x_0$, ただし $z_i \in N_f$, $\alpha_i \in \Phi$ $(i=1,2)$ とすると, $(\alpha_2 - \alpha_1) x_0 = z_1 - z_2 \in N_f$.

$\alpha_2 - \alpha_1 \neq 0$ ならば $x_0 = \dfrac{1}{\alpha_2 - \alpha_1}(z_1 - z_2) \in N_f$ となり，$x_0 \notin N_f$ に反するゆえ，$\alpha_1 = \alpha_2$ でなければならない．従って $z_1 = z_2$ となり，一意的に表わされることが示された．

(ii) 仮定から，各 $x \in X$ に対して $x = z + \alpha x_0$ なる $z \in N$，$\alpha \in \Phi$ が一意的に定まる．z, α は x に依存するゆえ，それを明示するため，z_x, α_x とかくことにする．いま，$f(x) = \alpha_x$ により f を定義すると，f は X で定義された線形汎関数である．実際，$x_i \in X$ $(i = 1, 2)$ に対して $x_i = z_{x_i} + \alpha_{x_i} x_0$ なる $z_{x_i} \in N$，$\alpha_{x_i} \in \Phi$ が一意的に定まる．さて
$$x_1 + x_2 = (z_{x_1} + z_{x_2}) + (\alpha_{x_1} + \alpha_{x_2}) x_0,$$
$$z_{x_1} + z_{x_2} \in N, \ \alpha_{x_1} + \alpha_{x_2} \in \Phi;$$
$x_1 + x_2$ のこのような表現が一意的であることから
$$\alpha_{x_1 + x_2} = \alpha_{x_1} + \alpha_{x_2}, \ z_{x_1 + x_2} = z_{x_1} + z_{x_2}$$
である．従って $f(x_1 + x_2) = \alpha_{x_1 + x_2} = \alpha_{x_1} + \alpha_{x_2} = f(x_1) + f(x_2)$．同様にして，$f(\alpha x) = \alpha f(x)$ $(x \in X, \alpha \in \Phi)$ が示される．

また，$x \in N$ であるための必要十分条件は $\alpha_x = 0$ である．ゆえに $N_f = N$. (証終)

f が線形空間 X で定義された線形汎関数で，恒等的に 0 でないとき
$$N_f + x_0 = \{z + x_0 : z \in N_f\}$$
(ただし $x_0 \in X$) を X における**超平面**という．$N_f + x_0$

$= \{x \in X ; f(x) = f(x_0)\}$ である.

定理 5.3. f はノルム空間 X で定義された線形汎関数とする.f が有界であるための必要十分条件は,$N_f = \{x \in X ; f(x) = 0\}$ が閉集合(従って X の閉線形部分空間)となることである.

証明 f が有界とする.定理 5.1 から,f は連続である.いま $x_n \in N_f$ ($n = 1, 2, \cdots$),$\lim_{n \to \infty} x_n = x$ とすると,$f(x) = \lim_{n \to \infty} f(x_n) = 0$ であるから,$x \in N_f$.ゆえに N_f は X の閉線形部分空間である.

逆に,N_f が X の閉線形部分空間とする.もし $N_f = X$ ならば,$f(x) = 0$ ($x \in X$) のゆえ,f は有界である.次に,$N_f \neq X$ ならば $f(x_0) = 1$ となる $x_0 \in X$ が存在する.

$$M_f = N_f + x_0 \ (= \{x \in X ; f(x) = 1\})$$

とおく.N_f が閉集合のゆえ,M_f も閉集合である.$0 \notin M_f$ のゆえ,原点 0 と超平面 M_f の距離を d(即ち $d = \inf\{\|x\| ; x \in M_f\}$)とすると,$d > 0$.このとき,次の (5.7) が成立する.

(5.7) $\|x\| \leq d$ ならば $|f(x)| \leq 1$ である.

実際,もし (5.7) が成立しないとすると,$\|x'\| \leq d$ で,しかも $|f(x')| > 1$ となる x' が存在する.$\alpha = f(x')$ とおくと,$f(x'/\alpha) = 1$ のゆえ $x'/\alpha \in M_f$.よって $d \leq \|x'/\alpha\|$.一方,$|\alpha| = |f(x')| > 1$ から $\|x'/\alpha\| = \|x'\|/|\alpha| < d$.これは矛盾である.ゆえに (5.7) が成立する.

$x \in X$, $x \neq 0$ とする。$\left\|\dfrac{d}{\|x\|}x\right\| = d$ のゆえ，(5.7)により，

$$\frac{d}{\|x\|}|f(x)| = \left|f\left(\frac{d}{\|x\|}x\right)\right| \leq 1, \quad 即ち\ |f(x)|/\|x\| \leq 1/d.$$

よって

(5.8) $$\|f\| \leq 1/d$$

となり，f は有界である． (証終)

定理 5.4. f はノルム空間 X で定義された有界線形汎関数で，恒等的に 0 でないとする．$M_f = \{x \in X : f(x) = 1\}$ とおき，原点 0 とこの超平面 M_f との距離を d とすると

(5.9) $$\|f\| = 1/d.$$

証明 $x \in M_f$ ならば，$1 = f(x) \leq \|f\|\|x\|$，即ち $1/\|f\| \leq \|x\|$．ゆえに $1/\|f\| \leq d$．次に，定理 5.3 の十分性の証明と同様にして，(5.7) を得，そしてそれから (5.8)，即ち $\|f\| \leq 1/d$ が示される． (証終)

定理 5.2，および定理 5.3 から次の系を得る．

系 5.5. X はノルム空間とする．

（ i ） M が X の閉線形部分空間ならば，任意の $x_0 \in X$ に対して $\{z+\alpha x_0 : z \in M, \alpha \in \Phi\}$ も X の閉線形部分空間である．

（ ii ） M が X の閉線形部分空間，V が X の線形部分空間でかつ有限次元ならば，
$$M+V = \{z+v : z \in M,\ v \in V\}$$

は X の閉線形部分空間である.とくに,V 自身も X の閉線形部分空間である.

証明 (i) $X_0 = \{z + \alpha x_0 ; z \in M, \alpha \in \Phi\}$ とおく.X_0 は X の線形部分空間のゆえ,X_0 が閉集合であることを示せばよい.もし $x_0 \in M$ ならば,$X_0 = M$ のゆえ,X_0 は閉集合である.

次に $x_0 \notin M$ とする.このとき,X_0 の任意の元 x は
$$x = z + \alpha x_0, \text{ ただし } z \in M, \alpha \in \Phi$$
なる形で一意的に表わされることに注意する.定理 5.2 (ii) から,$N_f = M$ となる X_0 で定義される線形汎関数 f が存在する.$M \subset X_0$ で,M は X の閉集合のゆえ,$N_f (= M)$ は X_0(これは X におけるノルムをそのまま受けつぐことにより 1 つのノルム空間である)の閉集合である.従って,定理 5.3 から,f は X_0 で定義された有界線形汎関数である.

$x_n = z_n + \alpha_n x_0 \in X_0$,ただし $z_n \in M$, $\alpha_n \in \Phi$ $(n = 1, 2, \cdots)$ とし,$x_n \to x$ $(n \to \infty)$ とする.$f(x_n) = \alpha_n f(x_0)$, $f(x_0) \neq 0$ のゆえ
$$|\alpha_n - \alpha_m| = (1/|f(x_0)|)|f(x_n) - f(x_m)|$$
$$\leq (\|f\|/|f(x_0)|)\|x_n - x_m\|.$$
$\lim_{n,m \to \infty} \|x_n - x_m\| = 0$ のゆえ,$\lim_{n,m \to \infty} |\alpha_n - \alpha_m| = 0$,即ち $\{\alpha_n\}$ は Cauchy 数列である.ゆえに $\{\alpha_n\}$ は収束する.いま $\alpha = \lim_{n \to \infty} \alpha_n$ とおくと,$z_n = x_n - \alpha_n x_0 \to x - \alpha x_0$ $(n \to \infty)$.$z_n \in M$ $(n = 1, 2, \cdots)$,M は閉集合であるから,$x - \alpha x_0 (= z$ とおく$) \in M$.従って $x = z +$

$\alpha x_0 \in X_0$: よって X_0 は閉集合である.

(ii) V の次元 k に関する帰納法を用いる. $k=0$ のときは $V=\{0\}$ のゆえ, $M+V=M$. ゆえに命題は成立する. いま $k-1$ のとき真であると仮定する. V を k 次元とすると, V はつねに $V=\{w+\alpha x_0 ; w \in W, \alpha \in \Phi\}$ なる形で表わされる, ただし W は $k-1$ 次元の線形部分空間で $x_0 \notin W$. 従って $U=M+W$ とおくと, 帰納法の仮定により, U は閉線形部分空間で,

$$M+V = \{u+\alpha x_0 ; u \in U, \ \alpha \in \Phi\}.$$

従って, (i) から, $M+V$ は X の閉線形部分空間である.

とくに, $M=\{0\}$ は X の閉線形部分空間であるから, $V = M+V = \{0\}+V$ は X の閉線形部分空間である.
(証終)

5.3. 線形汎関数の例

例5.1. $\{\eta_n ; n=0, 1, 2, \cdots\} \in (l)$ とし,

$$(5.10) \qquad f(x) = \xi_0 \eta_0 + \sum_{i=1}^{\infty} \xi_i \eta_i$$

$$(x=\{\xi_n\} \in (c), \ \xi_0 = \lim_{n \to \infty} \xi_n)$$

とおくと, f は (c) で定義された有界線形汎関数である.

例5.2. $1 < p < \infty$ とし, $1/p+1/q=1$ とする. $\{\eta_n\} \in (l^q)$ のとき,

$$(5.11) \quad f(x) = \sum_{n=1}^{\infty} \xi_n \eta_n \quad (x=\{\xi_n\} \in (l^p))$$

により f を定義すると,f は (l^p) で定義された有界線形汎関数である.

実際,Hölder の不等式から,(5.11) の右辺の級数は収束して

$$|f(x)| = \left|\sum_{n=1}^{\infty} \xi_n \eta_n\right| \leq \left(\sum_{n=1}^{\infty} |\xi_n|^p\right)^{1/p} \left(\sum_{n=1}^{\infty} |\eta_n|^q\right)^{1/q}$$
$$= \left(\sum_{n=1}^{\infty} |\eta_n|^q\right)^{1/q} \|x\| \ (x = \{\xi_n\} \in (l^p)).$$

従って f は (l^p) で定義された線形汎関数で,$\|f\| \leq \left(\sum_{n=1}^{\infty} |\eta_n|^q\right)^{1/q}$.

また,$\{\eta_n\} \in (l^\infty)$ に対し,

$$f(x) = \sum_{n=1}^{\infty} \xi_n \eta_n \ (x = \{\xi_n\} \in (l))$$

とおくと,f は (l) で定義された有界線形汎関数で,しかも $\|f\| \leq \sup_{n \geq 1} |\eta_n|$.

例 5.3. $v(t)$ を有界閉区間 $[a,b]$ で定義された有界変分関数とし,

$$(5.12) \quad f(x) = \int_a^b x(t) dv(t) \ (x \in C[a,b])$$

(ただし右辺の積分は Riemann-Stieltjes (リーマン・スティルチェス) 積分) により f を定義する.f は $C[a,b]$ で定義された線形汎関数で,

$$|f(x)| = \left|\int_a^b x(t) dv(t)\right| \leq \|x\| V(v) \ (x \in C[a,b]),$$

ここに $V(v)$ は v の全変分を表わす.ゆえに $\|f\| \leqq V(v)$ となり,f は有界である.

例 5.4. (a,b) は有限または無限区間とする.$1 < p < \infty$,$1/p + 1/q = 1$ とし,$y \in L^q(a,b)$ とする.

$$(5.13) \quad f(x) = \int_a^b x(t)y(t)dt \quad (x \in L^p(a,b))$$

により f を定義すると,f は $L^p(a,b)$ で定義された有界線形汎関数である.

なぜならば,Hölder の不等式から,(5.13) の右辺の積分は存在して

$$\begin{aligned}
|f(x)| &= \left| \int_a^b x(t)y(t)dt \right| \\
&\leqq \left(\int_a^b |y(t)|^q dt \right)^{1/q} \left(\int_a^b |x(t)|^p dt \right)^{1/p} \\
&= \left(\int_a^b |y(t)|^q dt \right)^{1/q} \|x\| \quad (x \in L^p(a,b)).
\end{aligned}$$

ゆえに f は $L^p(a,b)$ で定義された線形汎関数で,$\|f\| \leqq \left(\int_a^b |y(t)|^q dt \right)^{1/q}$.

また,$y \in L^\infty(a,b)$ とし,

$$f(x) = \int_a^b x(t)y(t)dt \quad (x \in L(a,b))$$

とおくと,f は $L(a,b)$ で定義された有界線形汎関数で,$\|f\| \leqq \operatorname*{ess\,sup}_{t \in (a,b)} |y(t)|$.

§6. 線形汎関数の拡張

6.1. **Hahn-Banach**（ハーン・バナッハ）の拡張定理

Hahn-Banach の拡張定理の証明に Zorn（ツォルン）の補題を用いるゆえ若干これについて説明する．

集合 A の中に，元 a, b を適当にとれば $a \prec b$ ($b \succ a$ ともかく）という関係が定義されていて，(i) $a \prec a$ (ii) $a \prec b$, $b \prec c$ ならば $a \prec c$ (iii) $a \prec b$, $b \prec a$ ならば $a = b$, という条件が満たされているとき，この関係 $\prec$ を A における**順序**といい，A を**順序集合**という．順序集合 A の任意の部分集合は，その順序として A における順序をそのまま持ち込むことにより，1つの順序集合となる．

順序集合 A において，その任意の2元 a, b に対して，つねに $a \prec b$ または $b \prec a$ が成立しているとき，A を**全順序集合**（または**線形順序集合**）という．

順序集合 A の部分集合 B に対して

"$x \in B$ ならば $x \prec a$ である"

ような $a \in A$ が存在するとき，a を B の**上界**という．また

"$a \prec b$ ならば $a = b$ である"

のとき，a $(\in A)$ を A の**極大元**という．

Zorn の補題 順序集合 A において，その任意の全順序部分集合がつねに上界をもつならば，A は極大元をもつ．

この補題は Zermelo（ツェルメロ）の選択公理と同等であることが知られている[1]．それゆえ，ここでは Zorn の補題を公理として採用する．

定理 6.1. (Hahn-Banach の定理) X を実線形空間とし，p は X で定義された実数値汎関数で

(6.1) $\quad p(x+y) \leqq p(x)+p(y) \ (x, y \in X)$

(6.2) $\quad p(\alpha x) = \alpha p(x) \ (\alpha \geqq 0, \ x \in X)$

を満たすものとする．M を X の線形部分空間とし，f は
$$f(x) \leqq p(x) \ (x \in M)$$
を満たす，M で定義された線形汎関数とする．このとき，次の (6.3) を満足する X 全体で定義された線形汎関数 F が存在する：

(6.3)
$$F(x) = f(x) \ (x \in M),$$
$$F(x) \leqq p(x) \ (x \in X).$$

証明 （第 1 段）L は X の線形部分空間で $L \neq X$ とし，l は L で定義された線形汎関数で，$l(x) \leqq p(x) \ (x \in L)$ を満たすものとする．

$x_0 \notin L$ とし，$L+[x_0] = \{x + \alpha x_0 \,;\, x \in L, \alpha \in R\}$（ただし R は実数体）とおく．$L+[x_0]$ は X の線形部分空間で $L \subsetneqq L+[x_0]$．このとき

(6.4)
$$g(x) = l(x) \ (x \in L),$$
$$g(x) \leqq p(x) \ (x \in L+[x_0])$$

を満たす $L+[x_0]$ で定義された線形汎関数 g が存在する

---

1) 例えば，稲垣武著"一般集合論（近代数学新書，至文堂）"参照．

ことを示す.

仮にこのような g が作れたとすると，$x+\alpha x_0 \in L+[x_0]$ に対して

$$g(x+\alpha x_0) = g(x)+\alpha g(x_0) = l(x)+\alpha g(x_0),$$
$$g(x+\alpha x_0) \leqq p(x+\alpha x_0).$$

ゆえに，$x \in L$, $\alpha \in R$ に対して

$$\alpha g(x_0) = g(x+\alpha x_0)-l(x) \leqq p(x+\alpha x_0)-l(x).$$

これから

$\alpha > 0$ のとき $g(x_0) \leqq (1/\alpha)p(x+\alpha x_0)-(1/\alpha)l(x)$
$\qquad\qquad\qquad = p(x/\alpha+x_0)-l(x/\alpha),$

$\alpha < 0$ のとき $g(x_0) \geqq (1/\alpha)p(x+\alpha x_0)-(1/\alpha)l(x)$
$\qquad\qquad\qquad = -p(-x/\alpha-x_0)-l(x/\alpha).$

ここで x/α を x とおき直すと，$g(x_0)=\beta$ は

(6.5)

$$-p(-x-x_0)-l(x) \leqq \beta \leqq p(x+x_0)-l(x) \quad (x \in L)$$

を満足しなければならないことがわかる.

次に，もし (6.5) を満たすような β があったとすると，このような β を1つ選び

(6.6)

$$g(x+\alpha x_0) = l(x)+\alpha\beta \quad (x+\alpha x_0 \in L+[x_0])$$

により g を定義する．$L+[x_0]$ の元がつねに $x+\alpha x_0$（ただし $x \in L$, $\alpha \in R$）の形に一意的に表わされていることから，g は $L+[x_0]$ で定義された線形汎関数であることがわかる．(6.6) において $\alpha=0$ とおくと

$$g(x) = l(x) \quad (x \in L).$$

(6.5) の右半分の不等式から, $\alpha > 0$ のとき $g(x+\alpha x_0)$
$= l(x) + \alpha\beta = \alpha[l(x/\alpha) + \beta] \leqq \alpha p(x/\alpha + x_0) = p(x + \alpha x_0)$. 同様に, (6.5) の左半分の不等式を用いて, $\alpha < 0$ のとき $g(x + \alpha x_0) = \alpha[l(x/\alpha) + \beta] \leqq -\alpha p(-x/\alpha - x_0)$
$= p(x + \alpha x_0)$. また, $\alpha = 0$ のときは $g(x + \alpha x_0) = l(x)$
$\leqq p(x) = p(x + \alpha x_0)$.

従って, 任意の $x + \alpha x_0 \in L + [x_0]$ に対して
$$g(x + \alpha x_0) \leqq p(x + \alpha x_0).$$
が成立する.

以上から, 不等式 (6.5) を満たすような β が存在すれば, (6.6) により定義される g は $L + [x_0]$ 上で定義された線形汎関数で (6.4) を満足する.

さて, 不等式 (6.5) を満足する β が存在することを証明する. 任意の $x \in L$, $y \in L$ に対して, $l(x) - l(y) = l(x - y) \leqq p(x - y) = p(x + x_0 - y - x_0) \leqq p(x + x_0) + p(-y - x_0)$ から, $-p(-y - x_0) - l(y) \leqq p(x + x_0) - l(x)$. ゆえに

$$\sup_{y \in L} [-p(-y - x_0) - l(y)] \leqq \inf_{x \in L} [p(x + x_0) - l(x)].$$

従って, $\sup_{x \in L} [-p(-x - x_0) - l(x)] \leqq \beta \leqq \inf_{x \in L} [p(x + x_0) - l(x)]$ となる β が存在し, かかる β は明らかに (6.5) を満たしている.

(第2段) h, g を線形汎関数とする. $D(h) \subset D(g)$[1]

---

1) $D(h), D(g)$ はそれぞれ h, g の定義域を表わす.

($\subset X$), $h(x) = g(x)$ $(x \in D(h))$ のとき, g を h の拡張といい $h \prec g$ とかく. $\mathfrak{A} = \{g ; f \prec g, g(x) \leqq p(x) \ (x \in D(g))\}$ とおくと, $\mathfrak{A}$ は $\prec$ により1つの順序集合である. いま $\mathfrak{B}$ を $\mathfrak{A}$ の全順序部分集合とするとき, $\mathfrak{B}$ が上界をもつことを示す. $D(G) = \bigcup_{g \in \mathfrak{B}} D(g)$ とおく. $x \in D(G)$ のとき, 適当な $g \in \mathfrak{B}$ が存在して $x \in D(g)$. もし g のほかに, $x \in D(h)$ なる $h \in \mathfrak{B}$ が存在したとすると, $\mathfrak{B}$ が全順序集合であることから, $g \prec h$ か, または $h \prec g$. ゆえに $g(x) = h(x)$. そこで $G(x) = g(x)$ とおけば, 各 $x \in D(G)$ に対して $G(x)$ が定められたことになる. この G は $D(G)$ で定義された線形汎関数である. 実際, $x_i \in D(G)$ $(i = 1, 2)$ のとき, $x_i \in D(g_i)$ なる $g_i \in \mathfrak{B}$ が存在する. $\mathfrak{B}$ は全順序集合のゆえ, $g_1 \prec g_2$ か, または $g_2 \prec g_1$ である. もし $g_1 \prec g_2$ ならば, $x_1 \in D(g_1) \subset D(g_2)$. $D(g_2)$ は線形部分集合のゆえ, 任意の実数 α, β に対して $\alpha x_1 + \beta x_2 \in D(g_2) \subset D(G)$. ゆえに $D(G)$ は X の線形部分集合である. また, G の定義から, $G(x_i) = g_2(x_i)$ $(i = 1, 2)$, $G(\alpha x_1 + \beta x_2) = g_2(\alpha x_1 + \beta x_2)$. $g_2(\alpha x_1 + \beta x_2) = \alpha g_2(x_1) + \beta g_2(x_2)$ のゆえ

$$G(\alpha x_1 + \beta x_2) = \alpha G(x_1) + \beta G(x_2).$$

$g_2 \prec g_1$ のときも, 上と同様にして, $\alpha x_1 + \beta x_2 \in D(G)$, かつ $G(\alpha x_1 + \beta x_2) = \alpha G(x_1) + \beta G(x_2)$. 従って, G は $D(G)$ で定義された線形汎関数である. さらに, $f \prec G$, $G(x) \leqq p(x)$ $(x \in D(G))$ のゆえ, $G \in \mathfrak{A}$ である. 明ら

かに,任意の $g\in\mathfrak{B}$ に対して $g \prec G$. よって G は $\mathfrak{B}$ の上界である.

上に示したように $\mathfrak{A}$ の任意の全順序部分集合は必ず上界をもつゆえ,Zorn の補題により,$\mathfrak{A}$ は極大元 F をもつ.このとき $D(F) = X$ である.実際,$D(F) \neq X$ とすると,$x_0 \notin D(F)$ なる X の元 x_0 が存在する.いま,$L = D(F)$,$l = F$ とおくと,第1段から
$$g(x) = F(x) \ (x \in D(F)),$$
$$g(x) \leq p(x) \ (x \in D(F) + [x_0])$$
を満たす $D(F) + [x_0]$ ($\neq D(F)$) 上で定義された線形汎関数 g が存在する.明らかに $g \in \mathfrak{A}$,$F \prec g$,かつ $g \neq F$.これは F が $\mathfrak{A}$ の極大元であることに反する.従って $D(F) = X$,即ち F は X 全体で定義された線形汎関数である.$F \in \mathfrak{A}$ のゆえ $f \prec F$,それゆえ $F(x) = f(x)$ ($x \in M$),かつ $F(x) \leq p(x)$ ($x \in X$) となり,所要の線形汎関数が得られた. (証終)

6.2. ノルム空間における線形汎関数の拡張

定理6.2.(Hahn-Banach の定理) f はノルム空間 X の線形部分空間 M で定義された有界線形汎関数とする.このとき

(6.7)
$$F(x) = f(x) \ (x \in M), \ \|F\| = \|f\| \ (= \sup_{\|x\| \leq 1, x \in M} |f(x)|)$$

を満足する X 全体で定義された有界線形汎関数 F が存在

する.

証明 はじめに,X を実ノルム空間とする.$p(x) = \|f\|\|x\|$ $(x \in X)$ とおくと,p は X で定義された実数値汎関数で (6.1),(6.2) を満たす.また $f(x) \leq \|f\|\|x\| = p(x)$ $(x \in M)$.ゆえに,定理 6.1 から,

$$F(x) = f(x) \ (x \in M), \ F(x) \leq p(x) \ (x \in X)$$

を満足する X 全体で定義された線形汎関数 F が存在する.$-F(x) = F(-x) \leq p(-x) = p(x)$ から,$|F(x)| \leq p(x) = \|f\|\|x\|$ $(x \in X)$.よって F は有界で,しかも $\|F\| \leq \|f\|$.一方,$\|f\| = \sup_{\|x\| \leq 1, x \in M} |f(x)| = \sup_{\|x\| \leq 1, x \in M} |F(x)| \leq \sup_{\|x\| \leq 1, x \in X} |F(x)| = \|F\|$.ゆえに $\|F\| = \|f\|$ が成立し,X が実ノルム空間のとき定理は真である.

次に,X を複素ノルム空間とする.$f(x)$ $(x \in M)$ の実部を $g(x)$,虚部を $h(x)$ とかくと,$f(x) = g(x) + ih(x)$ (i は虚数単位).複素ノルム空間は,その係数体を実数体に制限することにより,実ノルム空間とも考えられる.いま,このようにして X を実ノルム空間と考えることにすれば,M はこの実ノルム空間 X の線形部分空間になっている.このとき,g および h は M で定義された線形汎関数である.実際,$x_k \in M$ $(k = 1, 2)$,および任意の実数 α, β に対して,

$$\begin{aligned} f(\alpha x_1 + \beta x_2) &= \alpha f(x_1) + \beta f(x_2) \\ &= (\alpha g(x_1) + \beta g(x_2)) + i(\alpha h(x_1) \\ &\quad + \beta h(x_2)), \end{aligned}$$

$$f(\alpha x_1 + \beta x_2) = g(\alpha x_1 + \beta x_2) + ih(\alpha x_1 + \beta x_2)$$
から,$g(\alpha x_1 + \beta x_2) = \alpha g(x_1) + \beta g(x_2)$,$h(\alpha x_1 + \beta x_2) = \alpha h(x_1) + \beta h(x_2)$ が成立するからである.さらに,$|g(x)| \leq |f(x)| \leq \|f\|\|x\|$,$|h(x)| \leq |f(x)| \leq \|f\|\|x\|$ $(x \in M)$ のゆえ,g および h はともに有界で,しかも $\|g\| \leq \|f\|$,$\|h\| \leq \|f\|$.次に,$f(ix) = if(x)$ から,

(6.8) $\qquad h(x) = -g(ix) \quad (x \in M)$

なる関係式が成立していることに注意する.

実ノルム空間のとき定理が成立することは既に示したゆえ,g に対して,$G(x) = g(x)$ $(x \in M)$,$\|G\| = \|g\|$ $(\leq \|f\|)$ となるような(実ノルム空間)X 全体で定義された有界線形汎関数 G が存在する.いま,

$$F(x) = G(x) - iG(ix) \quad (x \in X)$$

とおく.$F(ix) = G(ix) - iG(-x) = G(ix) + iG(x) = iF(x)$ から,F は複素ノルム空間 X で定義された線形汎関数であることが容易にわかる.次に,(6.8) により,$x \in M$ ならば $F(x) = g(x) - ig(ix) = g(x) + ih(x) = f(x)$.最後に,$F(x) = e^{i\theta}|F(x)|$ (θ は実数)とおくと

$$|F(x)| = e^{-i\theta}F(x) = F(e^{-i\theta}x) = G(e^{-i\theta}x)$$
$$\leq \|G\|\|x\| = \|g\|\|x\| \leq \|f\|\|x\|.$$

各 $x \in X$ に対して上式が成立するから,F は有界で,$\|F\| \leq \|f\|$.一方,$\|f\| = \sup_{\|x\| \leq 1, x \in M} |f(x)| = \sup_{\|x\| \leq 1, x \in M} |F(x)| \leq \sup_{\|x\| \leq 1, x \in X} |F(x)| = \|F\|$.ゆえに $\|F\| = \|f\|$.

(証終)

定理 6.3. ノルム空間 X の線形部分空間 M と，M に属さない或る点 $x_0 \in X$ に対して
$$d = \inf_{x \in M} \|x - x_0\| > 0$$
とする．このとき
$$F(x) = 0 \ (x \in M), \ F(x_0) = 1, \ \|F\| = 1/d$$
を満たすような，X で定義された有界線形汎関数 F が存在する．

証明 $M + [x_0] = \{x + \alpha x_0 ; x \in M, \alpha \in \Phi\}$（$\Phi$ は X の係数体）とおくと，これは X の線形部分空間である．$M + [x_0]$ の点はつねに $x + \alpha x_0$（ただし $x \in M, \alpha \in \Phi$）なる形に一意的に表わされるゆえ，
$$f(x + \alpha x_0) = \alpha \ (x + \alpha x_0 \in M + [x_0])$$
により f を定義すると，f は $M + [x_0]$ で定義された線形汎関数である．明らかに $f(x) = 0 \ (x \in M), \ f(x_0) = 1$．任意の $\alpha \neq 0$, $x \in M$ に対して
$$\|x + \alpha x_0\| = |\alpha| \|x/\alpha + x_0\| = |\alpha| \|(-x/\alpha) - x_0\|$$
$$\geq |\alpha| d.$$
ゆえに $|f(x + \alpha x_0)| = |\alpha| \leq (1/d) \|x + \alpha x_0\|$ $(x + \alpha x_0 \in M + [x_0])$，即ち f は $M + [x_0]$ で定義された有界線形汎関数で，$\|f\| \leq 1/d$．いま，$d = \lim_{n \to \infty} \|x_n - x_0\|$ であるような点列 $\{x_n\}$, $x_n \in M$, を選ぶと
$$1 = f(-x_n + x_0) \leq \|f\| \|x_n - x_0\| \to \|f\| d \ (n \to \infty).$$
ゆえに $1 \leq \|f\| d$，即ち $1/d \leq \|f\|$．以上から，f は
$$f(x) = 0 \ (x \in M), \ f(x_0) = 1, \ \|f\| = 1/d$$

を満足する $M+[x_0]$ 上で定義された有界線形汎関数である．次に，定理 6.2 により

$$F(x) = f(x) \ (x \in M+[x_0]), \ \|F\| = \|f\|$$

を満足するような X で定義された有界線形汎関数 F が存在する．明らかに，$F(x) = 0 \ (x \in M), \ F(x_0) = 1$, $\|F\| = 1/d$. （証終）

系 6.4. M をノルム空間 X の閉線形部分空間とし，$x_0 \notin M$ とする．このとき

$$F(x) = 0 \ (x \in M), \ F(x_0) = 1$$

を満足するような X で定義された有界線形汎関数 F が存在する．

証明 $d = \inf_{x \in M} \|x - x_0\|$ とおく．M は閉集合のゆえ，$d > 0$ となる．ゆえに定理 6.3 から系が求まる．

（証終）

系 6.5. X をノルム空間とする．各 $x_0 \in X, \ x_0 \neq 0$, に対して

$$F(x_0) = \|x_0\|, \ \|F\| = 1$$

を満足するような X で定義された有界線形汎関数 F が存在する．

証明 $M = \{0\}$ とおいて定理 6.3 を用いる．このとき $d = \|x_0\| \ (>0)$ であるから，

$$G(x_0) = 1, \ \|G\| = 1/\|x_0\|$$

を満足する X で定義された線形汎関数 G が存在する．$F(x) = \|x_0\|G(x) \ (x \in X)$ とおけば，F は求める有界線形汎関数である． （証終）

この系で，とくに $\|x_0\|=1$ なる x_0 をとると $F(x_0)=1$, $\|F\|=1$. これは，幾何学的には，単位球面 $\{x \in X ; \|x\|=1\}$ 上の点 x_0 を通り，原点 0 からの距離が 1 であるような超平面 ($=\{x \in X ; F(x)=1\}$) がつねに存在することを意味している（定理 5.4 参照）．

第3章の問題

1. ノルム空間 X 上で定義された汎関数 f が（i）$f(x_1+x_2)=f(x_1)+f(x_2)$ $(x_1, x_2 \in X)$,（ii）$x_n, x \in X$, $\lim_{n \to \infty} x_n = x$ ならば $\lim_{n \to \infty} f(x_n)=f(x)$, を満足すれば，任意の実数 α に対して $f(\alpha x)=\alpha f(x)$ となることを示せ．

2. 空間 (c) 上の汎関数 f を
$$f(x) = \lim_{n \to \infty} \xi_n \quad (x=\{\xi_n\} \in (c))$$
により定義する．f は有界線形汎関数であることを証明せよ．

3. R^n 上の線形汎関数 f に対し，1つ，かつただ1つの $(\alpha_1, \alpha_2, \cdots, \alpha_n) \in R^n$ が対応して，$f(x)$ は
$$f(x) = \sum_{i=1}^{n} \xi_i \alpha_i \quad (x=(\xi_1, \xi_2, \cdots, \xi_n) \in R^n)$$
と表わされることを示せ．

4. p は実ベクトル空間 X で定義された実数値汎関数で，$p(x+y) \leq p(x)+p(y)$, $p(\alpha x)=\alpha p(x)$ $(\alpha \geq 0)$ を満足するものとする．このとき，任意の $x_0 \in X$ に対し，
$$F(x_0) = p(x_0), \quad -p(-x) \leq F(x) \leq p(x) \quad (x \in X)$$
を満たすような X 上の線形汎関数 F が存在することを証明せよ．

5. L が（有界な実数列全体の）空間 (l^∞) 上の線形汎関数で，
 (a) $\xi_n \geq 0$ $(n=1,2,\cdots)$ なる $x=\{\xi_n\} \in (l^\infty)$ に対して

$L(x) \geqq 0$,

(b) $L(x) = L(\sigma(x))$, ただし $\sigma(x) = \{\xi_2, \xi_3, \cdots\}$ $(x = \{\xi_1, \xi_2, \cdots\} \in (l^\infty))$,

(c) $x_0 = \{1, 1, \cdots, 1, \cdots\}$ に対して $L(x_0) = 1$

を満足するならば,

$$\liminf_{n\to\infty} \xi_n \leqq L(x) \leqq \limsup_{n\to\infty} \xi_n \ (x = \{\xi_n\} \in (l^\infty))$$

が成立することを示せ.

注意 L が (a)〜(c) を満足する (l^∞) 上の線形汎関数であるとき, $L(x)$ を数列 $x = \{\xi_n\} \in (l^\infty)$ の **Banach 極限**といい,

$$L(x) = \operatorname*{LIM}_{n\to\infty} \xi_n$$

とかく. 定義, および上の問題から Banach 極限 $\operatorname*{LIM}_{n\to\infty} \xi_n$ は次の性質をもつ:

(1) $\operatorname*{LIM}_{n\to\infty}(\alpha\xi_n + \beta\eta_n) = \alpha \operatorname*{LIM}_{n\to\infty} \xi_n + \beta \operatorname*{LIM}_{n\to\infty} \eta_n$.

(2) $\xi_n \geqq 0 \ (n=1, 2, \cdots)$ ならば, $\operatorname*{LIM}_{n\to\infty} \xi_n \geqq 0$.

(3) $\operatorname*{LIM}_{n\to\infty} \xi_n = \operatorname*{LIM}_{n\to\infty} \xi_{n+1}$.

(4) $\liminf_{n\to\infty} \xi_n \leqq \operatorname*{LIM}_{n\to\infty} \xi_n \leqq \limsup_{n\to\infty} \xi_n$. 従って $\{\xi_n\}$ が収束列ならば, $\operatorname*{LIM}_{n\to\infty} \xi_n = \lim_{n\to\infty} \xi_n$.

6. 任意の $x = \{\xi_n\} \in (l^\infty)$ に対して Banach 極限 $\operatorname*{LIM}_{n\to\infty} \xi_n$ が存在することを示せ. (ヒント. $p(x) = \limsup_{n\to\infty} \frac{1}{n} \sum_{k=1}^{n} \xi_k \ (x = \{\xi_k\} \in (l^\infty))$ とおき, (c) 上の線形汎関数 $f(x) = \lim_{n\to\infty} \xi_n \ (x = \{\xi_n\} \in (c))$ を (l^∞) 上の線形汎関数に拡張する.)

7. X をノルム空間とする. $\{x_k\} \subset X$, $\{\alpha_k\} \subset \Phi$ および $\gamma > 0$ に対して

$$F(x_k) = \alpha_k \ (k=1, 2, \cdots), \ \|F\| \leqq \gamma$$

を満足するような X 上の有界線形汎関数 F が存在するための必要十分条件は, 任意の自然数 n と任意の $\beta_1, \cdots, \beta_n \in \Phi$ に対して

$$\left|\sum_{k=1}^n \alpha_k \beta_k\right| \leq \gamma \left\|\sum_{k=1}^n \beta_k x_k\right\|$$

となることである.

第4章 共役空間

§7. 共役空間

7.1. 共役空間の定義

定義 7.1. X をノルム空間とし,Φ をその係数体とする.Φ は,$\alpha \in \Phi$ のノルムをその絶対値 $|\alpha|$ により定義すると,Banach 空間となる.従って定理 3.7 により,X で定義された有界線形汎関数の全体 $B(X, \Phi)$ は Banach 空間を作る.この Banach 空間 $B(X, \Phi)$ を X の**共役空間**と呼び,X^* とかく.X^* の点を $x^*, z^*, \cdots$ というように * 印をつけて表わすことにする.定義から,$x^* \in X^*$ は X で定義された有界線形汎関数で,$\|x^*\| = \sup_{\|x\| \leq 1} |x^*(x)|$ である.

定理 7.1. X をノルム空間とする.各 $x \in X$ に対して

$$\|x\| = \sup_{\|x^*\| \leq 1} |x^*(x)| = \sup_{\|x^*\| = 1} |x^*(x)|.$$

証明 $x = 0$ のときは自明であるから,$x \neq 0$ とする.

$$\sup_{\|x^*\| = 1} |x^*(x)| \leq \sup_{\|x^*\| \leq 1} |x^*(x)| \leq \sup_{\|x^*\| \leq 1} \|x^*\| \|x\| \leq \|x\|.$$

一方,系 6.5 から,$z^*(x) = \|x\|$,$\|z^*\| = 1$ を満足する $z^* \in X^*$ が存在する. ゆえに $\sup_{\|x^*\|=1} |x^*(x)| \geq z^*(x) = \|x\|$. 従って定理は証明された.　　　　　　(証終)

系 7.2. X をノルム空間とし,$x \in X$ とする. すべての $x^* \in X^*$ に対して $x^*(x) = 0$ ならば $x = 0$.

定理 7.3. ノルム空間 X の共役空間 X^* が可分ならば X も可分である.

証明 $\{x_1^*, x_2^*, \cdots, x_n^*, \cdots\}$ を X^* で稠密な可算無限集合とする. 各 n に対して,$|x_n^*(x_n)| \geq \|x_n^*\|/2$,$\|x_n\| \leq 1$ を満足するような $x_n \in X$ が存在する. 集合 $\{x_1, x_2, \cdots, x_n, \cdots\}$ から生成される閉線形部分空間を M とすると,M は可算個の点からなる稠密な部分集合を含む($\{x_1, x_2, \cdots, x_n, \cdots\}$ の任意有限個の元の有理数を係数とする一次結合の全体を考えればよい). 従って,$X = M$ ならば X は可分である. いま $X = M$ であることを示す. もし $M \neq X$ とすると,系 6.4 により,
$$x^*(x) = 0 \ (x \in M),\ x^* \neq 0$$
を満たす $x^* \in X^*$ が存在する. よって $x^*(x_n) = 0$ ($n = 1, 2, \cdots$). $\{x_1^*, x_2^*, \cdots, x_n^*, \cdots\}$ は X^* で稠密のゆえ,$\|x_{n_i}^* - x^*\| \to 0 \ (i \to \infty)$,$x_{n_i}^* \in \{x_1^*, x_2^*, \cdots, x_n^*, \cdots\}$ なる点列 $\{x_{n_i}^*\}$ が存在する. ところが
$$\|x^* - x_{n_i}^*\| \geq |x^*(x_{n_i}) - x_{n_i}^*(x_{n_i})|$$
$$= |x_{n_i}^*(x_{n_i})| \geq 1/2 \|x_{n_i}^*\|$$
から,$\|x_{n_i}^*\| \to 0 \ (i \to \infty)$. ゆえに $\|x^*\| \leq \|x^* - x_{n_i}^*\| + \|x_{n_i}^*\| \to 0 \ (i \to \infty)$,即ち $x^* = 0$. これは矛盾である.

(証終)

次の例からわかるように,上の定理の逆は成立しない.

例 7.1. 次節の定理 8.2 で示されるように,$(l)^* = (l^\infty)$ である.いま (l) は可分であるが (l^∞) は可分でないことを示そう.

1°. (l^p) $(1 \leq p < \infty)$ は可分である.

証明 或る番号以上の項はことごとく 0 であるような有理数列の全体,即ち $\{r_1, r_2, \cdots, r_n, 0, 0, \cdots\}$ (r_i は任意の有理数,n は任意の自然数)なる形の数列の全体を E とおく.E は (l^p) の部分集合で,しかも可算集合である.いま,E が (l^p) で稠密であることを示す.$x = \{\xi_n\} \in (l^p)$ とする.任意の $\varepsilon > 0$ に対し,$\sum_{n=n_0+1}^{\infty} |\xi_n|^p < \varepsilon^p/2$ となるような番号 n_0 が選べる.各 ξ_n $(1 \leq n \leq n_0)$ に対して $|\xi_n - r_n| < \varepsilon(2n_0)^{-1/p}$ を満足する有理数 r_n を選び,$r = \{r_1, r_2, \cdots, r_{n_0}, 0, 0, \cdots\}$ とおく.$r \in E$,かつ

$$\|x-r\|^p = \sum_{n=1}^{n_0} |\xi_n - r_n|^p + \sum_{n=n_0+1}^{\infty} |\xi_n|^p$$
$$< n_0 \frac{\varepsilon^p}{2n_0} + \frac{\varepsilon^p}{2} = \varepsilon^p,$$

即ち $\|x-r\| < \varepsilon$.これは E が (l^p) で稠密であることを示している.

2°. (l^∞) は可分でない.

証明 $\{x_1, x_2, \cdots, x_n, \cdots\}$ を (l^∞) の任意の可算部分集合とする.$x_n = \{\xi_k^{(n)}; k=1, 2, \cdots\}$ $(n=1, 2, \cdots)$ とし,

$x=\{\xi_k\}$ を次のように定義する.
$$\xi_k = \begin{cases} \xi_k^{(k)}+1 & (|\xi_k^{(k)}| \leq 1 \text{ のとき}) \\ 0 & (|\xi_k^{(k)}| > 1 \text{ のとき}). \end{cases}$$
明らかに,$x=\{\xi_k\} \in (l^\infty)$,$|\xi_k - \xi_k^{(k)}| \geq 1$ $(k=1,2,\cdots)$. ゆえに,$\|x-x_n\| = \sup_{1 \leq k < \infty} |\xi_k - \xi_k^{(n)}|$ $(\geq |\xi_n - \xi_n^{(n)}|) \geq 1$ $(n=1,2,\cdots)$. これは $\{x_1, x_2, \cdots, x_n, \cdots\}$ が (l^∞) で稠密でないことを示している.結局 (l^∞) のいかなる可算部分集合も (l^∞) において稠密でないことが示された.よって (l^∞) は可分でない.

注意 有界閉区間 $[a,b]$ 上の連続関数は多項式により一様に近似される (Weierstrass (ワイエルシュトラス) の定理——例 18.2 参照——) ゆえ,有理係数をもつ多項式の全体は $C[a,b]$ で稠密な可算無限集合である.よって $C[a,b]$ は可分である.また,$1 \leq p < \infty$ のとき $L^p(a,b)$ は可分であるが,$L^\infty(a,b)$ は可分でない.

7.2. 第二共役空間・回帰性

X, Y はノルム空間とする.X から Y の上への 1 対 1 の線形作用素 T が存在して,$\|Tx\| = \|x\|$ $(x \in X)$ を満足するとき,X と Y とはノルム空間として**同型**であるといわれる.2 つのノルム空間 X と Y とが,ノルム空間として同型であるとき,それらを同一視することにする.

X がノルム空間のとき,X^* の共役空間 $(X^*)^*$ を X^{**} で表わす.X^{**} は Banach 空間である.$x \in X$ が与えら

§ 7. 共役空間

れたとき，($x^* \in X^*$ を変数とする) $x^*(x)$ は X^* で定義される1つの汎関数である．そこで

(7.1) $\qquad x^{**}(x^*) = x^*(x) \quad (x^* \in X^*)$

とおく．このとき，x^{**} は X^* で定義された有界線形汎関数，即ち $x^{**} \in X^{**}$ である．実際，$x_i^* \in X^*$ $(i = 1, 2)$，$\alpha \in \Phi$ に対して

$$x^{**}(x_1^* + x_2^*) = (x_1^* + x_2^*)(x)$$
$$= x_1^*(x) + x_2^*(x) = x^{**}(x_1^*) + x^{**}(x_2^*),$$
$$x^{**}(\alpha x_1^*) = (\alpha x_1^*)(x) = \alpha x_1^*(x) = \alpha x^{**}(x_1^*),$$

かつ $|x^{**}(x^*)| = |x^*(x)| \leq \|x\| \|x^*\|$ $(x^* \in X^*)$ が成立するから．さらに，定理 7.1 により，$\|x\| = \sup_{\|x^*\| \leq 1} |x^*(x)|$．一方，$\|x^{**}\|$ の定義から，$\|x^{**}\| = \sup_{\|x^*\| \leq 1} |x^{**}(x^*)| = \sup_{\|x^*\| \leq 1} |x^*(x)|$．ゆえに

(7.2) $\qquad\qquad \|x^{**}\| = \|x\|.$

各 $x \in X$ に，(7.1) で定義される $x^{**} \in X^{**}$ を対応させる作用素を，X から X^{**} への**自然な写像**といい，J で表わす．J は X から X^{**} への線形作用素である．また，(7.2) から，$\|Jx\| = \|x\|$ $(x \in X)$．よって，次の定理を得る．

定理 7.4. ノルム空間 X は，自然な写像 J により，X^{**} の線形部分空間 $R(J)$ (J の値域) とノルム空間として同型である．

この定理により，X と $R(J)$ とを同一視して，$X \subset X^{**}$；即ち X は X^{**} の線形部分空間と考えることがで

きる.

定理 7.5. L がノルム空間 X の部分集合で,すべての $x^* \in X^*$ に対して $M_{x^*} = \sup_{x \in L} |x^*(x)| < \infty$ ならば,$\sup_{x \in L} \|x\| < \infty$, 即ち L は有界集合である.

証明 $\sup_{x \in L} \|x\| = \infty$ とすると,$\|x_n\| \to \infty \ (n \to \infty)$ となる L の点列 $\{x_n\}$ が存在する.$x_n^{**} = Jx_n$ とおくと

$$x_n^{**}(x^*) = x^*(x_n) \ (x^* \in X^*), \quad \|x_n^{**}\| = \|x_n\|.$$

x_n^{**} は Banach 空間 X^* から Φ への有界線形作用素で,かつすべての $x^* \in X^*$ に対して $\sup_{n \geq 1} |x_n^{**}(x^*)| = \sup_{n \geq 1} |x^*(x_n)| \leq M_{x^*} < \infty$ であるから,一様有界性の定理(定理 4.1)により,$\sup_{n \geq 1} \|x_n\| = \sup_{n \geq 1} \|x_n^{**}\| < \infty$. これは $\|x_n\| \to \infty \ (n \to \infty)$ に反する. (証終)

定義 7.2. X をノルム空間とし,J を X から X^{**} への自然な写像とする.X が**回帰的**であるとは,$R(J) = X^{**}$, 従って $X = X^{**}$ となることである.換言すれば,任意の $x^{**} \in X^{**}$ に対して

$$x^{**}(x^*) = x^*(x) \ (x^* \in X^*)$$

を満たすような $x \in X$ が存在するとき,X は回帰的であるという.

X^{**} は Banach 空間であるから,回帰的なノルム空間 X はつねに Banach 空間である.

定理 7.6. 回帰的な Banach 空間の閉線形部分空間は回帰的である.

証明 X を回帰的な Banach 空間とし，M を X の閉線形部分空間とする．M は 1 つの Banach 空間である，その共役空間を M^*，また M^* の共役空間を M^{**} とかく．$x^* \in X^*$ に対して

$$m^*(x) = x^*(x) \ (x \in M)$$

とおくと（即ち m^* は x^* の M への制限），m^* は M で定義された有界線形汎関数で，かつ $\|m^*\| = \sup_{\|x\| \leq 1, x \in M} |m^*(x)| \leq \sup_{\|x\| \leq 1, x \in X} |x^*(x)| = \|x^*\|$．ゆえに $m^* \in M^*$．いま，各 $x^* \in X^*$ に，上で定義された $m^* \in M^*$ を対応させる作用素を T とする．T は X^* から M^* への有界線形作用素である．

一方，Hahn-Banach の定理（定理 6.2）により，任意の $m^* \in M^*$ に対して

$$x^*(x) = m^*(x) \ (x \in M), \quad \|x^*\| = \|m^*\|$$

を満たすような $x^* \in X^*$ が存在する．ゆえに，T は X^* から M^* の上への有界線形作用素である．

いま，$m^{**} \in M^{**}$ に対して

$$x^{**}(x^*) = m^{**}(Tx^*) \ (x^* \in X^*)$$

とおくと，x^{**} は X^* で定義された有界線形汎関数，即ち $x^{**} \in X^{**}$ である．X が回帰的であることから，かかる x^{**} に対して $x^{**}(x^*) = x^*(x) \ (x^* \in X^*)$ を満足するような $x \in X$ が存在する．以上のことから，各 $m^{**} \in M^{**}$ に対して

(7.3) $$m^{**}(Tx^*) = x^*(x) \ (x^* \in X^*)$$

を満たすような $x \in X$ が存在する．もしこの x が M の元であることが示されたとすれば，T の定義から，$(Tx^*)(x) = x^*(x)$．ゆえに，
$$m^{**}(Tx^*) = (Tx^*)(x) \ \ (x^* \in X^*).$$
$R(T) = M^*$ であるから，$m^{**}(m^*) = m^*(x) \ (m^* \in M^*)$．そこで $m = x$ とおくことにすると，
$$m^{**}(m^*) = m^*(m) \ (m^* \in M^*).$$
結局各 $m^{**} \in M^{**}$ に対して上の関係を満足する $m \in M$ が存在したことになり，M は回帰的である．それゆえ，$x \in M$ を示せばよい．

もし $x \notin M$ とすると，系 6.4 により，
$$x^*(x) = 1, \ x^*(z) = 0 \ (z \in M)$$
を満足する $x^* \in X^*$ が存在する．T の定義から，$(Tx^*)(z) = x^*(z) = 0 \ (z \in M)$，即ち $Tx^* = 0$．x は (7.3) を満たしているから，$x^*(x) = m^{**}(Tx^*) = 0$．これは $x^*(x) = 1$ に反する． (証終)

系 7.7. Banach 空間 X が回帰的であるための必要十分条件は，その共役空間 X^* が回帰的となることである．

証明 $x^{***} \in (X^*)^{**} = (X^{**})^*$ とし，
$$x^*(x) = x^{***}(Jx) \ (x \in X)$$
により x^* を定義する．ここに J は X から X^{**} への自然な写像である．明らかに $x^* \in X^*$．次に，J の定義から $(Jx)(x^*) = x^*(x)$，よって
$$(Jx)(x^*) = x^{***}(Jx) \ (x \in X).$$
X が回帰的ならば，$R(J) = X^{**}$．ゆえに，上式から

$$x^{***}(x^{**}) = x^{**}(x^*) \ (x^{**} \in X^{**}).$$

結局,各 $x^{***} \in (X^*)^{**}$ に対して上の関係を満たす $x^* \in X^*$ が存在したわけである.従って X^* は回帰的である.

逆に,X^* が回帰的ならば,上で証明したことから,X^{**} も回帰的である.X は Banach 空間のゆえ,$R(J)$ は X^{**} の閉線形部分空間,従って X は X^{**} の閉線形部分空間と考えられる.X^{**} が回帰的であるゆえ,定理 7.6 により,X は回帰的である. (証終)

7.3. 弱収束

定義 7.3. ノルム空間 X の点列 $\{x_n\}$ に対し,点 $x \in X$ が存在し,任意の $x^* \in X^*$ に対して

$$\lim_{n \to \infty} x^*(x_n) = x^*(x)$$

が成立するとき,$\{x_n\}$ は x に**弱収束**するといい,$w\text{-}\lim_{n \to \infty} x_n = x$ または $x_n \to x$ (弱) とかく.また,x を $\{x_n\}$ の**弱極限**という.

系 7.8. ノルム空間の点列 $\{x_n\}$ が弱収束すれば,その弱極限は一意的に定まる.

証明 x, x' を $\{x_n\}$ の弱極限とすれば,すべての $x^* \in X^*$ に対して

$$x^*(x-x') = x^*(x) - x^*(x') = \lim_{n \to \infty} \{x^*(x_n) - x^*(x_n)\}$$
$$= 0.$$

よって,系 7.2 から,$x - x' = 0$ である. (証終)

注意 弱収束に対し，$\lim_{n\to\infty} x_n = x$（即ち $\lim_{n\to\infty} \|x_n - x\| = 0$）のとき $\{x_n\}$ は x に**強収束**するといい，$s\text{-}\lim_{n\to\infty} x_n = x$ とか $x_n \to x$（強）とかくことがある．

$|x^*(x_n) - x^*(x)| \leq \|x^*\| \|x_n - x\|$ $(x^* \in X^*)$ であるから，$\lim_{n\to\infty} x_n = x$ ならば $w\text{-}\lim_{n\to\infty} x_n = x$ である．次の例からわかるように，$x_n \to x$（弱）であっても必ずしも $x_n \to x$ $(n\to\infty)$ とはならない．

例 7.2. (l^2) における点列
$$e_1 = \{1, 0, 0, 0, \cdots\}$$
$$e_2 = \{0, 1, 0, 0, \cdots\}$$
$$e_3 = \{0, 0, 1, 0, \cdots\}$$
$$\cdots\cdots\cdots\cdots$$

を考える．$\|e_n - e_m\| = \sqrt{2}$ $(n \neq m)$ のゆえ，$\{e_n\}$ は収束しない．しかし $w\text{-}\lim_{n\to\infty} e_n = 0$ であることが示せる．実際，次節の定理 8.2 で証明されるように，任意の $x^* \in (l^2)^*$ に対して $\{\eta_n\} \in (l^2)$ が一意的に定まり

$$x^*(x) = \sum_{n=1}^{\infty} \eta_n \xi_n \quad (x = \{\xi_n\} \in (l^2))$$

なる形にかける．従って，$n \to \infty$ のとき $x^*(e_n) = \eta_n \to 0 = x^*(0)$ $(x^* \in (l^2)^*)$ となり，$w\text{-}\lim_{n\to\infty} e_n = 0$ である．

定理 7.9. ノルム空間 X の点列 $\{x_n\}$ が点 $x \in X$ に弱収束すれば，次の（ⅰ），（ⅱ）が成立する：

（ⅰ）$\{\|x_n\|\}$ は有界数列で，かつ $\|x\| \leq \liminf_{n\to\infty} \|x_n\|$．

（ⅱ）$\{x_1, x_2, \cdots, x_n, \cdots\}$ から生成される X の閉線形部分空間を M とすると，$x \in M$ である．

証明 （ⅰ）任意の $x^* \in X^*$ に対して $\lim_{n\to\infty} x^*(x_n) = x^*(x)$ であるから，$\sup_{n\geq 1}|x^*(x_n)| < \infty$ $(x^* \in X^*)$. ゆえに，定理 7.5 から，$\{\|x_n\|\}$ は有界数列である．次に，$|x^*(x)| = \lim_{n\to\infty}|x^*(x_n)| \leq (\liminf_{n\to\infty}\|x_n\|)\|x^*\|$ $(x^* \in X^*)$ より，$\|x\| = \sup_{\|x^*\|\leq 1}|x^*(x)| \leq \liminf_{n\to\infty}\|x_n\|$.

（ⅱ）$x \notin M$ ならば，Hahn-Banach の定理（系 6.4）により

$$x_0^*(z) = 0 \ (z \in M), \ x_0^*(x) = 1$$

なる $x_0^* \in X^*$ が存在する．ゆえに $x_0^*(x_n) = 0 \nrightarrow 1 = x_0^*(x)$ $(n \to \infty)$. これは $w\text{-}\lim_{n\to\infty} x_n = x$ に反する． （証終）

定義 7.4. X^* をノルム空間 X の共役空間とする．X^* の点列 $\{x_n^*\}$ に対し，或る点 $x^* \in X^*$ が存在し，任意の $x \in X$ に対して

$$\lim_{n\to\infty} x_n^*(x) = x^*(x)$$

が成立するとき，$\{x_n^*\}$ は x^* に *弱収束するという．また x^* を $\{x_n^*\}$ の *弱極限と呼び，$w^*\text{-}\lim_{n\to\infty} x_n^* = x^*$ または $x_n^* \to x^*$ （*弱）で表わす．

*弱極限が一意的に定まること，また $\lim_{n\to\infty} x_n^* = x^*$ ならば $w^*\text{-}\lim_{n\to\infty} x_n^* = x^*$ であることは，定義から自明である．X^* の点列に対しては弱収束，および *弱収束という 2 つの概念がつねに考えられるわけであるが，この両者の間に次の関係が成立する．

系 7.10. ノルム空間 X の共役空間 X^* の点列 $\{x_n^*\}$

に対して次のことが成立する:

(ⅰ) $w\text{-}\lim_{n\to\infty} x_n^* = x^*$ ならば $w^*\text{-}\lim_{n\to\infty} x_n^* = x^*$ である. 逆は成立しない.

(ⅱ) X が回帰的のとき, $w\text{-}\lim_{n\to\infty} x_n^* = x^*$ であるための必要十分条件は $w^*\text{-}\lim_{n\to\infty} x_n^* = x^*$. 従って, X が回帰的であれば, 弱収束, ∗弱収束という 2 つの概念は一致する.

証明 J を X から X^{**} への自然な写像とする.

(ⅰ) $w\text{-}\lim_{n\to\infty} x_n^* = x^*$ とすると, 定義から, 任意の $x^{**} \in X^{**}$ に対して $\lim_{n\to\infty} x^{**}(x_n^*) = x^{**}(x^*)$. $Jx \in X^{**}$ ($x \in X$) のゆえ, 任意の $x \in X$ に対して

$$\lim_{n\to\infty} x_n^*(x) = \lim_{n\to\infty} (Jx)(x_n^*) = (Jx)(x^*) = x^*(x)$$

が成立する. 即ち $w^*\text{-}\lim_{n\to\infty} x_n^* = x^*$ である. 逆が成立しないことは次の例 7.3 において示す.

(ⅱ) X が回帰的のとき, $w^*\text{-}\lim_{n\to\infty} x_n^* = x^*$ ならば $w\text{-}\lim_{n\to\infty} x_n^* = x^*$ であることを示せばよい. $w^*\text{-}\lim_{n\to\infty} x_n^* = x^*$ とすると, 定義により $\lim_{n\to\infty} x_n^*(x) = x^*(x)$ ($x \in X$). $x^{**} \in X^{**}$ とする. X が回帰的のゆえ, $Jx = x^{**}$ となるような $x \in X$ が存在する. ゆえに

$$\lim_{n\to\infty} x^{**}(x_n^*) = \lim_{n\to\infty} (Jx)(x_n^*) = \lim_{n\to\infty} x_n^*(x) = x^*(x)$$
$$= (Jx)(x^*) = x^{**}(x^*).$$

従って $w\text{-}\lim_{n\to\infty} x_n^* = x^*$. (証終)

∗弱収束するが弱収束しない例を示す.

例 7.3. $X = (c)$ とすると,定理 8.1 および定理 8.2 において示されるように,$X^* = (l)$,$X^{**} = (l^\infty)$ である.そしてこのとき,$x = \{\xi_n ; n = 1, 2, \cdots\} \in (c) = X$,$x^* = \{\eta_n ; n = 0, 1, 2, \cdots\} \in (l) = X^*$,$x^{**} = \{\zeta_n ; n = 0, 1, 2, \cdots\} \in (l^\infty) = X^{**}$ に対し,$x^*(x)$,$x^{**}(x^*)$ はそれぞれ

$$x^*(x) = \xi_0 \eta_0 + \sum_{n=1}^{\infty} \xi_n \eta_n, \text{ ただし } \xi_0 = \lim_{n \to \infty} \xi_n,$$

$$x^{**}(x^*) = \sum_{n=0}^{\infty} \eta_n \zeta_n$$

により与えられる.いま,X^* の点列 $x_0^* = \{1, 0, 0, \cdots\}$,$x_1^* = \{0, 1, 0, \cdots\}$, $\cdots$, $x_n^* = \{0, \cdots 0, 1, 0, \cdots\}$, $\cdots$ を考える.$x = \{\xi_n ; n = 1, 2, \cdots\} \in X$,$\xi_0 = \lim_{n \to \infty} \xi_n$ とする.$x_0^*(x) = \xi_0$,$x_1^*(x) = \xi_1$, $\cdots$, $x_n^*(x) = \xi_n$, $\cdots$ であるから,$\lim_{n \to \infty} x_n^*(x) = \lim_{n \to \infty} \xi_n = \xi_0 = x_0^*(x)$. ゆえに

$$\lim_{n \to \infty} x_n^*(x) = x_0^*(x) \ (x \in X),$$

即ち w^*-$\lim_{n \to \infty} x_n^* = x_0^*$ である.

一方,w-$\lim_{n \to \infty} x_n^*$ は存在しない.実際,$x^{**} = \{1, -1, 1, -1, \cdots\} \in (l^\infty) = X^{**}$ に対して,$x^{**}(x_n^*) = (-1)^n$ $(n = 0, 1, 2, \cdots)$ のゆえ,$\lim_{n \to \infty} x^{**}(x_n^*)$ は存在しない.

定理 4.2 から,次の定理が得られる.

定理 7.11. X を Banach 空間とし,$x_n^* \in X^*$ $(n = 1, 2, \cdots)$ とする.すべての $x \in X$ に対して $\lim_{n \to \infty} x_n^*(x)$ が存在すれば,$\{\|x_n^*\|\}$ は有界数列,かつ $x^*(x) = \lim_{n \to \infty} x_n^*(x)$

($x \in X$) とおくと，$x^* \in X^*$；それゆえ $\{x_n^*\}$ は x^* に $*$弱収束し，さらに $\|x^*\| \leq \liminf_{n \to \infty} \|x_n^*\|$ が成立する．

定理 7.12. X を Banach 空間とし，$x_n^* \in X^*$ ($n = 1, 2, \cdots$) とする．$\{x_n^*\}$ が $*$弱収束するための必要十分条件は

（i）$\{\|x_n^*\|\}$ が有界数列，

（ii）各 $x \in X_0$ に対して $\{x_n^*(x)\}$ が収束し，かつ X_0 から生成される線形部分空間が X で稠密であるような $X_0 \subset X$ が存在する．

証明 定理 7.11，および Banach-Steinhaus の定理（定理 4.3 とそれに対する注意）から容易にわかる．

(証終)

定義 7.5. X をノルム空間とし，$X_0 \subset X$ とする．X_0 の任意の点列 $\{x_n\}$ がつねに X の点に弱収束するような部分列をもつとき，X_0 は**弱点列コンパクト**であるという．

定理 7.13. X を回帰的 Banach 空間とする．X の部分集合 X_0 が弱点列コンパクトであるための必要十分条件は X_0 が有界集合なることである．

証明 (必要性) X_0 が弱点列コンパクトであるとする．もし X_0 が有界でないとすると，任意の自然数 n に対し，$\|x_n\| \geq n$ を満足する $x_n \in X_0$ が存在する．X_0 は弱点列コンパクトであるから，$\{x_n\}$ の中から，X の或る点 x に弱収束するような部分列 $\{x_{n_i}\}$ が選べる．定理 7.9 により，$\{\|x_{n_i}\|\}$ は有界数列である．一方，$\|x_{n_i}\| \geq$

$n_i \to \infty$ $(i \to \infty)$. これは矛盾である.

(十分性) X_0 を X の有界部分集合とし, $x_n \in X_0$ ($n = 1, 2, \cdots$) とする. 従って $\{\|x_n\|\}$ は有界数列である. M を $\{x_1, x_2, \cdots, x_n, \cdots\}$ から生成される X の閉線形部分空間とすると, M は可分である. また, 定理 7.6 から, M は回帰的, 即ち $M = M^{**}$ である. ゆえに, 定理 7.3 により, M^* も可分である. それゆえ, M^* において稠密な可算部分集合 $\{x_1^*, x_2^*, \cdots, x_n^*, \cdots\}$ が存在する. $\{\|x_n\|\}$ が有界であるから, 任意の自然数 k に対し, $\{x_k^*(x_n) ; n = 1, 2, \cdots\}$ は有界数列である. よって, $\{x_n\}$ から適当に部分列 $\{x_{1,n}\}$ を選んで数列 $\{x_1^*(x_{1,n})\}$ が収束するようにできる. 次に, $\{x_{1,n}\}$ から適当に部分列 $\{x_{2,n}\}$ を選び, 数列 $\{x_2^*(x_{2,n})\}$ が収束するようにできる. これを続けて, $\{x_{k,n} ; n = 1, 2, \cdots\}$ が選べたとき, その部分列 $\{x_{k+1,n} ; n = 1, 2, \cdots\}$ を, 数列 $\{x_{k+1}^*(x_{k+1,n}) ; n = 1, 2, \cdots\}$ が収束するように選ぶ. このようにして選んだ

$$x_{1,1}, x_{1,2}, \cdots, x_{1,n}, \cdots$$
$$x_{2,1}, x_{2,2}, \cdots, x_{2,n}, \cdots$$
$$\cdots\cdots\cdots\cdots\cdots$$
$$x_{n,1}, x_{n,2}, \cdots, x_{n,n}, \cdots$$
$$\cdots\cdots\cdots\cdots\cdots$$

は, 次々に前の列の部分列になっている. そこで対角線上の点からなる点列 $x_{1,1}, x_{2,2}, \cdots, x_{n,n}, \cdots$ を考えると, この点列 $\{x_{n,n}\}$ に対しては, $\lim_{n\to\infty} x_k^*(x_{n,n})$ がすべての k

に対して存在し,かつ有限確定である.J を M から M^{**} への自然な写像とすると,$\|Jx_{n,n}\| = \|x_{n,n}\|$,$(Jx_{n,n})(x_k^*) = x_k^*(x_{n,n})$ であるから,$\{\|Jx_{n,n}\|\}$ が有界,かつすべての k に対して $\lim_{n\to\infty}(Jx_{n,n})(x_k^*)$ が存在して有限である.従って,定理7.12により[1],$\{Jx_{n,n}\}$ は M^{**} の或る点 x^{**} に $*$ 弱収束する,即ち $\lim_{n\to\infty}(Jx_{n,n})(m^*) = x^{**}(m^*)$ $(m^* \in M^*)$.

M は回帰的であるから,$x^{**} = Jx$ となるような $x \in M$ が存在する.ゆえに $\lim_{n\to\infty}(Jx_{n,n})(m^*) = (Jx)(m^*)$ $(m^* \in M^*)$,即ち

(7.4) $\quad \lim_{n\to\infty} m^*(x_{n,n}) = m^*(x) \quad (m^* \in M^*).$

$x^* \in X^*$ を任意にとり,x^* の M への制限を x_M^* とする.$x_M^* \in M^*$ であるから $\lim_{n\to\infty} x_M^*(x_{n,n}) = x_M^*(x)$ ((7.4) による).$x_M^*(x_{n,n}) = x^*(x_{n,n})$,$x_M^*(x) = x^*(x)$ のゆえ,$\lim_{n\to\infty} x^*(x_{n,n}) = x^*(x)$.従って $w\text{-}\lim_{n\to\infty} x_{n,n} = x$ となり,X_0 の任意の点列 $\{x_n\}$ が弱収束する部分列 $\{x_{n,n}\}$ をもつことが示された. (証終)

---

[1] $X = M^*$,$X_0 = \{x_1^*, x_2^*, \cdots, x_k^*, \cdots\}$ とおいて定理を適用する.

§8. 共役空間の例

8.1. 空間 $(c)^*$

空間 (c) (例 2.2 参照) の共役空間 $(c)^*$ を調べる. $e_1 = \{1, 0, 0, \cdots\}$, $e_2 = \{0, 1, 0, \cdots\}$, $\cdots$, $e_n = \{0, \cdots, 0, \overset{(n)}{1}, 0, \cdots\}$, $\cdots$ とし, $e = \{1, 1, \cdots, 1, \cdots\}$ とおくと, $e \in (c)$, かつ $e_n \in (c)$ $(n = 1, 2, \cdots)$ である. いま, $x = \{\xi_n\} \in (c)$, $\lim_{n \to \infty} \xi_n = \xi_0$ に対して

$$y_n = x - \xi_0 e - \sum_{i=1}^{n} (\xi_i - \xi_0) e_i$$

とおくと, $y_n = \{0, \cdots, 0, \xi_{n+1} - \xi_0, \xi_{n+2} - \xi_0, \cdots\}$ であるから, $\|y_n\| = \sup_{i \geq n+1} |\xi_i - \xi_0| \to 0 \ (n \to \infty)$. ゆえに

$$x = \xi_0 e + \lim_{n \to \infty} \sum_{i=1}^{n} (\xi_i - \xi_0) e_i = \xi_0 e + \sum_{i=1}^{\infty} (\xi_i - \xi_0) e_i.$$

従って任意の $x^* \in (c)^*$ に対して次式が成立する；

(8.1) $\quad x^*(x) = \xi_0 x^*(e) + \sum_{i=1}^{\infty} (\xi_i - \xi_0) x^*(e_i).$

いま $x^* \in (c)^*$ を任意に与えたとき, $\eta_i = x^*(e_i)$ $(i = 1, 2, \cdots)$, $\eta = x^*(e)$ により, η および $\{\eta_i\}$ を定義する. (8.1) から, 任意の $x = \{\xi_i\} \in (c)$, $\xi_0 = \lim_{i \to \infty} \xi_i$ に対して

(8.2) $\quad x^*(x) = \xi_0 \eta + \sum_{i=1}^{\infty} (\xi_i - \xi_0) \eta_i$

が成立する.次に,$\sum_{i=1}^{\infty} \eta_i$ が絶対収束することを示す.任意の数 α に対して

$$\operatorname{sgn} \alpha = \begin{cases} 0 & (\alpha = 0) \\ \alpha/|\alpha| & (\alpha \neq 0) \end{cases}$$

とおく.$\alpha \operatorname{sgn} \overline{\alpha} = |\alpha|$ であることに注意する.自然数 k に対し,$x_k = \{\xi_n^{(k)} ; n = 1, 2, \cdots\} \in (c)$ を

$$\xi_n^{(k)} = \begin{cases} \operatorname{sgn} \overline{\eta}_n & (1 \leqq n \leqq k) \\ 0 & (k < n) \end{cases}$$

により定義するとき,(8.2) から

$$x^*(x_k) = \sum_{i=1}^{k} \xi_i^{(k)} \eta_i = \sum_{i=1}^{k} (\operatorname{sgn} \overline{\eta}_i) \eta_i = \sum_{i=1}^{k} |\eta_i|.$$

$\|x_k\| \leqq 1$ であるから,$\sum_{i=1}^{k} |\eta_i| = x^*(x_k) \leqq \|x^*\| \|x_k\| \leqq \|x^*\|$.これは任意の自然数 k について成立しているゆえ,$\sum_{i=1}^{\infty} |\eta_i| \leqq \|x^*\|$,即ち $\sum_{i=1}^{\infty} \eta_i$ は絶対収束する.このことから,(8.2) は次の形で表わせる;

$$x^*(x) = \xi_0 \eta + \sum_{i=1}^{\infty} \xi_i \eta_i - \xi_0 \sum_{i=1}^{\infty} \eta_i.$$

ここで $\eta_0 = \eta - \sum_{i=1}^{\infty} \eta_i$ とおくと,$\{\eta_n ; n = 0, 1, 2, \cdots\} \in (l)$,かつ

(8.3) $$x^*(x) = \xi_0 \eta_0 + \sum_{i=1}^{\infty} \xi_i \eta_i$$

$$(x = \{\xi_n\} \in (c), \ \xi_0 = \lim_{n \to \infty} \xi_n).$$

結局"各 $x^* \in (c)^*$ に対し,(8.3) を満足するような数列 $\{\eta_n ; n = 0, 1, 2, \cdots\} \in (l)$ が存在する"ことが示され

た．しかも，このような数列 $\{\eta_n ; n = 0, 1, 2, \cdots\} \in (l)$ は $x^* \in (c)^*$ に対して一意的に定まる．実際，$\{\zeta_n ; n = 0, 1, 2, \cdots\} \in (l)$, $x^*(x) = \xi_0 \eta_0 + \sum_{i=1}^{\infty} \xi_i \eta_i = \xi_0 \zeta_0 + \sum_{i=1}^{\infty} \xi_i \zeta_i$ ($x = \{\xi_n\} \in (c)$, $\xi_0 = \lim_{n \to \infty} \xi_n$) とすると，$\eta_i = x^*(e_i) = \zeta_i$ ($i = 1, 2, \cdots$). これから $\eta_0 = \zeta_0$, よって $\{\zeta_n ; n = 0, 1, 2, \cdots\} = \{\eta_n ; n = 0, 1, 2, \cdots\}$.

(8.3) から $|x^*(x)| \leq (\sup_{n \geq 1} |\xi_n|) \sum_{i=0}^{\infty} |\eta_i| = \|x\| \sum_{i=0}^{\infty} |\eta_i|$ ($x \in (c)$) が得られる，即ち

(8.4) $$\|x^*\| \leq \sum_{i=0}^{\infty} |\eta_i|.$$

一方，
$$x^* \left(x_k + (\operatorname{sgn} \overline{\eta}_0) e - (\operatorname{sgn} \overline{\eta}_0) \sum_{i=1}^{k} e_i \right)$$
$$= \sum_{i=1}^{k} |\eta_i| + (\operatorname{sgn} \overline{\eta}_0) \left(\eta - \sum_{i=1}^{k} \eta_i \right),$$
$$\left\| x_k + (\operatorname{sgn} \overline{\eta}_0) e - (\operatorname{sgn} \overline{\eta}_0) \sum_{i=1}^{k} e_i \right\| \leq 1$$

($x_k + (\operatorname{sgn} \overline{\eta}_0) e - (\operatorname{sgn} \overline{\eta}_0) \sum_{i=1}^{k} e_i = \{\operatorname{sgn} \overline{\eta}_1, \cdots, \operatorname{sgn} \overline{\eta}_k, \operatorname{sgn} \overline{\eta}_0, \operatorname{sgn} \overline{\eta}_0, \cdots\}$ に注意) から，

$$\left| \sum_{i=1}^{k} |\eta_i| + (\operatorname{sgn} \overline{\eta}_0) \left(\eta - \sum_{i=1}^{k} \eta_i \right) \right| \leq \|x^*\| \quad (k = 1, 2, \cdots).$$

ここで $k \to \infty$ とすると，$\sum_{i=0}^{\infty} |\eta_i| \leq \|x^*\|$. これと (8.4) とから

(8.5) $$\|x^*\| = \sum_{i=0}^{\infty} |\eta_i|.$$

逆に,$\{\eta_n ; n = 0, 1, 2, \cdots\} \in (l)$ が与えられたとき,(8.3) の右辺の式をもって $x^*(x)$ を定義すると,$x^* \in (c)^*$ であることが容易にわかる.

以上をまとめて,次の定理が得られる.

定理 8.1. (c) で定義された任意の有界線形汎関数 x^*(即ち $x^* \in (c)^*$)に対し,数列 $\{\eta_n ; n = 0, 1, 2, \cdots\} \in (l)$ が 1 つ,かつただ 1 つ対応して

$$x^*(x) = \xi_0 \eta_0 + \sum_{n=1}^{\infty} \xi_n \eta_n$$
$$(x = \{\xi_n\} \in (c),\ \xi_0 = \lim_{n \to \infty} \xi_n)$$

と表わすことができる.逆に,任意の $\{\eta_n ; n = 0, 1, 2, \cdots\} \in (l)$ は,上式により,1 つの $x^* \in (c)^*$ を定義する.

そしてこのとき

$$\|x^*\| = \sum_{n=0}^{\infty} |\eta_n|$$

が成立する.

上の定理は $(c)^*$ が (l) とノルム空間として同型であることを示している.従って $(c)^* = (l)$ と見做すことができる.

8.2. 空間 $(l^p)^*$ ($1 \leq p < \infty$)

空間 (l^p) ($1 \leq p < \infty$) の共役空間 $(l^p)^*$ を調べる($((l^p)$ については例 2.3 参照).$e_n = (0, \cdots, 0, \overset{(n)}{1}, 0, \cdots)$ とおく

と, $e_n \in (l^p)$ $(n=1, 2, \cdots)$.

$x = \{\xi_n\} \in (l^p)$ に対して

$$y_n = x - \sum_{i=1}^{n} \xi_i e_i$$

とおくと, $y_n = \{0, \cdots, 0, \xi_{n+1}, \xi_{n+2}, \cdots\}$ であるから, $\|y_n\| = \left(\sum_{i=n+1}^{\infty} |\xi_i|^p\right)^{1/p} \to 0$ $(n \to \infty)$. ゆえに $x = \lim_{n \to \infty} \sum_{i=1}^{n} \xi_i e_i = \sum_{i=1}^{\infty} \xi_i e_i$. 従って任意の $x^* \in (l^p)^*$ に対し,

(8.6) $$x^*(x) = \sum_{i=1}^{\infty} \xi_i x^*(e_i)$$

が成立する.

いま, $x^* \in (l^p)^*$ を任意に与えたとき, $\eta_i = x^*(e_i)$ $(i = 1, 2, \cdots)$ とおくと, (8.6) により,

(8.7) $\quad x^*(x) = \sum_{n=1}^{\infty} \xi_n \eta_n \quad (x = \{\xi_n\} \in (l^p))$

が成立している. 数列 $\{\eta_n\}$ の性質を調べてみよう.

(i) $1 < p$ の場合. q は $1/p + 1/q = 1$ を満足する数とする. k を自然数とし, $x_k = \{\xi_n^{(k)} ; n = 1, 2, \cdots\} \in (l^p)$ を

$$\xi_n^{(k)} = \begin{cases} |\eta_n|^{q-1} \operatorname{sgn} \overline{\eta}_n & (1 \leq n \leq k) \\ 0 & (k < n) \end{cases}$$

により定義する.

$$\|x_k\| = \left(\sum_{n=1}^{\infty} |\xi_n^{(k)}|^p\right)^{1/p}$$

$$= \left(\sum_{n=1}^{k} |\eta_n|^{p(q-1)}\right)^{1/p} = \left(\sum_{n=1}^{k} |\eta_n|^q\right)^{1/p}.$$

(8.7) から，$x^*(x_k) = \sum_{n=1}^{\infty} \xi_n^{(k)} \eta_n = \sum_{n=1}^{k} |\eta_n|^q$. ゆえに

$$\sum_{n=1}^{k} |\eta_n|^q = x^*(x_k) \leqq \|x^*\| \|x_k\| = \|x^*\| \left(\sum_{n=1}^{k} |\eta_n|^q\right)^{1/p}$$

となり，$\left(\sum_{n=1}^{k} |\eta_n|^q\right)^{1/q} \leqq \|x^*\|$ が任意の自然数 k に対して成立している．従って $\{\eta_n\} \in (l^q)$, かつ

(8.8) $$\left(\sum_{n=1}^{\infty} |\eta_n|^q\right)^{1/q} \leqq \|x^*\|$$

を得る．次に，(8.7) に Hölder の不等式を用い，

$$|x^*(x)| = \left|\sum_{n=1}^{\infty} \xi_n \eta_n\right|$$
$$\leqq \left(\sum_{n=1}^{\infty} |\xi_n|^p\right)^{1/p} \left(\sum_{n=1}^{\infty} |\eta_n|^q\right)^{1/q}$$
$$= \|x\| \left(\sum_{n=1}^{\infty} |\eta_n|^q\right)^{1/q}$$

が任意の $x = \{\xi_n\} \in (l^p)$ に対して成立している．ゆえに $\|x^*\| \leqq \left(\sum_{n=1}^{\infty} |\eta_n|^q\right)^{1/q}$. これと (8.8) とから

(8.9) $$\|x^*\| = \left(\sum_{n=1}^{\infty} |\eta_n|^q\right)^{1/q}.$$

(ii) $p = 1$ の場合．任意の自然数 k に対し，$x_k = \{\xi_n^{(k)}; n = 1, 2, \cdots\}$ とする，ただし $\xi_n^{(k)} = 0 \ (n \neq k)$, $\xi_k^{(k)} = \operatorname{sgn} \overline{\eta}_k$. $\|x_k\| \leqq 1$ および $x^*(x_k) = |\eta_k|$ ((8.7) を

用いる）から，$|\eta_k| \leq \|x^*\|\|x_k\| \leq \|x^*\|$ $(k=1,2,\cdots)$. よって $\{\eta_n\} \in (l^\infty)$，かつ

(8.10) $$\sup_{n \geq 1} |\eta_k| \leq \|x^*\|.$$

次に，(8.7) から $|x^*(x)| \leq (\sup_{n \geq 1}|\eta_n|)\sum_{n=1}^\infty |\xi_n| = (\sup_{n \geq 1}|\eta_n|)\|x\|$ $(x \in (l))$，即ち $\|x^*\| \leq \sup_{n \geq 1}|\eta_n|$. これと (8.10) とから

(8.11) $$\|x^*\| = \sup_{n \geq 1}|\eta_n|$$

を得る.

(ⅰ),(ⅱ) から次のことが得られた．各 $x^* \in (l^p)^*$ に対し，(8.7) を満足するような数列 $\{\eta_n\}$ ($\in (l^q)$ $(p>1)$, $\in (l^\infty)$ $(p=1)$) が存在する．しかもこのような $\{\eta_n\}$ が一意的に定まることは容易にわかる．さらに，$p>1$ のとき (8.9)，$p=1$ のとき (8.11) が成立する．

逆に，数列 $\{\eta_n\} \in (l^q)$ $(1 < q \leq \infty)$ が与えられたとき，(8.7) の右辺の式により $x^*(x)$ を定義すると，$x^* \in (l^p)^*$ ($q>1$ のときは $1/p+1/q=1$，$q=\infty$ のときは $p=1$ とする) であることが容易にわかる．

以上をまとめて，次の定理を得る．

定理 8.2. (l^p) $(1 \leq p < \infty)$ で定義された任意の有界線形汎関数 x^* (即ち $x^* \in (l^p)^*$) に対し，数列 $\{\eta_n\} \in (l^q)$ ($p>1$ のときは $1/p+1/q=1$，$p=1$ のときは $q=\infty$ とする) が1つ，かつただ1つ対応して

$$x^*(x) = \sum_{n=1}^{\infty} \xi_n \eta_n \quad (x = \{\xi_n\} \in (l^p))$$

と表わすことができる.逆に,任意の $\{\eta_n\} \in (l^q)$ ($1 < q \leq \infty$) は,上式により,1つの $x^* \in (l^p)^*$ ($q > 1$ のときは $1/p + 1/q = 1$, $q = \infty$ のときは $p = 1$ とする) を定義する.

そしてこのとき

$$\|x^*\| = \begin{cases} \left(\sum_{n=1}^{\infty} |\eta_n|^q\right)^{1/q} & (p > 1) \\ \sup_{n \geq 1} |\eta_n| & (p = 1) \end{cases}$$

が成立する.

結局,$1 < p < \infty$ なる p に対して $1/p + 1/q = 1$ なる q をとると,$(l^p)^*$ は (l^q) とノルム空間として同型である,従って $(l^p)^* = (l^q)$. また,$(l)^*$ は (l^∞) とノルム空間として同型となり,$(l)^* = (l^\infty)$ である.

注意 (l^p) ($1 < p < \infty$) は回帰的である.しかし (c), (l), および (l^∞) は回帰的でない.

8.3. 空間 $(C[a, b])^*$

$C[a, b]$ の共役空間 $(C[a, b])^*$ について調べる.はじめに,次の F. Riesz(リース)の定理を証明する.

定理 8.3.(F. Riesz の定理) $C[a, b]$ で定義された任意の有界線形汎関数 x^*(即ち $x^* \in (C[a, b])^*$)に対し,$[a, b]$ で定義された有界変分関数 $v(t)$ が存在して,$x^*(x)$ は

$$x^*(x) = \int_a^b x(t) dv(t) \ (x \in C[a,b])$$

というように Riemann-Stieltjes 積分により表現され，かつ

$$\|x^*\| = V(v),$$

ここに $V(v)$ は v の全変分を表わす．

証明 $[a,b]$ で定義された有界関数の全体を $B[a,b]$ で表わす．$B[a,b]$ は線形演算 $(x+y)(t) = x(t) + y(t)$, $(\alpha x)(t) = \alpha x(t) \ (t \in [a,b])$, および $\|x\| = \sup_{a \leq t \leq b} |x(t)|$ により Banach 空間を作る．$C[a,b]$ は $B[a,b]$ の（閉）線形部分空間である．

$x^* \in (C[a,b])^*$ とする．x^* は $B[a,b]$ の線形部分空間 $C[a,b]$ の上で定義された有界線形汎関数であるから，Hahn-Banach の定理（定理 6.2）により，

$$\|F\| = \|x^*\|, \ F(x) = x^*(x) \ (x \in C[a,b])$$

であるような $B[a,b]$ で定義された有界線形汎関数 F が存在する．$s \in [a,b]$ に対して $x_s(t)$ を，$s = a$ のときは $x_a(t) = 0 \ (t \in [a,b])$, $a < s \leq b$ のときは

$$x_s(t) = \begin{cases} 1 & (a \leq t \leq s) \\ 0 & (s < t \leq b) \end{cases}$$

により定義する．$x_s \in B[a,b]$ である．いま，

$$v(s) = F(x_s) \ (s \in [a,b])$$

とおく．$v(s)$ が有界変分関数であることを示す．

$$\Delta : a = t_0 < t_1 < \cdots < t_n = b$$

を $[a,b]$ の分割とし,$|\Delta| = \max_{1 \leq i \leq n}(t_i - t_{i-1})$ とおく.
$$y_\Delta(t) = \sum_{i=1}^n (x_{t_i}(t) - x_{t_{i-1}}(t)) \operatorname{sgn} \overline{(v(t_i) - v(t_{i-1}))}$$
により y_Δ を定義すると,$y_\Delta \in B[a,b]$,しかも $\|y_\Delta\| \leq 1$.
$$|F(y_\Delta)| \leq \|F\| = \|x^*\|,$$
$$\begin{aligned}F(y_\Delta) &= \sum_{i=1}^n (F(x_{t_i}) - F(x_{t_{i-1}})) \operatorname{sgn} \overline{(v(t_i) - v(t_{i-1}))} \\ &= \sum_{i=1}^n (v(t_i) - v(t_{i-1})) \operatorname{sgn} \overline{(v(t_i) - v(t_{i-1}))} \\ &= \sum_{i=1}^n |v(t_i) - v(t_{i-1})|\end{aligned}$$
のゆえ,
$$\sum_{i=1}^n |v(t_i) - v(t_{i-1})| \leq \|x^*\|.$$
従って $v(t)$ は有界変分関数で,かつ

(8.12) $\quad V(v) \left(= \sup_\Delta \sum_{i=1}^n |v(t_i) - v(t_{i-1})|\right) \leq \|x^*\|.$

次に $x \in C[a,b]$ とし,$x_\Delta(t) = \sum_{i=1}^n x(t_{i-1})(x_{t_i}(t) - x_{t_{i-1}}(t))$(ただし $\Delta : a = t_0 < t_1 < \cdots < t_n = b$)とおくとき

(8.13) $\quad \begin{aligned}F(x_\Delta) &= \sum_{i=1}^n x(t_{i-1})(F(x_{t_i}) - F(x_{t_{i-1}})) \\ &= \sum_{i=1}^n x(t_{i-1})(v(t_i) - v(t_{i-1})).\end{aligned}$

$x(t)$ は $[a,b]$ で一様連続であるから,$|\Delta| \to 0$ となるよう

に分割 Δ を細かくして行くと,

$$\|x_\Delta - x\| = \sup_{a \leq t \leq b} |x_\Delta(t) - x(t)| \to 0$$

($|x_\Delta(t) - x(t)| = |x(a) - x(t)|$ $(a \leq t \leq t_1)$, $|x_\Delta(t) - x(t)| = |x(t_{i-1}) - x(t)|$ $(t_{i-1} < t \leq t_i,\ i = 2, 3, \cdots, n)$ であることに注意),それゆえ $F(x_\Delta) \to F(x)$.一方,x は v に関して Riemann-Stieltjes 積分可能であるから,$|\Delta| \to 0$ となるように分割 Δ を細かくして行くと,$\displaystyle\sum_{i=1}^{n} x(t_{i-1})(v(t_i) - v(t_{i-1})) \to \int_a^b x(t) dv(t)$ となる.ゆえに,(8.13) から,

$$F(x) = \int_a^b x(t) dv(t)$$

を得る.$F(x) = x^*(x)$ $(x \in C[a, b])$ であるから

$$x^*(x) = \int_a^b x(t) dv(t) \quad (x \in C[a, b])$$

なる表現が得られた.

$$|x^*(x)| = \left|\int_a^b x(t) dv(t)\right| \leq \|x\| V(v) \quad (x \in C[a, b])$$

であるから,$\|x^*\| \leq V(v)$.これと (8.12) とから $\|x^*\| = V(v)$ となり,定理が証明された. (証終)

$v(t)$ を $[a, b]$ で定義された有界変分関数とし,

$$x^*(x) = \int_a^b x(t) dv(t) \quad (x \in C[a, b])$$

とおく.Riemann-Stieltjes 積分の線形性,および $|x^*(x)|$

$\leq \|x\| V(v)$ から,$x^* \in (C[a,b])^*$ である.いま,$u(t)$ は,$t=a$, $t=b$, および $v(t)$ の連続点[1] t では $u(t) = v(t) + c$(ただし c は定数)であるような有界変分関数とすると,Riemann-Stieltjes 積分の定義から,$\int_a^b x(t)dv(t) = \int_a^b x(t)du(t)$ $(x \in C[a,b])$. 従って,上のような有界変分関数 $u(t)$ はすべて同じ $x^* \in (C[a,b])^*$ を定義することになる.そこで $(C[a,b])^*$ とノルム空間として同型であるような関数空間を作ることを考えてみよう.

$t=a$ で値 0 をとり,かつ開区間 (a,b) 上で右側連続であるような,$[a,b]$ で定義された有界変分関数 $v(t)$ の全体を $NBV[a,b]$ で表わす.$NBV[a,b]$ は,$(u+v)(t) = u(t) + v(t)$, $(\alpha v)(t) = \alpha v(t)$ $(t \in [a,b])$ という演算,および $\|v\| = V(v)$(v の全変分)によりノルム空間を作ることが容易にわかる.実は $(C[a,b])^*$ と $NBV[a,b]$ とがノルム空間として同型であること,従って $(C[a,b])^* = NBV[a,b]$ とし得ることが示される.以下これについて述べる.

$x^* \in (C[a,b])^*$ を任意に与えたとき,上の F. Riesz の定理から,

$$\|x^*\| = V(u), \ x^*(x) = \int_a^b x(t)du(t) \ (x \in C[a,b])$$

を満足するような有界変分関数 $u(t)$ が存在する.いま,

---

[1] 有界変分関数は高々可算個の不連続点をもつ.

$v(a) = 0$, $v(b) = u(b) - u(a)$, $v(t) = u(t+0)^{1)} - u(a)$ ($t \in (a, b)$) により v を定義する.このとき $v \in NBV[a, b]$,かつ $V(v) \leq V(u)$ である.なぜならば,$a = t_0 < t_1 < \cdots < t_n = b$ を $[a, b]$ の任意の1つの分割とする.任意の $\varepsilon > 0$ に対して

$$|u(s_i) - u(t_i + 0)| < \varepsilon/2n,$$
$$t_i < s < t_{i+1} \ (i = 1, 2, \cdots, n-1)$$

を満足するような $u(t)$ の連続点 $s_1, s_2, \cdots, s_{n-1}$ が存在する.$s_0 = a$, $s_n = b$ とおくと,$a = s_0 < s_1 < \cdots < s_{n-1} < s_n = b$.$v(s_i) = u(s_i) - u(a)$,$|v(t_i) - v(s_i)| < \varepsilon/2n$ ($i = 0, 1, \cdots, n$) であるから

$$\sum_{i=1}^{n} |v(t_i) - v(t_{i-1})| < \sum_{i=1}^{n} |v(s_i) - v(s_{i-1})| + \varepsilon$$
$$= \sum_{i=1}^{n} |u(s_i) - u(s_{i-1})| + \varepsilon \leq V(u) + \varepsilon.$$

ゆえに $v \in NBV[a, b]$, $V(v) \leq V(u)$.また,このとき $t = a$, $t = b$,および $u(t)$ の連続点 t では $v(t) = u(t) - u(a)$ であるから

$$\int_a^b x(t) dv(t) = \int_a^b x(t) du(t) \ (x \in C[a, b]).$$

以上のことから,任意の $x^* \in (C[a, b])^*$ に対して

$$V(v) \leq \|x^*\|, \ x^*(x) = \int_a^b x(t) dv(t) \ (x \in C[a, b])$$

---

1) $u(t+0) = \lim_{s \downarrow t} u(s)$.

を満たす $v \in NBV[a,b]$ が存在することが示された．しかもこのような v はただ 1 つであることがわかる．実際，$x^*(x) = \int_a^b x(t)dv(t) = \int_a^b x(t)d\tilde{v}(t)$ $(x \in C[a,b])$, $\tilde{v}(t) \in NBV[a,b]$ とする．$w(t) = \tilde{v}(t) - v(t)$ $(\in NBV[a,b])$ とおくと，$\int_a^b x(t)dw(t) = 0$ $(x \in C[a,b])$. ここで $x(t) = 1$ $(t \in [a,b])$ とおくと，$w(b) = w(a) = 0$. 次に，$t_0 \in (a,b)$ を $w(t)$ の任意の連続点とする．$0 < h < b - t_0$ なる h に対して

$$x_h(t) = \begin{cases} 1 & (a \leq t \leq t_0) \\ 1 - \dfrac{t - t_0}{h} & (t_0 \leq t \leq t_0 + h) \\ 0 & (t_0 + h \leq t \leq b) \end{cases}$$

とおく．$x_h \in C[a,b]$ のゆえ，

$$\int_a^b x_h(t)dw(t) = 0 \quad (0 < h < b - t_0).$$

$$\begin{aligned}
\int_a^b x_h(t)dw(t) &= \int_a^{t_0} dw(t) + \int_{t_0}^{t_0+h} x_h(t)dw(t) \\
&= w(t_0) + (-w(t_0)) + \frac{1}{h}\int_{t_0}^{t_0+h} w(t)dt \quad \text{(部分積分法)} \\
&= \frac{1}{h}\int_{t_0}^{t_0+h} w(t)dt
\end{aligned}$$

であるから，

$$\frac{1}{h}\int_{t_0}^{t_0+h} w(t)dt = 0 \quad (0 < h < b-t_0)$$

となり, $w(t_0) = \lim_{h\to 0}\dfrac{1}{h}\int_{t_0}^{t_0+h} w(t)dt = 0$. 結局, $t=a$, $t=b$, および $v(t), \tilde{v}(t)$ の連続点 t (かかる点の全体は (a,b) で稠密である) では $v(t)=\tilde{v}(t)$ であることが示された. $v(t),\tilde{v}(t)$ は共に開区間 (a,b) で右側連続であるから, $v(t)=\tilde{v}(t)$ $(t\in [a,b])$, 即ち $v=\tilde{v}$ である.

次に

$$|x^*(x)| = \left|\int_a^b x(t)dv(t)\right|$$

$$\leqq \|x\|V(v) \quad (x \in C[a,b])$$

から, $\|x^*\| \leqq V(v)$. これと $V(v) \leqq \|x^*\|$ とから

$$\|x^*\| = V(v) = \|v\|.$$

逆に, $v \in NBV[a,b]$ が与えられたとき,

$$x^*(x) = \int_a^b x(t)dv(t) \quad (x \in C[a,b])$$

とおくと, $x^* \in (C[a,b])^*$. 以上をまとめて

定理 8.4. 任意の $x^* \in (C[a,b])^*$ に対し, $v \in NBV[a,b]$ が 1 つ, かつただ 1 つ対応して

$$x^*(x) = \int_a^b x(t)dv(t) \quad (x \in C[a,b])$$

と表わすことができる. 逆に, 任意の $v \in NBV[a,b]$ は, 上式により, $x^* \in (C[a,b])^*$ を定義する. そしてこのとき

$$\|x^*\| = \|v\| \ (= V(v)).$$

よって $(C[a,b])^*$ は $NBV[a,b]$ とノルム空間として同型である[1]，それゆえ $(C[a,b])^* = NBV[a,b]$．

8.4. 空間 $(L^p(a,b))^*$ $(1 \leqq p < \infty)$

$L^p(a,b)$ $(1 \leqq p < \infty)$ の共役空間 $(L^p(a,b))^*$ を調べよう．

はじめに (a,b) を有界区間とする．$x^* \in (L^p(a,b))^*$，$1 \leqq p < \infty$，に対し，$y \in L^q(a,b)$（ただし $p > 1$ のとき q は $1/p + 1/q = 1$ を満たすものとし，$p = 1$ のときは $q = \infty$ とする）が1つ，かつただ1つ存在して

$$x^*(x) = \int_a^b x(t) y(t) dt \ (x \in L^p(a,b))$$

と表わされることを示す．

$x^* \in (L^p(a,b))^*$ とする．$x_A(t)$ を Lebesgue 可測集合 $A \ (\subset (a,b))$ の特性関数，即ち $x_A(t) = 1 \ (t \in A)$，$x_A(t) = 0 \ (t \in (a,b) \setminus A)$ とし，$\varphi(A) = x^*(x_A)$ とおく．φ は (a,b) に含まれる Lebesgue 可測集合全体の作る集合族 $\mathfrak{M}$ の上で定義された σ 加法的集合関数で，しかも Lebesgue 測度 m に関して絶対連続である．実際 $A_1, A_2, \cdots, A_n, \cdots$ $(A_n \in \mathfrak{M}, \ n = 1, 2, \cdots)$ を互いに素とすれば

---

[1] 対応 $x^* \longleftrightarrow v$ の線形性は
$$\int_a^b x d(\alpha u + \beta v) = \alpha \int_a^b x du + \beta \int_a^b x dv$$
から得られる．

$$\left|\varphi\left(\bigcup_{i=1}^{\infty} A_i\right) - \sum_{i=1}^{n} \varphi(A_i)\right| = \left|x^*(x_B) - \sum_{i=1}^{n} x^*(x_{A_i})\right|$$

$$= |x^*(x_C)| \leq \|x^*\|\|x_C\| = \|x^*\|\left[m\left(\bigcup_{i=n+1}^{\infty} A_i\right)\right]^{1/p}$$

$$\to 0 \ (n \to \infty), \ \text{ただし } B = \bigcup_{i=1}^{\infty} A_i, \ C = \bigcup_{i=n+1}^{\infty} A_i.$$

従って $\varphi\left(\bigcup_{i=1}^{\infty} A_i\right) = \sum_{i=1}^{\infty} \varphi(A_i)$ となり, φ は σ 加法的集合関数である. いま $m(A) = 0$ とすれば $x_A(t) = 0$ (a.e.) であるから, $\varphi(A) = x^*(x_A) = 0$. これで φ が m に関して絶対連続であることが示された.

ゆえに Radon-Nikodým (ラドン・ニコディム) の定理により, $y \in L(a, b)$ が存在して

$$\varphi(A) = \int_A y(t) dt, \ \text{即ち}$$

$$x^*(x_A) = \int_a^b x_A(t) y(t) dt \ (A \in \mathfrak{M}).$$

従って, 任意の可測単純関数[1] $x(t)$ に対して

(8.14) $$x^*(x) = \int_a^b x(t) y(t) dt$$

が成立する. $x \in L^\infty(a, b)$ に対して, $|x_n(t)| \leq |x(t)|$, $x_n(t) \to x(t)$ $(t \in (a, b))$ となるような可測単純関数列 $\{x_n(t)\}$ が存在する. このとき, Lebesgue の収束定理に

---

[1] 有限個の A_i ($\in \mathfrak{M}$) の特性関数の一次結合で表わされる関数を可測単純関数という.

より,

$$\|x_n - x\|^p = \int_a^b |x_n(t) - x(t)|^p dt \to 0,$$

$$\int_a^b x_n(t) y(t) dt \to \int_a^b x(t) y(t) dt \ (n \to \infty).$$

ところで (8.14) から,

$$x^*(x_n) = \int_a^b x_n(t) y(t) dt \ (n = 1, 2, \cdots).$$

$n \to \infty$ とすると

(8.15) $\quad x^*(x) = \displaystyle\int_a^b x(t) y(t) dt \ (x \in L^\infty(a, b))$

を得る. 以下 $p > 1$ の場合と $p = 1$ の場合とにわけて考える.

（i） $p > 1$ の場合. q は $1/p + 1/q = 1$ を満足する数とする.

$$y_n(t) = \begin{cases} y(t) & (t \in \{t \,;\, |y(t)| \leq n\}) \\ 0 & (t \in \{t \,;\, |y(t)| > n\}) \end{cases}$$

とし, $x_n(t) = |y_n(t)|^{q-1} \operatorname{sgn} \overline{y_n(t)}$ $(n = 1, 2, \cdots)$ とおく. このとき

$$\lim_{n \to \infty} y_n(t) = y(t) \ (a.e.), \ x_n \in L^\infty(a, b),$$

かつ

$$\|x_n\| = \left(\int_a^b |x_n(t)|^p dt\right)^{1/p} = \left(\int_a^b |y_n(t)|^q dt\right)^{1/p}.$$

また, (8.15) により

$$x^*(x_n) = \int_a^b x_n(t)y(t)dt = \int_a^b |y_n(t)|^q dt.$$

これと $|x^*(x_n)| \leq \|x^*\|\|x_n\| = \|x^*\| \left(\int_a^b |y_n(t)|^q dt\right)^{1/p}$ とから

$$\left(\int_a^b |y_n(t)|^q dt\right)^{1/q} \leq \|x^*\|, \text{ 即ち } \int_a^b |y_n(t)|^q dt \leq \|x^*\|^q$$

が $n=1,2,\cdots$ に対して成立する．従って，Fatou の補助定理により

$$\int_a^b |y(t)|^q dt \leq \liminf_{n\to\infty} \int_a^b |y_n(t)|^q dt \leq \|x^*\|^q,$$

即ち

(8.16) $y \in L^q(a,b), \quad \left(\int_a^b |y(t)|^q dt\right)^{1/q} \leq \|x^*\|$

が示された．

いま $x \in L^p(a,b)$ とし，任意の自然数 n に対して
$$x_n(t) = \begin{cases} x(t) & (t \in \{t\,;\,|x(t)| \leq n\}) \\ 0 & (t \in \{t\,;\,|x(t)| > n\}) \end{cases}$$

とおく．$|x_n(t)| \leq |x(t)|$, $x_n \in L^\infty(a,b)$, かつ $\lim_{n\to\infty} x_n(t) = x(t)$ (a.e.)．従って，Lebesgue の収束定理により

$$\|x_n - x\| = \left(\int_a^b |x_n(t) - x(t)|^p dt\right)^{1/p} \to 0,$$

$$\int_a^b x_n(t)y(t)dt \to \int_a^b x(t)y(t)dt \ (n \to \infty).$$

ところで (8.15) から，

$$x^*(x_n) = \int_a^b x_n(t)y(t)dt \ (n=1,2,\cdots).$$

ここで $n \to \infty$ とすることにより,次の表現が得られる;

(8.17)　$x^*(x) = \int_a^b x(t)y(t)dt \ (x \in L^p(a,b)).$

Hölder の不等式を用いて

$$\begin{aligned}|x^*(x)| &\leq \int_a^b |x(t)y(t)|dt \\ &\leq \left(\int_a^b |x(t)|^p dt\right)^{1/p}\left(\int_a^b |y(t)|^q dt\right)^{1/q} \\ &= \|x\|\left(\int_a^b |y(t)|^q dt\right)^{1/q} \ (x \in L^p(a,b)),\end{aligned}$$

ゆえに

$$\|x^*\| \leq \left(\int_a^b |y(t)|^q dt\right)^{1/q}.$$

これと (8.16) とから

(8.18)　　$\|x^*\| = \left(\int_a^b |y(t)|^q dt\right)^{1/q}.$

結局,任意の $x^* \in (L^p(a,b))^*$ に対し,$y \in L^q(a,b)$ が存在して,$x^*(x)$ は (8.17) により表わされ,かつ (8.18) が成立することが示された.

(ii) $p=1$ の場合.$x_A(t)$ を $A \in \mathfrak{M}$ の特性関数とすると,$\|x_A\| = \int_a^b x_A(t)dt = m(A)$,かつ $x_A \in L^\infty(a,b)$.
(8.15) から,

$$\left|\int_A y(t)dt\right| = \left|\int_a^b x_A(t)y(t)dt\right|$$
$$= |x^*(x_A)| \leq \|x^*\|\|x_A\| = \|x^*\|m(A).$$

即ち $\left|\int_A y(t)dt\right| \leq \|x^*\|m(A)$ $(A \in \mathfrak{M})$. ゆえに $|y(t)| \leq \|x^*\|$ (a. e.) となり,

(8.19) $y \in L^\infty(a,b)$, $\operatorname*{ess\,sup}_{t\in(a,b)} |y(t)| \leq \|x^*\|$

が示された. $p > 1$ の場合と全く同様にして, (8.15) と (8.19) とから,

(8.20) $x^*(x) = \int_a^b x(t)y(t)dt$ $(x \in L(a,b))$

が得られる.

$$|x^*(x)| \leq \int_a^b |x(t)||y(t)|dt$$
$$\leq \operatorname*{ess\,sup}_{t\in(a,b)} |y(t)| \int_a^b |x(t)|dt$$
$$= \|x\|\operatorname*{ess\,sup}_{t\in(a,b)} |y(t)| \ (x \in L(a,b)),$$

よって $\|x^*\| \leq \operatorname*{ess\,sup}_{t\in(a,b)} |y(t)|$. これと (8.19) とから

(8.21) $\|x^*\| = \operatorname*{ess\,sup}_{t\in(a,b)} |y(t)|.$

$x^* \in (L^p(a,b))^*$ に対し, (8.17) ($p > 1$ のとき), (8.20) ($p = 1$ のとき) を満たすような y ($\in L^q(a,b)$ ($p > 1$ のとき), $\in L^\infty(a,b)$ ($p = 1$ のとき)) はただ 1 つし

か存在しない. 実際,
$$0 = \int_a^b x_A(t)z(t)dt = \int_A z(t)dt \ (A \in \mathfrak{M})$$
ならば $z(t) = 0$ $(a.e.)$ となるからである.

一方, $y \in L^q(a,b)$ $(1 < q \leq \infty)$ が与えられたとする. $1 < q < \infty$ のとき p は $1/p + 1/q = 1$ を満たす数 (従って $1 < p < \infty$) とし, $q = \infty$ のときは $p = 1$ とする. このとき
$$x^*(x) = \int_a^b x(t)y(t)dt \ (x \in L^p(a,b))$$
により x^* を定義すると, $x^* \in (L^p(a,b))^*$ であることが容易にわかる.

以上をまとめて

定理 8.5. (**F. Riesz の定理**) (a,b) を有界区間とする.

(ⅰ) $1 < p < \infty$, $1/p + 1/q = 1$ とする. $L^p(a,b)$ で定義された任意の有界線形汎関数 x^* (即ち $x^* \in (L^p(a,b))^*$) に対し, $y \in L^q(a,b)$ が1つ, かつただ1つ対応して
$$x^*(x) = \int_a^b x(t)y(t)dt \ (x \in L^p(a,b))$$
と表わすことができる. 逆に, 任意の $y \in L^q(a,b)$ は, 上式により, $x^* \in (L^p(a,b))^*$ を定義する. そしてこのとき
$$\|x^*\| = \left(\int_a^b |y(t)|^q dt \right)^{1/q}.$$
従って $(L^p(a,b))^*$ と $L^q(a,b)$ とはノルム空間として同型となり, $(L^p(a,b))^* = L^q(a,b)$.

(ii) $L(a,b)$ で定義された任意の有界線形汎関数 x^* (即ち $x^* \in (L(a,b))^*$) に対し, $y \in L^\infty(a,b)$ が1つ, かつただ1つ対応して

$$x^*(x) = \int_a^b x(t)y(t)dt \ (x \in L(a,b))$$

と表わすことができる. 逆に, 任意の $y \in L^\infty(a,b)$ は, 上式により, $x^* \in (L(a,b))^*$ を定義する. そしてこのとき

$$\|x^*\| = \operatorname*{ess\,sup}_{t \in (a,b)} |y(t)|.$$

従って $(L(a,b))^*$ と $L^\infty(a,b)$ とはノルム空間として同型となり, $(L(a,b))^* = L^\infty(a,b)$.

系8.6. (a,b) が無限区間のときにも, 定理8.5の(i), (ii) は成立している.

証明 (a,b) を無限区間とし, $x^* \in (L^p(a,b))^*$ ($1 \leq p < \infty$) とする.

任意の自然数 n に対して, $I_n = [-n, n] \cap (a,b)$ とおく. $x \in L^p(I_n)$ のとき, $\tilde{x}(t) = x(t)$ ($t \in I_n$), $\tilde{x}(t) = 0$ ($t \in (a,b) \setminus I_n$) により $\tilde{x}$ を定義する. このとき, $\tilde{x} \in L^p(a,b)$, かつ

$$\|\tilde{x}\| = \left(\int_a^b |\tilde{x}(t)|^p dt\right)^{1/p} = \left(\int_{I_n} |x(t)|^p dt\right)^{1/p}.$$

いま

$$x_n^*(x) = x^*(\tilde{x}) \ (x \in L^p(I_n))$$

とおくと, x_n^* は $L^p(I_n)$ で定義された線形汎関数で,

$$|x_n^*(x)| = |x^*(\widetilde{x})| \leq \|x^*\| \|\widetilde{x}\|$$
$$= \|x^*\| \left(\int_{I_n} |x(t)|^p dt \right)^{1/p} \quad (x \in L^p(I_n)).$$

ゆえに

(8.22) $\quad x_n^* \in (L^p(I_n))^*, \quad \|x_n^*\| \leq \|x^*\|.$

I_n は有界区間のゆえ，定理 8.5 により，$y_n \in L^q(I_n)$ ($p > 1$ ならば $1/p + 1/q = 1$, $p = 1$ ならば $q = \infty$) が 1 つ，かつただ 1 つ存在して

(8.23) $\quad x_n^*(x) = \int_{I_n} x(t) y_n(t) dt \quad (x \in L^p(I_n))$

(8.24) $\quad \|x_n^*\| = \begin{cases} \left(\int_{I_n} |y_n(t)|^q dt \right)^{1/q} & (p > 1) \\ \underset{t \in I_n}{\operatorname{ess\,sup}} |y_n(t)| & (p = 1) \end{cases}$

が成立する．(8.22), (8.24) から

(8.25) $\quad \left(\int_{I_n} |y_n(t)|^q dt \right)^{1/q} \leq \|x^*\| \quad (p > 1),$

$$\underset{t \in I_n}{\operatorname{ess\,sup}} |y_n(t)| \leq \|x^*\| \quad (p = 1).$$

$(a, b) = \bigcup_{n=1}^{\infty} I_n$, $m > n$ のとき $y_m(t) = y_n(t)$ ($a.e.\, t \in I_n$) であるから，

$$y(t) = y_n(t) \quad (t \in I_n, n = 1, 2, \cdots)$$

により，(a, b) 上の関数 $y(t)$ を定義することができる．

$$x_n^*(x) = x^*(\widetilde{x}) \quad (x \in L^p(I_n)),$$

$$\int_{I_n} x(t)y_n(t)dt = \int_a^b \widetilde{x}(t)y(t)dt$$

のゆえ，(8.23), (8.25) はそれぞれ

(8.23′) $\quad x^*(\widetilde{x}) = \int_a^b \widetilde{x}(t)y(t)dt \ (x \in L^p(I_n))$

(8.25′) $\quad \left(\int_{I_n} |y(t)|^q dt\right)^{1/q} \leq \|x^*\| \ (p > 1),$

$$\operatorname*{ess\,sup}_{t \in I_n} |y(t)| \leq \|x^*\| \ (p = 1)$$

と表わせる．(8.25′) は任意の自然数 n に対して成立しているから，

(8.26) $\quad \left(\int_a^b |y(t)|^q dt\right)^{1/q} \leq \|x^*\| \ (p > 1),$

$$\operatorname*{ess\,sup}_{t \in (a,b)} |y(t)| \leq \|x^*\| \ (p = 1)$$

が得られる．

$x \in L^p(a, b)$ とする．$x_n(t) = x(t) \ (t \in I_n)$ とおくと，$x_n \in L^p(I_n)$ であるから，(8.23′) により

(8.27) $\qquad x^*(\widetilde{x}_n) = \int_a^b \widetilde{x}_n(t)y(t)dt.$

$$\|\widetilde{x}_n - x\| = \left(\int_a^b |x_n(t) - x(t)|^p dt\right)^{1/p} \to 0,$$

$$\int_a^b x_n(t)y(t)dt \to \int_a^b x(t)y(t)dt \ (n \to \infty)$$

のゆえ，(8.27) において $n \to \infty$ とすると

(8.28) $\quad x^*(x) = \int_a^b x(t)y(t)dt \ (x \in L^p(a,b)).$

さらに,これから

$$\|x^*\| \leq \left(\int_a^b |y(t)|^q dt\right)^{1/q} \ (p > 1),$$

$$\|x^*\| \leq \operatorname*{ess\,sup}_{t \in (a,b)} |y(t)| \qquad (p = 1)$$

を得る.これと (8.26) とから

(8.29) $\quad \|x^*\| = \left(\int_a^b |y(t)|^q dt\right)^{1/q} \ (p > 1),$

$\qquad \|x^*\| = \operatorname*{ess\,sup}_{t \in (a,b)} |y(t)| \qquad (p = 1).$

従って,任意の $x^* \in (L^p(a,b))^*$ に対して,(8.28), (8.29) を満足するような $y \in L^q(a,b)$ が存在することが示された.しかもこのような y は一意的に定まることが容易にわかる.

逆に,$y \in L^q(a,b)$ が与えられたとき,(8.28) により x^* を定義すると,$x^* \in (L^p(a,b))^*$ である. (証終)

注意1. $L^p(a,b)$ $(1 < p < \infty)$ は回帰的であるが,$C[a,b]$,$L(a,b)$,および $L^\infty(a,b)$ は回帰的でない.

注意2. $(S, \mathscr{F}, \mu)$ を測度空間とする.$1 \leq p < \infty$ とし,p 乗可積分な関数の全体(即ち $\int_S |f|^p d\mu < \infty$ であるような f の全体)を $L^p(S)$ で表わす.また,S で定義された本質的に有界な関数の全体を $L^\infty(S)$ とかく.

$L^p(S)$ における線形演算,およびノルムを $L^p(a,b)$ の場合と同様に定義すると,$L^p(S)$ $(1 \leq p \leq \infty)$ は Banach 空間を作る(その証明は $L^p(a,b)$ の場合と同じ——例 2.6,例 2.7 参照——).もし μ が σ 有限測度(即ち $S_n \uparrow S$,$S_n \in \mathscr{F}$,$\mu(S_n) < \infty$ なる S_n $(n=1,2,\cdots)$ が存在する)ならば,定理 8.5,系 8.6 の証明と同様にして,$1 \leq p < \infty$ のとき $(L^p(S))^* = L^q(S)$(ただし $p=1$ のときは $q=\infty$,$p>1$ のときは $1/p+1/q=1$)であることがわかる.

8.5. Hilbert 空間の共役空間

定義 8.1. Hilbert 空間 X の 2 点 x, y が $(x,y)=0$(従って $(y,x)=0$)を満たしているとき,x と y は互いに**直交している**といい,$x \perp y$ または $y \perp x$ とかく.X の部分集合 M $(\neq \varnothing)$ に対して,M のすべての点と直交するような X の点の全体を $M^\perp$ で表わし,M の**直交補空間**という.

定義から直ちに次のことがわかる.

(i) $\{0\}^\perp = X$,$X^\perp = \{0\}$.

(ii) $M_1 \subset M_2$ ならば $M_2^\perp \subset M_1^\perp$;$M \subset M^{\perp\perp}$ $(= (M^\perp)^\perp)$.

(iii) $x \in M \cap M^\perp$ ならば $x=0$.

(iv) $M^\perp$ は X の閉線形部分空間である.

定理 8.7. X を Hilbert 空間,M をその閉線形部分空間とする.任意の $x \in X$ は,一意的に,

(8.30) $\quad x = x_M + z$, ただし $x_M \in M$, $z \in M^\perp$

と分解される.

これを証明するために, 次の補助定理を準備する.

補助定理 8.8. X を Hilbert 空間, M をその閉線形部分空間とする. $x \in X$ とし

$$\delta = \inf_{y \in M} \|x - y\|$$

とおく. このとき

$$\delta = \|x - x_M\|$$

を満たすような点 $x_M \in M$ が存在する.

証明 $\lim_{n \to \infty} \|x - y_n\| = \delta$ であるような M の点列 $\{y_n\}$ を選ぶ. $\{y_n\}$ が Cauchy 点列であることを示す.

$$\left\| x - \frac{y_m + y_n}{2} \right\| \leq \frac{1}{2} \|x - y_m\| + \frac{1}{2} \|x - y_n\|$$

から, $\limsup_{m, n \to \infty} \left\| x - \frac{y_m + y_n}{2} \right\| \leq \delta$. 一方, $\frac{1}{2}(y_m + y_n) \in M$ であるから $\left\| x - \frac{y_m + y_n}{2} \right\| \geq \delta$, 従って $\liminf_{m, n \to \infty} \left\| x - \frac{y_m + y_n}{2} \right\| \geq \delta$. ゆえに

(8.31) $\quad \lim_{m, n \to \infty} \left\| x - \frac{y_m + y_n}{2} \right\| = \delta.$

$\|x' + x''\|^2 + \|x' - x''\|^2 = 2\|x'\|^2 + 2\|x''\|^2$ において $x' = x - y_m$, $x'' = x - y_n$ とおくと

$$\|y_n - y_m\|^2 = 2\|x - y_m\|^2 + 2\|x - y_n\|^2$$

$$-4\left\|x-\frac{y_m+y_n}{2}\right\|^2.$$

ここで $n,m \to \infty$ とすると,(8.31) から $\lim_{n,m\to\infty} \|y_n - y_m\|^2 = 0$. ゆえに,$\{y_n\}$ は Cauchy 点列である.X が完備であるから,$\{y_n\}$ は X の或る1つの点 x_M に収束する.M が閉集合であるから,$x_M \in M$ である.さらに (8.31) から,$\|x-x_M\| = \delta$. (証終)

注意 線形空間 X の部分集合 M ($\neq \emptyset$) は,$\alpha y + (1-\alpha)z \in M$ ($y,z \in M$, $0 \leq \alpha \leq 1$) という性質をもっているとき,**凸集合**であるという.線形部分空間はつねに凸集合である.上の証明からわかるように,補助定理 8.8 は,M が閉凸集合のときにも成立している.そして x_M は一意的に定まることが示される.

定理 8.7 の証明 はじめに,分解 (8.30) の一意性を示す.もし $x = x_M + z_1 = x'_M + z_2$,$x_M, x'_M \in M$,$z_i \in M^\perp$ ($i=1,2$) とすると,$x_M - x'_M = z_2 - z_1 \in M \cap M^\perp$. ゆえに $x_M = x'_M$,$z_1 = z_2$ となり,分解の一意性が示された.次に,$x \in X$ が (8.30) の形で表わされることを証明する.$M = \{0\}$ のときは自明であるから $M \neq \{0\}$ とする.補助定理 8.8 により,$x_M \in M$ が存在して

(8.32) $$\|x - x_M\| = \inf_{y \in M} \|x - y\|.$$

$x - x_M \in M^\perp$ であることを示そう.もしそうでないとすると,適当な $y_0 \in M$,$y_0 \neq 0$ が存在して,$(x - x_M, y_0) = \sigma \neq 0$. いま

$$y' = x_M + \frac{\sigma}{\|y_0\|^2} y_0$$

とおくと, $y' \in M$. そして
$$\|x - y'\|^2 = \left(x - x_M - \frac{\sigma}{\|y_0\|^2} y_0,\ x - x_M - \frac{\sigma}{\|y_0\|^2} y_0\right)$$
$$= \|x - x_M\|^2 - \frac{\overline{\sigma}}{\|y_0\|^2}(x - x_M, y_0)$$
$$\quad - \frac{\sigma}{\|y_0\|^2}(y_0, x - x_M) + \frac{|\sigma|^2}{\|y_0\|^2}$$
$$= \|x - x_M\|^2 - \frac{|\sigma|^2}{\|y_0\|^2} < \|x - x_M\|^2.$$

従って $\|x - y'\| < \|x - x_M\|$ となり, (8.32) に反する. ゆえに $x - x_M \in M^\perp$ である. $x - x_M = z$ とおけば
$$x = x_M + z, \quad x_M \in M,\ z \in M^\perp. \quad \text{(証終)}$$

分解 (8.30) における x_M を, x の M への**射影**という. また, 各 $x \in X$ にその射影 x_M を対応させる作用素を**射影作用素**という.

Hilbert 空間 X の 1 つの元 y が与えられたとき,
$$x^*(x) = (x, y) \quad (x \in X)$$
により x^* を定義すると, Schwarz の不等式 (補助定理 2.1) により $|x^*(x)| \leqq \|x\|\|y\|\ (x \in X)$. ゆえに, x^* は X で定義された有界線形汎関数である. 逆に

定理 8.9. (**F. Riesz の定理**) Hilbert 空間 X で定義された任意の有界線形汎関数 x^* (即ち $x^* \in X^*$) に対し, 1 つ, かつただ 1 つの $y \in X$ が対応して

(8.33) $\qquad x^*(x) = (x, y) \quad (x \in X)$

と表わされ,しかも
(8.34) $$\|x^*\| = \|y\|.$$

証明 $x^* \in X^*$ とし,$M = \{x \,;\, x^*(x) = 0\}$ とおく.M は X の閉線形部分空間である.$M = X$ ならば定理は自明である($y = 0$ と取ればよい)から,$M \neq X$ とする.このとき
$$z \in M^\perp, \quad \|z\| = 1$$
なる z が存在する.実際,$M \neq X$ のゆえ,定理 8.7 により,$\{0\} \subsetneq M^\perp$ である.$z' \in M^\perp$,$z' \neq 0$ なる z' を選び,$z = z'/\|z'\|$ とおけばよい.

$x^*(z) \neq 0$ であるから,定理 5.2 により,任意の $x \in X$ は
$$x = u + \alpha z \quad (\text{ただし } u \in M, \; \alpha \text{ は複素数})$$
なる形に一意的に表わせる.$(x, z) = (u, z) + \alpha(z, z) = \alpha$ であるから,
$$\begin{aligned}x^*(x) &= x^*(u + \alpha z) = x^*(u) + \alpha x^*(z) \\ &= \alpha x^*(z) = x^*(z)(x, z) = (x, \overline{x^*(z)} z).\end{aligned}$$
$y = \overline{x^*(z)} z$ とおくと
$$x^*(x) = (x, y) \quad (x \in X).$$
ゆえに,(8.33) を満足する y が存在する.しかもこのような y は一意的に定まる.なぜなら,$(x, y) = x^*(x) = (x, y')$ $(x \in X)$ とすると $(x, y - y') = 0$ $(x \in X)$,よって $y - y' = 0$.最後に (8.34) を示す.

Schwarz の不等式により
$$|x^*(x)| = |(x, y)| \leqq \|x\| \|y\| \quad (x \in X),$$

ゆえに $\|x^*\| \leq \|y\|$. 一方, (8.33) において $x = y$ とおくと $\|y\|^2 = x^*(y) \leq \|x^*\|\|y\|$, それゆえ $\|y\| \leq \|x^*\|$. 従って (8.34) を得る.　　　　　　　　　　　　　　（証終）

上の定理から, Hilbert 空間 X はつねにそれ自身の共役空間, 即ち $X = X^*$ と考えることができる.

§9. 共役作用素

定義 9.1. X, Y をノルム空間とし, T を $\overline{D(T)} = X$, $R(T) \subset Y$ なる線形作用素とする. 各 $y^* \in Y^*$ に対し, $D(T)$ を定義域とする線形汎関数 x^* が

(9.1) 　　$x^*(x) = y^*(Tx)$ $(x \in D(T))$

によって定義される. x^* は必ずしも有界ではない. いま, この x^* が ($D(T)$ 上の) 有界線形汎関数になるような $y^* \in Y^*$ の全体を $D(T^*)$ で表わす. 明らかに Y 上の零汎関数 0 は $D(T^*)$ の元である. さて, $\overline{D(T)} = X$ であるから, 各 $y^* \in D(T^*)$ に対して (9.1) により定義される x^* は, X 上の有界線形汎関数 (同じ記号 x^* で表わす) に一意的に拡張され, しかもこのような $x^* \in X^*$ は一意的に定まる; y^* ($\in D(T^*)$) にこの $x^* \in X^*$ を対応させる作用素を T^* で表わし, T の**共役作用素**という. 従って, 共役作用素 T^* は $D(T^*) \subset Y^*$, $R(T^*) \subset X^*$ なる作用素で, $x^* = T^*y^*$ は $x^*(x) = y^*(Tx)$ $(x \in D(T))$ を意味している. また, T^* は線形作用素であることが容易に

わかる.

定理 9.1. 共役作用素 T^* は閉作用素である.

証明 $y_n^* \in D(T^*)$ $(n=1,2,\cdots)$, $\lim_{n\to\infty} y_n^* = y^*$, かつ $\lim_{n\to\infty} T^* y_n^* = x^*$ とする.

$x^*(x) = \lim_{n\to\infty} (T^* y_n^*)(x)$

$= \lim_{n\to\infty} y_n^*(Tx) = y^*(Tx)$ $(x \in D(T))$, $x^* \in X^*$

であるから, $y^* \in D(T^*)$ で, かつ $x^* = T^* y^*$. よって T^* は閉作用素である. (証終)

定理 9.2. T がノルム空間 X からノルム空間 Y への有界線形作用素ならば, その共役作用素 T^* は Y^* から X^* への有界線形作用素で, $\|T^*\| = \|T\|$.

証明 任意の $y^* \in Y^*$ に対し, x^* を (9.1) により定義する. $|x^*(x)| = |y^*(Tx)| \leq \|y^*\| \|T\| \|x\|$ $(x \in X)$ であるから, $y^* \in D(T^*)$, かつ $\|T^* y^*\| = \|x^*\| \leq \|T\| \|y^*\|$. よって T^* は Y^* から X^* への有界線形作用素で, $\|T^*\| \leq \|T\|$. 一方, 定理 7.1 から

$\|Tx\| = \sup_{\|y^*\| \leq 1} |y^*(Tx)| = \sup_{\|y^*\| \leq 1} |(T^* y^*)(x)|$

$\leq \sup_{\|y^*\| \leq 1} \|T^* y^*\| \|x\| = \|T^*\| \|x\|$ $(x \in X)$.

ゆえに $\|T\| \leq \|T^*\|$ となり, $\|T^*\| = \|T\|$ を得る.

(証終)

系 9.3. T がノルム空間 X からノルム空間 Y への有界線形作用素ならば, T^{**} $(=(T^*)^*)$ は X^{**} から Y^{**} への有界線形作用素で, $x \in X$ に対して $T^{**} x = Tx$.

証明 前定理により T^* が Y^* から X^* への有界線形作用素であるから,再び同定理を用いて,T^{**} は X^{**} から Y^{**} への有界線形作用素である.次に,J を X から X^{**} への自然な写像とし,$x \in X$ に対して $x^{**} = Jx$ とおく.このとき

$$[T^{**}(x^{**})](y^*) = x^{**}(T^*y^*)$$
$$= (T^*y^*)(x) = y^*(Tx) \quad (y^* \in Y^*).$$

J' を Y から Y^{**} への自然な写像とすると,上式は $T^{**}(x^{**}) = J'(Tx)$ を示している.従って,x と x^{**} ($= Jx$),および Tx と $J'(Tx)$ を同一視すると,$T^{**}x = Tx$.

(証終)

系 9.4. X, Y, Z をノルム空間とする.

(i) T_i ($i=1,2$) が X から Y への有界線形作用素ならば

$$(T_1+T_2)^* = T_1^* + T_2^*, \quad (\alpha T_1)^* = \alpha T_1^* \quad (\alpha \in \Phi).$$

(ii) T が X から Y への有界線形作用素,S が Y から Z への有界線形作用素ならば,$(ST)^* = T^*S^*$.

証明 (i) $y^* \in Y^*$,$x \in X$ に対して

$[(T_1+T_2)^*y^*](x)$
$= y^*((T_1+T_2)x) = y^*(T_1x) + y^*(T_2x)$
$= (T_1^*y^*)(x) + (T_2^*y^*)(x) = (T_1^*y^* + T_2^*y^*)(x)$

であるから,$(T_1+T_2)^*y^* = T_1^*y^* + T_2^*y^* = (T_1^* + T_2^*)y^*$ ($y^* \in Y^*$).ゆえに $(T_1+T_2)^* = T_1^* + T_2^*$.同様にして $(\alpha T_1)^* = \alpha T_1^*$ が得られる.

(ii) $z^* \in Z^*$,$x \in X$ に対して

$$[(ST)^*z^*](x)$$
$$= z^*((ST)x) = z^*(S(Tx)) = (S^*z^*)(Tx)$$
$$= [T^*(S^*z^*)](x) = [(T^*S^*)z^*](x).$$

ゆえに $(ST)^*z^* = (T^*S^*)z^*$ $(z^* \in Z^*)$, 即ち $(ST)^* = T^*S^*$. (証終)

定理 9.5. T がノルム空間 X からノルム空間 Y の上への 1 対 1 有界線形作用素で,しかも T^{-1} が有界ならば, $(T^*)^{-1}$ が存在して, $(T^*)^{-1}$ は X^* から Y^* への有界線形作用素で,かつ $(T^*)^{-1} = (T^{-1})^*$.

証明 I を Y における恒等作用素, 即ち $Iy = y$ $(y \in Y)$ とする. このとき, I^* は Y^* における恒等作用素である. 仮定から $T \in B(X,Y)$, $T^{-1} \in B(Y,X)$ で, $TT^{-1} = I$ であるから, 系 9.4 (ii) により $(T^{-1})^*T^* = I^*$, 即ち

(9.2) $\quad (T^{-1})^*T^*y^* = y^*$ $(y^* \in Y^*)$.

よって $T^*y^* = 0$ ならば $y^* = 0$ となり, $(T^*)^{-1}$ が存在する.

次に, I を X における恒等作用素とすると, I^* は X^* における恒等作用素である. $T^{-1}T = I$ のゆえ, 系 9.4 (ii) によって $T^*(T^{-1})^* = I^*$, 即ち

(9.3) $\quad T^*(T^{-1})^*x^* = x^*$ $(x^* \in X^*)$.

ゆえに $(T^{-1})^* = (T^*)^{-1}$. 定理 9.2 により $(T^{-1})^*$ は X^* から Y^* への有界線形作用素であるから, $(T^*)^{-1}$ もそうである. (証終)

例 9.1. (α_{ij}) を実数からなる (m,n) 行列とし, 各 x

$= (\xi_1, \xi_2, \cdots, \xi_n) \in R^n$ に

(9.4) $\quad \eta_i = \sum_{j=1}^{n} \alpha_{ij} \xi_j \ (i = 1, 2, \cdots, m)$

で定まる $y = (\eta_1, \eta_2, \cdots, \eta_m)$ を対応させる作用素 T は R^n から R^m への有界線形作用素である（例 3.1 参照）．このとき T の共役作用素 T^* は，R^m から R^n への有界線形作用素で，(α_{ij}) の転置行列 (α'_{ij})（従って $\alpha'_{ij} = \alpha_{ji}$）によって次のように表現される：$y^* = (\alpha_1, \alpha_2, \cdots, \alpha_m) \in R^m = (R^m)^*$, $T^* y^* = x^* = (\beta_1, \beta_2, \cdots, \beta_n) \in R^n = (R^n)^*$ のとき

(9.5) $\quad \beta_i = \sum_{j=1}^{m} \alpha'_{ij} \alpha_j \ (i = 1, 2, \cdots, n)$.

実際，$(R^m)^* = R^m$, $(R^n)^* = R^n$ であるから，定理 9.2 により，T^* は R^m から R^n への有界線形作用素で，かつ

$$x^*(x) = (T^* y^*)(x) = y^*(Tx)$$
$$= \sum_{i=1}^{m} \alpha_i \eta_i = \sum_{i=1}^{m} \alpha_i \sum_{j=1}^{n} \alpha_{ij} \xi_j = \sum_{j=1}^{n} \xi_j (\sum_{i=1}^{m} \alpha'_{ji} \alpha_i)$$
$$(x = (\xi_1, \xi_2, \cdots, \xi_n) \in R^n).$$

これと $x^*(x)$ が

$$x^*(x) = \sum_{j=1}^{n} \xi_j \beta_j$$

なる形に一意的に表わせることから

$$\beta_j = \sum_{i=1}^{m} \alpha'_{ji} \alpha_i \ (j = 1, 2, \cdots, n).$$

ここで i と j を入れ替えれば (9.5) が得られる.

例 9.2. $K(s,t)$ $(s,t \in (a,b))$ は可測関数で,

$$\int_a^b \int_a^b |K(s,t)|^q ds\, dt < \infty \quad (\text{ただし } 1 < q < \infty)$$

を満たすものとする. $1/p + 1/q = 1$ とし, 各 $x \in L^p(a,b)$ に対して $Tx = y$ を

$$(9.6) \qquad y(s) = \int_a^b K(s,t) x(t) dt$$

により定義すると, T は $L^p(a,b)$ から $L^q(a,b)$ への有界線形作用素である (例 3.3 参照). このとき, T の共役作用素 T^* は $L^p(a,b)$ から $L^q(a,b)$ への有界線形作用素で, $x^* = T^* y^*$ は

(9.7)

$$x^*(s) = \int_a^b K^*(s,t) y^*(t) dt, \quad K^*(s,t) = K(t,s)$$

によって与えられる.

実際, 定理 9.2 により, T^* は $(L^q(a,b))^* = L^p(a,b)$ から $(L^p(a,b))^* = L^q(a,b)$ への有界線形作用素である. $x^* = T^* y^* \in (L^p(a,b))^*$, $y^* \in (L^q(a,b))^*$ に対し, それぞれ 1 つ, かつただ 1 つの $x^*(t) \in L^q(a,b)$, $y^*(t) \in L^p(a,b)$ が対応して

$$x^*(x) = \int_a^b x(t) x^*(t) dt \quad (x \in L^p(a,b)),$$

$$y^*(y) = \int_a^b y(t) y^*(t) dt \quad (y \in L^q(a,b))$$

と表わされる（定理 8.5, 系 8.6 参照）. ところで

$$\begin{aligned}
x^*(x) &= (T^*y^*)(x) = y^*(Tx) \\
&= \int_a^b \left(\int_a^b K(s,t)x(t)dt \right) y^*(s)ds \\
&= \int_a^b \left(\int_a^b K(s,t)y^*(s)ds \right) x(t)dt \ (x \in L^p(a,b))
\end{aligned}$$

（ここで積分の順序交換を用いている.

$$\int_a^b |K(s,t)x(t)|dt \leq \|x\| \left(\int_a^b |K(s,t)|^q dt \right)^{1/q}$$

から,

$$\int_a^b \left(\int_a^b |K(s,t)x(t)y^*(s)|dt \right) ds$$

$$\leq \|x\|\|y^*\| \left(\int_a^b \int_a^b |K(s,t)|^q ds\, dt \right)^{1/q} < \infty ;$$

従って Fubini（フビニ）の定理により積分順序の交換が許される）であるから

$$x^*(t) = \int_a^b K(s,t)y^*(s)ds = \int_a^b K^*(t,s)y^*(s)ds.$$

ここで t と s とを入れ替えて（9.7）を得る.

第4章の問題

1. X をノルム空間とする. X_0 が X で稠密な線形部分空間ならば, $X_0^* = X^*$ であることを証明せよ.

2. X が Banach 空間ならば, $R(J)$（従って X）は X^{**} の

閉線形部分空間であることを示せ. ここに J は X から X^{**} への自然な写像とする.

3. Banach 空間 X は回帰的であるか, または $X^{2*}, X^{4*}, \cdots,$ $X^{2n*}, \cdots$ (ただし $X^{2*} = X^{**}$, $X^{(n+1)*} = (X^{n*})^*$ ($n = 2, 3,$ $\cdots$)) がことごとく異なるかのいずれかである, ことを証明せよ.

4. ノルム空間 X の点列 $\{x_n\}$ が**弱 Cauchy 点列**であるとは, 任意の $x^* \in X^*$ に対して $\{x^*(x_n)\}$ が Cauchy 数列となることである. X における任意の弱 Cauchy 点列が弱極限をもつとき, X は**弱完備**であるという. 次の (i), (ii) を証明せよ.

(i) X が回帰的ならば, X は弱完備である.

(ii) 空間 (c) は弱完備でない.

5. X をノルム空間とし, $x \in X$, $\{x_n\} \subset X$ とする. $x =$ $\underset{n\to\infty}{w\text{-}\lim} x_n$ であるための必要十分条件は, (i) $\{\|x_n\|\}$ が有界, (ii) X^* の部分集合 Γ が存在し, $\underset{n\to\infty}{\lim} x^*(x_n) = x^*(x)$ ($x^* \in \Gamma$), かつ Γ から生成される線形部分空間が X^* において稠密であることである.

6. 次の (i)〜(iii) を示せ.

(i) 空間 (c) は可分である.

(ii) $1 < p < \infty$ ならば, 空間 (l^p) は回帰的である.

(iii) 空間 $(c), (l), (l^\infty)$ は, いずれも回帰的でない.

7. 次の (i)〜(iv) を証明せよ.

(i) 空間 $C[a,b]$, $L^p(a,b)$ ($1 \leq p < \infty$) は可分である.

(ii) 空間 $L^\infty(a,b)$ は可分でない.

(iii) $1 < p < \infty$ ならば, 空間 $L^p(a,b)$ は回帰的である.

(iv) 空間 $C[a,b], L(a,b)$, および $L^\infty(a,b)$ は回帰的でない.

8. M が Hilbert 空間 X の空でない部分集合のとき, 次の (i)〜(iii) を示せ.

(i) $M \subset M^{\perp\perp}(=(M^\perp)^\perp)$.

(ii) $x \in M \cap M^\perp$ ならば $x = 0$.

(iii) $M^\perp$ は閉線形部分空間である.

9. $M (\neq \{0\})$ を Hilbert 空間 X の閉線形部分空間とし, P を X から M 上への射影作用素とすると,

(i) P は有界線形作用素で, $\|P\| = 1$,

(ii) $P^2 = P$,

(iii) $P^* = P$

が成立することを証明せよ.

10. P が Hilbert 空間 X からそれ自身への有界線形作用素で, $P^2 = P$, かつ $P^* = P$ を満たすならば,

(i) $M = R(P)$ (P の値域) は閉線形部分空間である,

(ii) P は X から M の上への射影作用素である

ことを証明せよ.

11. X, Y をノルム空間とする. T が X から Y への有界線形作用素で, $\|Tx\| = \|x\|$ $(x \in X)$ を満足すれば,

(i) 任意の $x^* \in X^*$ に対し, $x^* = T^*y^*$, $\|x^*\| = \|y^*\|$ となる $y^* \in Y^*$ が存在する,

(ii) $\|T^{**}x^{**}\| = \|x^{**}\|$ $(x^{**} \in X^{**})$

を証明せよ.

12. X, Y をノルム空間とし, T は $D(T) \subset X$, $R(T) \subset Y$ なる線形作用素で, $\overline{D(T)} = X$ とする. $(T^*)^{-1}$ が存在するための必要十分条件は, $\overline{R(T)} = Y$ であることを証明せよ.

13. X, Y をノルム空間とし, T を $D(T) \subset X$, $R(T) \subset Y$ なる線形作用素とする. $\overline{D(T)} = X$, $\overline{R(T)} = Y$, かつ T^{-1} が存在するならば, $(T^*)^{-1} = (T^{-1})^*$ であることを示せ.

第5章 線形作用素方程式

§10. 線形作用素のスペクトルとレゾルベント

本節では，X は複素 Banach 空間（従って，その係数体 Φ は複素数体である）とし，X からそれ自身への線形作用素のみを取り扱う．

10.1. スペクトル，レゾルベント

T を $D(T) \subset X$，$R(T) \subset X$ なる線形作用素とする．このとき
$$T_\lambda = \lambda I - T \quad (\lambda \in \Phi,\ I は X における恒等作用素)$$
は $D(T)$ 上で定義される線形作用素である．T_λ に対して，次の場合が考えられる：

（I） T_λ^{-1} が存在して
  （I_1） $D(T_\lambda^{-1})$ は X で稠密，かつ T_λ^{-1} は有界作用素である，
  （I_2） $D(T_\lambda^{-1})$ は X で稠密，かつ T_λ^{-1} は有界作用素でない，
  （I_3） $D(T_\lambda^{-1})$ は X で稠密でない；

（Ⅱ） T_λ^{-1} が存在しない．

定義 10.1. （ⅰ）（I_1）が成立するような λ の全体を $\rho(T)$ で表わし，T の**レゾルベント集合**という．そして $R(\lambda;T) = T_\lambda^{-1} = (\lambda I - T)^{-1}$ $(\lambda \in \rho(T))$ を T の**レゾルベント**という．

（ⅱ）（I_2）が成立するような λ の全体を T の**連続スペクトル**といい，$\sigma_c(T)$ で表わす；（I_3）が成立するような λ の全体を T の**剰余スペクトル**といい，$\sigma_r(T)$ で表わす；（Ⅱ）を満たす λ の全体を $\sigma_p(T)$ で表わし，T の**点スペクトル**という．$\sigma(T) = \sigma_c(T) \cup \sigma_r(T) \cup \sigma_p(T)$ を T の**スペクトル**と呼ぶ．

定義から次の系が得られる．

系 10.1. $\rho(T), \sigma_c(T), \sigma_r(T), \sigma_p(T)$ は互いに素な集合で，

$$\Phi = \rho(T) \cup \sigma_c(T) \cup \sigma_r(T) \cup \sigma_p(T).$$

定義 10.2. $\lambda \in \sigma_p(T)$ のとき，λ を T の**固有値**という．そして $Tx = \lambda x$ を満足する $x \neq 0$ を，固有値 λ に対応する**固有ベクトル**という．また，$\mathfrak{N}_\lambda = \{x\,;\,Tx = \lambda x\}$ を，固有値 λ に対応する（T の）**固有空間**という．

10.2. 閉作用素のレゾルベント

定理 10.2. T を $D(T) \subset X$，$R(T) \subset X$ なる閉作用素とする．

（ⅰ） $\lambda \in \rho(T)$ であるための必要十分条件は，T_λ^{-1} が存在して，かつ $D(T_\lambda^{-1}) = X$．そしてこのとき $R(\lambda\,;\,T)$

§10. 線形作用素のスペクトルとレゾルベント

$\in B(X)$, 即ち $R(\lambda;T)$ は X からそれ自身への有界線形作用素である.

(ii) $\lambda, \mu \in \rho(T)$ ならば
(10.1) $\quad R(\lambda;T) - R(\mu;T)$
$\qquad = -(\lambda - \mu)R(\lambda;T)R(\mu;T).$

証明 T が閉作用素のゆえ,$T_\lambda = \lambda I - T$ も閉作用素であることに注意する.

(i) $\lambda \in \rho(T)$ ならば,定義から T_λ^{-1} が存在し,$D(T_\lambda^{-1})$ は X で稠密,かつ T_λ^{-1} は有界である. T_λ が閉作用素のゆえ,定理 4.8 により,T_λ^{-1} も閉作用素となる.$D(T_\lambda^{-1}) = X$ を示すため,任意に $x \in X$ をとる. $D(T_\lambda^{-1})$ が X で稠密なることから,$x_n \to x \; (n \to \infty)$ となる $D(T_\lambda^{-1})$ の点列 $\{x_n\}$ を選ぶことができる. $y_n = T_\lambda^{-1} x_n$ とおくと,$\{y_n\}$ は Cauchy 点列である. 実際,$\|y_n - y_m\| = \|T_\lambda^{-1} x_n - T_\lambda^{-1} x_m\| \leqq \|T_\lambda^{-1}\| \|x_n - x_m\| \to 0 \; (n, m \to \infty)$ であるから. X は完備であるから,$\lim_{n\to\infty} y_n = y$ となる点 $y \in X$ が存在する. 従って $\lim_{n\to\infty} x_n = x$ で,かつ $\lim_{n\to\infty} T_\lambda^{-1} x_n = y$. T_λ^{-1} が閉作用素ということから,$x \in D(T_\lambda^{-1})$ を得る. ゆえに $D(T_\lambda^{-1}) = X$ である. 逆に,T_λ^{-1} が存在して,$D(T_\lambda^{-1}) = X$ ならば,T_λ^{-1} は X 全体で定義された閉作用素であるから,閉グラフ定理(定理 4.9)によって $T_\lambda^{-1} \in B(X)$. ゆえに $\lambda \in \rho(T)$.

(ii) $R(\lambda;T)x = R(\lambda;T)(\mu I - T)R(\mu;T)x = R(\lambda;T)[(\mu - \lambda)I + (\lambda I - T)]R(\mu;T)x = (\mu - \lambda)R(\lambda;T)R(\mu;T)x + R(\lambda;T)(\lambda I - T)R(\mu;T)x = (\mu$

$-\lambda)R(\lambda;T)R(\mu;T)x+R(\mu;T)x$ $(x\in X)$. 従って，(10.1) が示された. (証終)

T が $D(T)\subset X$, $R(T)\subset X$ なる線形作用素のとき，T^n $(n=0,1,2,\cdots)$ を, $T^0=I$, および

(10.2)
$$\begin{cases} D(T^n)=\{x;x\in D(T^{n-1}),\ T^{n-1}x\in D(T)\} \\ T^n x=T(T^{n-1}x)\ (x\in D(T^n)) \end{cases} (n=1,2,3,\cdots)$$

により定義する. T^n は線形作用素である. 次に，n 次の多項式 $p(t)=\sum_{i=0}^{n}\alpha_i t^i$ に対し，$D(T^n)$ 上で定義される線形作用素 $p(T)$ を

$$p(T)x=\sum_{i=0}^{n}\alpha_i T^i x\ (x\in D(T^n))$$

により定義する. $p(t)$, $q(t)$, $r(t)$ を多項式とし，$s(t)=p(t)q(t)+r(t)$ とおくとき，$s(T)=p(T)q(T)+r(T)$ が成立している.

定理 10.3. T は $D(T)\subset X$, $R(T)\subset X$ なる閉作用素で，$\rho(T)\neq\emptyset$ とする. $p(t)$ を n 次の多項式とするとき，$p(T)$ は，$D(T^n)$ を定義域にもつ，閉作用素である.

証明 帰納法を用いる. $n\leq 1$ のとき，定理は真である. $n\leq k-1$ のとき，定理が成立していると仮定する. $\lambda_0\in\rho(T)$ を1つ選ぶ. $p(t)$ を k 次の多項式とすると，$p(t)=(\lambda_0-t)q(t)+r$ と表わせる. ここに $q(t)$ は $(k-1)$ 次の多項式で r は定数である. ゆえに $p(T)=(\lambda_0 I-T)q(T)+rI$. もし $(\lambda_0 I-T)q(T)$ が $D(T^k)$ 上で

定義された閉作用素であることが示されれば, $p(T)$ は $D(T^k)$ を定義域にもつ閉作用素となり, 定理が証明されたことになる. そこで, $(\lambda_0 I - T)q(T)$ が $D(T^k)$ 上で定義された閉作用素であることを示す. $x_n \in D(T^k)$, $x_n \to x$, かつ $(\lambda_0 I - T)q(T)x_n \to y$ $(n \to \infty)$ とする. $R(\lambda_0 ; T) = (\lambda_0 I - T)^{-1} \in B(X)$ (前定理参照) であるから

$$q(T)x_n = R(\lambda_0 ; T)(\lambda_0 I - T)q(T)x_n$$
$$\to R(\lambda_0 ; T)y \ (n \to \infty).$$

帰納法の仮定から, $q(T)$ は定義域 $D(T^{k-1})$ をもつ閉作用素である. ゆえに $x \in D(T^{k-1})$ で, かつ $q(T)x = R(\lambda_0 ; T)y$, 従って $(\lambda_0 I - T)(q(T)x) = y$. 最後に, $x \in D(T^k)$ を示す. $q(t) = \sum_{i=0}^{k-1} \alpha_i t^i$, $\alpha_{k-1} \neq 0$, と表わせるゆえ,

$$\alpha_{k-1}T^{k-1}x = q(T)x - \alpha_0 x - \alpha_1 Tx - \cdots - \alpha_{k-2}T^{k-2}x.$$

$q(T)x (= R(\lambda_0 ; T)y) \in D(T)$, また, $x \in D(T^{k-1})$ から $T^i x \in D(T)$ $(i = 0, 1, \cdots, k-2)$. それゆえ $\alpha_{k-1}T^{k-1}x \in D(T)$, 即ち $T^{k-1}x \in D(T)$ となり, $x \in D(T^k)$ が示された. (証終)

系 10.4. T を $D(T) \subset X$, $R(T) \subset X$ なる閉作用素とし, $\overline{D(T)} = X$, $\rho(T) \neq \emptyset$ とする. $p(t)$ を $n (\geq 1)$ 次の多項式とする. $p(T)$ が $D(T^n)$ 上で有界ならば, T は X 全体で定義された有界作用素, 即ち $T \in B(X)$ である.

証明 $\lambda_0 \in \rho(T)$ とすると, $D(T^k) = R(\lambda_0 ; T)^k [X]$ $(k = 1, 2, \cdots)$. これと $\overline{D(T)} = X$ という仮定とから,

(10.3) $\overline{D(T^k)} = X \ (k = 1, 2, \cdots)$.

実際,$k=1$ のとき (10.3) は真である(定理の仮定). $\overline{D(T^k)} = X$ が成立したとすると,$D(T^{k+1}) = R(\lambda_0 ; T) \cdot [R(\lambda_0 ; T)^k X] = R(\lambda_0 ; T)[D(T^k)]$, および $R(\lambda_0 ; T)$ の連続性から,$\overline{D(T^{k+1})} \supset R(\lambda_0 ; T)[\overline{D(T^k)}] = R(\lambda_0 ; T)[X] = D(T)$. $\overline{D(T)} = X$ のゆえ,$\overline{D(T^{k+1})} = X$. 従って,すべての自然数に対して (10.3) が成立している. とくに $\overline{D(T^n)} = X$ である. 定理 10.3 により $p(T)$ は,$D(T^n)$ を定義域にもつ閉作用素で,しかも(仮定により)有界である. よって $D(T^n) = X$, それゆえ $D(T) = X$. 結局 T は X 全体で定義された閉作用素である;従って閉グラフ定理により $T \in B(X)$. (証終)

定理 10.5. (i) $T \in B(X)$, 即ち T は X からそれ自身への有界線形作用素とする. $|\lambda| > \|T\|$ ならば,$\lambda \in \rho(T)$, かつ $R(\lambda ; T) = \sum_{n=0}^{\infty} T^n/\lambda^{n+1} (\in B(X))$ [1]. (従って,$T \in B(X)$ に対して $\rho(T) \neq \emptyset$ である.)

T が $D(T) \subset X$, $R(T) \subset X$ なる閉作用素のとき,次の (ii), (iii) が成り立つ.

(ii) $\lambda \in \rho(T)$ ならば,$\{\mu ; |\mu - \lambda| < \|R(\lambda ; T)\|^{-1}\} \subset \rho(T)$(従って $\rho(T)$ は開集合である),かつ $|\mu - \lambda| < \|R(\lambda ; T)\|^{-1}$ なる $\mu \in \Phi$ に対して (10.4), (10.5) が成立する;

---

[1] $\|R(\lambda ; T) - \sum_{n=0}^{k} T^n/\lambda^{n+1}\| \to 0 \ (k \to \infty)$ の意味で収束している.

(10.4)
$$R(\mu;T) = \sum_{n=0}^{\infty}(-1)^n(\mu-\lambda)^n R(\lambda;T)^{n+1},$$

(10.5) $\quad \|R(\mu;T)\|$
$$\leq \|R(\lambda;T)\|(1-|\mu-\lambda|\|R(\lambda;T)\|)^{-1}.$$

(iii) $d^n R(\lambda;T)/d\lambda^n = (-1)^n n![R(\lambda;T)]^{n+1}$ ($\lambda \in \rho(T)$, $n=1,2,\cdots$).

注意 Δ を複素平面の開部分集合とし, $g:\Delta \to B(X)$ とする (即ち g は $\lambda \in \Delta$ に $B(X)$ の元を対応させる関数である). $\lambda \in \Delta$ とする. 或る $g_\lambda \in B(X)$ が存在して $\lim_{h\to 0}h^{-1}(g(\lambda+h)-g(\lambda))=g_\lambda$, 即ち $\lim_{h\to 0}\|h^{-1}(g(\lambda+h)-g(\lambda))-g_\lambda\|=0$ となるとき, $dg(\lambda)/d\lambda=g_\lambda$ とかく. 通常の高次導関数の場合と同様に, $d^n g(\lambda)/d\lambda^n=(d/d\lambda)\cdot(d^{n-1}g(\lambda)/d\lambda^{n-1})$ ($n=2,3,\cdots$) により $d^n g(\lambda)/d\lambda^n$ を定義する. $d^n g(\lambda)/d\lambda^n$ を $g^{(n)}(\lambda)$ ともかく.

定理 10.5 の証明 (i) $|\lambda|>\|T\|$ とする. $\|I-(I-\frac{1}{\lambda}T)\|=\|T\|/|\lambda|<1$ であるから, 定理 3.8 により $(I-\frac{1}{\lambda}T)^{-1}=\sum_{n=0}^{\infty}(T/\lambda)^n \in B(X)$. ゆえに $(\lambda I - T)^{-1}=\left[\lambda\left(I-\frac{1}{\lambda}T\right)\right]^{-1}=\lambda^{-1}\left(I-\frac{1}{\lambda}T\right)^{-1}=\sum_{n=0}^{\infty}T^n/\lambda^{n+1}$, かつ $\lambda \in \rho(T)$ である.

(ii) $\lambda \in \rho(T)$ とし, $|\mu-\lambda|<\|R(\lambda;T)\|^{-1}$ とする. (T が閉作用素のゆえ, 定理 10.2 (i) より $R(\lambda;T)\in B(X)$ であることに注意する.) $\|I-[I+(\mu-\lambda)R(\lambda;$

$T)]\| = |\mu - \lambda| \|R(\lambda ; T)\| < 1$ であるから,定理 3.8 より $[I + (\mu - \lambda)R(\lambda ; T)]^{-1} = \sum_{n=0}^{\infty} (-1)^n (\mu - \lambda)^n R(\lambda ; T)^n$ $\in B(X)$. これと $\mu I - T = [I + (\mu - \lambda)R(\lambda ; T)](\lambda I - T)$ とより

$$\begin{aligned}(\mu I - T)^{-1} &= (\lambda I - T)^{-1}[I + (\mu - \lambda)R(\lambda ; T)]^{-1} \\ &= R(\lambda ; T) \sum_{n=0}^{\infty} (-1)^n (\mu - \lambda)^n R(\lambda ; T)^n \\ &\in B(X).\end{aligned}$$

よって $\mu \in \rho(T)$ となり,$R(\mu ; T)(= (\mu I - T)^{-1}) = \sum_{n=0}^{\infty} (-1)^n (\mu - \lambda)^n R(\lambda ; T)^{n+1}$, $\|R(\mu ; T)\| \leq \sum_{n=0}^{\infty} |\mu - \lambda|^n \|R(\lambda ; T)\|^{n+1} = \|R(\lambda ; T)\|(1 - |\mu - \lambda| \|R(\lambda ; T)\|)^{-1}$ を得る.

(iii) $\lambda \in \rho(T)$ とし,$0 < |\mu - \lambda| < \|R(\lambda ; T)\|^{-1}$ とする.すると (ii) より,$\mu \in \rho(T)$,かつ (10.5) が成立する.また,定理 10.2 (ii) により

(10.6) $\quad R(\mu ; T) - R(\lambda ; T)$
$\quad = -(\mu - \lambda)R(\mu ; T)R(\lambda ; T).$

これと (10.5) とから,$\|R(\mu ; T) - R(\lambda ; T)\| \leq |\mu - \lambda| \|R(\mu ; T)\| \|R(\lambda ; T)\| \leq |\mu - \lambda| \|R(\lambda ; T)\|^2 (1 - |\mu - \lambda| \|R(\lambda ; T)\|)^{-1} \to 0 \ (\mu \to \lambda)$,即ち $\lim_{\mu \to \lambda} R(\mu ; T) = R(\lambda ; T)$ を得る.従って (10.6) の両辺を $\mu - \lambda$ で割って,$\mu \to \lambda$ とすると

(10.7)　$dR(\lambda\,;T)/d\lambda$
$$= \lim_{\mu \to \lambda} [R(\mu\,;T) - R(\lambda\,;T)]/(\mu-\lambda)$$
$$= -[R(\lambda\,;T)]^2$$

を得, $n=1$ のとき (iii) が成立する. いま, $d^k R(\lambda\,;T)/d\lambda^k (= R^{(k)}(\lambda\,;T)) = (-1)^k k! [R(\lambda\,;T)]^{k+1}$ が成立したとすると

$$[R^{(k)}(\mu\,;T) - R^{(k)}(\lambda\,;T)]/(\mu-\lambda)$$
$$= (-1)^k k! ([R(\mu\,;T)]^{k+1}$$
$$\qquad - [R(\lambda\,;T)]^{k+1})/(\mu-\lambda)$$
$$= (-1)^k k! \left(\sum_{j=0}^{k} [R(\mu\,;T)]^{k-j} [R(\lambda\,;T)]^j \right)$$
$$\quad \times [R(\mu\,;T) - R(\lambda\,;T)]/(\mu-\lambda).$$

((10.6) から $R(\mu\,;T)$ と $R(\lambda\,;T)$ は可換である. 上でこのことを用いている.) ここで $\mu \to \lambda$ とすると, (10.7) および $\lim_{\mu \to \lambda} [R(\mu\,;T)]^l = [R(\lambda\,;T)]^l$ ($l=1, 2, \cdots$) より

$$d^{k+1} R(\lambda\,;T)/d\lambda^{k+1}$$
$$= \lim_{\mu \to \lambda} [R^{(k)}(\mu\,;T) - R^{(k)}(\lambda\,;T)]/(\mu-\lambda)$$
$$= (-1)^{k+1}(k+1)! [R(\lambda\,;T)]^{k+2}$$

が得られる. ゆえに, すべての自然数 n に対して $d^n R(\lambda\,;T)/d\lambda^n = (-1)^n n! [R(\lambda\,;T)]^{n+1}$ が成立する.

(証終)

定理 10.6. T が X からそれ自身への有界線形作用素

ならば，$\rho(T) = \rho(T^*)$ で，かつ $R(\lambda\,;T^*) = R(\lambda\,;T)^*$ $(\lambda \in \rho(T))$.

証明 $\lambda \in \rho(T)$ とすると，$\lambda I - T$ は X からそれ自身の上への1対1有界線形作用素で，$R(\lambda\,;T) = (\lambda I - T)^{-1}$ は有界である．定理9.5から $[(\lambda I - T)^*]^{-1}$ が存在し，それは X^* からそれ自身への有界線形作用素で，かつ $[(\lambda I - T)^*]^{-1} = R(\lambda\,;T)^*$．$(\lambda I - T)^* = \lambda I^* - T^*$ (ここに I^* は X^* における恒等作用素) であるから，$\lambda \in \rho(T^*)$，かつ $R(\lambda\,;T^*) = R(\lambda\,;T)^*$．結局 $\rho(T) \subset \rho(T^*)$，$R(\lambda\,;T^*) = R(\lambda\,;T)^*$ $(\lambda \in \rho(T))$ が示された．次に，$\rho(T^*) \subset \rho(T)$ を示す．$\lambda \in \rho(T^*)$ ならば，$\lambda I^* - T^*$ は X^* からそれ自身の上への1対1有界線形作用素で，しかも $R(\lambda\,;T^*) = (\lambda I^* - T^*)^{-1}$ は有界作用素である．再び定理9.5を用いると，$[(\lambda I^* - T^*)^*]^{-1} = (\lambda I^{**} - T^{**})^{-1}$ が存在し，かつ X^{**} からそれ自身への有界作用素である．$x \in X$ のとき $I^{**}x = Ix$，$T^{**}x = Tx$ (系9.3) であるから，$(\lambda I - T)^{-1}$ が存在して，それは $R(\lambda I - T)$ から X への有界作用素である．それゆえ $\overline{R(\lambda I - T)} = X$ が示されれば，$\lambda \in \rho(T)$ となり，$\rho(T^*) \subset \rho(T)$．さて $\overline{R(\lambda I - T)} = X$ を証明する．もし $\overline{R(\lambda I - T)} \neq X$ とすると，$x_0 \notin \overline{R(\lambda I - T)}$ なる $x_0 \in X$ が存在する．系6.4により

$$x_0^*(y) = 0 \ (y \in \overline{R(\lambda I - T)}),\ x_0^*(x_0) = 1$$

を満たす $x_0^* \in X^*$ が選べる．従って $[(\lambda I^* - T^*)x_0^*](x) = x_0^*[(\lambda I - T)x] = 0 \ (x \in X)$，即ち $(\lambda I^* - T^*)x_0^* = 0$；

かつ $x_0^* \neq 0$. これは $\lambda \in \rho(T^*)$ に反する. よって $\overline{R(\lambda I - T)} = X$. (実は $R(\lambda I - T) = X$ であることが容易にわかる.) (証終)

注意 (ⅰ) T が $D(T) \subset X$, $R(T) \subset X$ なる閉作用素で $\overline{D(T)} = X$ ならば, $\rho(T) = \rho(T^*)$, $R(\lambda\,;T^*) = R(\lambda\,;T)^*$ $(\lambda \in \rho(T))$ が成立することが証明できる. (ⅱ) $T \in B(X)$ とする. $X \neq \{0\}$ のとき, $\sigma(T) \neq \emptyset$ ということが示される. さらに $r(T) = \sup\{|\lambda|\,;\lambda \in \sigma(T)\}$ とおくと, $r(T) = \lim_{n\to\infty} \|T^n\|^{1/n} (\leq \|T\|)$, かつ $|\lambda| > r(T)$ ならば $\lambda \in \rho(T)$ であることが証明できる. $r(T)$ を T のスペクトル半径という.

§11. 完全連続作用素

11.1. 完全連続作用素の定義, F. Riesz の補助定理

ノルム空間 X の部分集合 X_0 が**点列コンパクト**であるとは, X_0 の任意の点列 $\{x_n\}$ が X の点に収束するような部分列をもつことである.

定義 11.1. X, Y をノルム空間とする. $D(T) = X$, $R(T) \subset Y$ なる線形作用素 T が X の任意の有界集合を (Y の) 点列コンパクトな集合に写像するとき, T は X から Y への**完全連続作用素**または**コンパクト作用素**であるという. 換言すれば, T が完全連続であるとは "X の任意の有界点列 $\{x_n\}$ に対して, その部分列 $\{x_{n_i}\}$ を適当

に選んで，$\{Tx_{n_i}\}$ が Y の或る元に収束する"ようにできることである.

系 11.1. ノルム空間 X からノルム空間 Y への完全連続作用素 T は有界作用素である.

証明 $A = \{Tx\,;\, \|x\| \leqq 1\}$ とおくと，A は点列コンパクトであるから有界集合である[1]. 従って適当な定数 $M \geqq 0$ が存在し，$\|x\| \leqq 1$ ならば $\|Tx\| \leqq M$, 即ち
$$\sup_{\|x\| \leqq 1} \|Tx\| \leqq M.$$
(証終)

ノルム空間 X から有限次元のノルム空間 Y への有界線形作用素 T は，つねに完全連続である．なぜならば，X の任意の有界集合は，T によって Y の有界集合に写像され，しかも有限次元の空間 Y では有界集合は点列コンパクトであるから（Bolzano-Weierstrass（ボルツァノ・ワイエルシュトラス）の定理）. しかし，Y が無限次元の場合には，そうはいかない．例えば，無限次元のノルム空間 X からそれ自身への恒等作用素 I は有界作用素であるが，完全連続でないことが次のようにして示される．はじめに

補助定理 11.2.（F. Riesz の補助定理） E がノルム空間 X の閉線形部分空間で，$E \neq X$ ならば，任意の $\varepsilon > 0$ に対して

(11.1) $\|x_\varepsilon\| = 1$,
$\quad \mathrm{dis}(x_\varepsilon, E) \equiv \inf\{\|x_\varepsilon - x\|\,;\, x \in E\} \geqq 1-\varepsilon$

---

[1] A が有界でないとすると，任意の自然数 n に対し，$\|y_n\| \geqq n$ となる $y_n \in A$ が存在する．$\{y_n\}$ は Y の点に収束する部分列を含まないから，A は点列コンパクトでない.

を満足する $x_\varepsilon \in X$ が存在する.

証明 $y \notin E$ なる $y(\in X)$ を選ぶ. E は閉集合であるから
$$\mathrm{dis}(y, E) = \inf\{\|y-x\| \,;\, x \in E\} = d > 0.$$
$\varepsilon \geqq 1$ のときは定理は自明であるから, $0 < \varepsilon < 1$ とする. このとき
$$d\left(1 + \frac{\varepsilon}{1-\varepsilon}\right) > \|y - z_\varepsilon\| \;(\geqq d)$$
を満たす $z_\varepsilon \in E$ が存在する. $x_\varepsilon = (y - z_\varepsilon)/\|y - z_\varepsilon\|$ とおくと, $\|x_\varepsilon\| = 1$. そして任意の $x \in E$ に対して
$$\|x_\varepsilon - x\| = \left\|\frac{y - z_\varepsilon}{\|y - z_\varepsilon\|} - x\right\|$$
$$= \frac{1}{\|y - z_\varepsilon\|}\|y - (z_\varepsilon + \|y - z_\varepsilon\|x)\|.$$
$z_\varepsilon + \|y - z_\varepsilon\|x \in E\;(x \in E)$ であるから $\|y - (z_\varepsilon + \|y - z_\varepsilon\|x)\| \geqq d$; よって
$$\|x_\varepsilon - x\| \geqq d/\|y - z_\varepsilon\|$$
$$> \left(1 + \frac{\varepsilon}{1-\varepsilon}\right)^{-1} = 1 - \varepsilon \;(x \in E).$$
ゆえに $\mathrm{dis}(x_\varepsilon, E) \geqq 1 - \varepsilon$. (証終)

定理 11.3. ノルム空間 X の任意の有界集合が点列コンパクトであるための必要十分条件は, X が有限次元なことである.

証明 (必要性) X が無限次元であると仮定する. $\|x_1\| = 1$ なる元 $x_1(\in X)$ をとり, $\{x_1\}$ から生成される線形

部分空間を X_1 とする,即ち $X_1 = \{\alpha x_1 ; \alpha \in \Phi\}$. X は無限次元のゆえ $X_1 \neq X$,かつ X_1 は X の閉線形部分空間である.$\varepsilon = 1/2$ として補助定理 11.2 を用いると,

$$\mathrm{dis}(x_2, X_1) \geq 1/2, \ \|x_2\| = 1$$

なる x_2 が存在する.次に,$\{x_1, x_2\}$ から生成される線形部分空間を X_2 とすると,X_2 は X の閉線形部分空間(系 5.5(ii)参照)で,X が無限次元であることから $X_2 \neq X$. 再び補助定理 11.2 によって

$$\mathrm{dis}(x_3, X_2) \geq 1/2, \ \|x_3\| = 1$$

なる x_3 が存在する.この議論を続けて

(11.2) $\qquad \|x_n\| = 1 \ (n = 1, 2, \cdots)$

(11.3) $\qquad \begin{cases} X_n \subset X_{n+1}, \\ \mathrm{dis}(x_{n+1}, X_n) \geq 1/2 \end{cases} (n = 1, 2, \cdots)$

を満たす点列 $\{x_n\}$,および閉線形部分空間の列 $\{X_n\}$ が得られる.ここに X_n は $\{x_1, x_2, \cdots, x_n\}$ から生成される線形部分空間である.

さて,(11.2) から,$\{x_1, x_2, \cdots, x_n, \cdots\}$ は有界集合である.しかし点列コンパクトではない.なぜならば,(11.3) から

$$\|x_n - x_m\| \geq 1/2 \ (n \neq m).$$

(仮りに $n > m$ とする.(11.3) より,$x_m \in X_m \subset X_{n-1}$, $\|x_n - x_m\| \geq \mathrm{dis}(x_n, X_{n-1}) \geq 1/2$ となり,上の不等式が得られる.)従って $\{x_1, x_2, \cdots, x_n, \cdots\}$ は収束部分列をもたない,それゆえ点列コンパクトでない.

(十分性)Bolzano-Weierstrass の定理から明らか.

(証終)

系 11.4. 無限次元のノルム空間 X における恒等作用素 I は, 完全連続作用素でない.

証明 I が完全連続であるとすると, X の任意の有界集合が点列コンパクトになるから, 上の定理によって X は有限次元でなければならない. (証終)

例 11.1. $[a,b]$ を有界閉区間とし, $K(s,t)$ ($s,t \in [a,b]$) を 2 変数 s,t の連続関数とする. $C[a,b]$ 上の作用素 T を

$$(Tx)(s) = \int_a^b K(s,t)x(t)dt \quad (x \in C[a,b])$$

によって定義する. このような作用素を**積分作用素**という. T が $C[a,b]$ からそれ自身への有界線形作用素であることは明らかである. T が完全連続であることを示そう.

ε を任意の正数とする. $K(s,t)$ は $[a,b] \times [a,b]$ 上で一様連続であるから, 適当に $\delta > 0$ を選んで, $|s_1 - s_2| < \delta$ ならば $|K(s_1,t) - K(s_2,t)| < \varepsilon(b-a)^{-1}$ ($t \in [a,b]$) とできる. 従って, $|s_1 - s_2| < \delta$ ならば

$$|(Tx)(s_1) - (Tx)(s_2)| \leq \int_a^b |K(s_1,t) - K(s_2,t)||x(t)|dt$$

$$\leq \varepsilon \|x\| \quad (x \in C[a,b]).$$

これは, $C[a,b]$ の任意の有界集合 A の T による像 $T(A) = \{(Tx)(\cdot) ; x \in A\}$ が, 同程度一様連続な関数族であることを示している. さらに $T(A)$ は $C[a,b]$ の有界集合である. それゆえ, Ascoli-Arzelà (アスコリ・アル

ツェラ）の定理により，$T(A)$ は点列コンパクトである．従って，T は完全連続作用素である．

注意 $E(\subset C[a,b])$ が**同程度一様連続**な関数族であるとは，任意の $\varepsilon>0$ に対して，適当に $\delta>0$ を選んで，$t,t'\in[a,b]$，$|t-t'|<\delta$ ならば，どの $x\in E$ に対しても $|x(t)-x(t')|<\varepsilon$ であるようにできることをいう．

Ascoli-Arzelà の定理 $E(\subset C[a,b])$ が点列コンパクトであるための必要十分条件は，E が $C[a,b]$ の有界集合で，かつ E が同程度一様連続な関数族であることである．（証明は付録参照）．

11.2. 完全連続作用素の性質

定理 11.5. T をノルム空間 X からノルム空間 Y への有界線形作用素とする．

（i） T が完全連続であれば

(11.4) $\quad w\text{-}\lim_{n\to\infty} x_n = x$ ならば $\lim_{n\to\infty} Tx_n = Tx$

が成立する．

（ii） X が回帰的な Banach 空間のとき，T が完全連続であるための必要十分条件は，(11.4) が成立することである．

証明 有界線形作用素 T に対して

(11.5) $\quad w\text{-}\lim_{n\to\infty} x_n = x$ ならば $w\text{-}\lim_{n\to\infty} Tx_n = Tx$

が成り立つ．実際，$T^*y^* \in X^*$ $(y^*\in Y^*)$ であるから，

$w\text{-}\lim_{n\to\infty} x_n = x$ ならば,任意の $y^* \in Y^*$ に対して
$$y^*(Tx_n) = (T^*y^*)x_n$$
$$\to (T^*y^*)x = y^*(Tx) \quad (n \to \infty),$$
即ち $w\text{-}\lim_{n\to\infty} Tx_n = Tx$ である.

(i) $w\text{-}\lim_{n\to\infty} x_n = x$ とする.このとき,$\{x_1, x_2, \cdots, x_n, \cdots\}$ は有界集合である(定理7.9参照).従って,T の完全連続性から,$A = \{Tx_1, Tx_2, \cdots, Tx_n, \cdots\}$ は点列コンパクトである.ゆえに,A の任意の点列 $\{Tx_{n_i}\}$ は収束部分列 $\{Tx_{n_{i'}}\}$ をもつ.$y = \lim_{i\to\infty} Tx_{n_{i'}}$ とおくと,(11.5) が成立していることから,$y = Tx$ である.結局 $\{Tx_n\}$ の任意の部分列が,同一の極限 Tx に収束する部分列を含むことが示された.ゆえに $\lim_{n\to\infty} Tx_n = Tx$.

(ii) (11.4) が成立すれば,T は完全連続であることを示せばよい.E を X の有界部分集合とし,$\{x_n\}$ を E の点列とする.回帰的な Banach 空間の有界集合は弱点列コンパクトである(定理7.13)から,$\{x_n\}$ の部分列 $\{x_{n_i}\}$ と $x \in X$ が存在して $w\text{-}\lim_{i\to\infty} x_{n_i} = x$.(11.4) が成立しているゆえ $\lim_{i\to\infty} Tx_{n_i} = Tx$.これは,$E$ の T による像 $T(E)$ が点列コンパクトであることを示している. (証終)

定理 11.6. ノルム空間 X から Banach 空間 Y への有界線形作用素 T が完全連続であるための必要十分条件は,T^* が完全連続なことである.

証明 (必要性)T を完全連続作用素とする.$S_n = \{x\,;\,x \in X, \|x\| < n\}$ $(n = 1, 2, \cdots)$ が有界であるから,

$T(S_n)$ は点列コンパクトな集合である．それゆえ $T(S_n)$ は可分，従って $T(X) = \bigcup_{n=1}^{\infty} T(S_n)$ も可分である．いま $\{y_n^*\}$ を Y^* の有界点列とすると，$\{T^*y_n^*\}$ が収束部分列を含むことを証明しよう．

$\{Tx_1, Tx_2, \cdots, Tx_k, \cdots\}$ を $T(X)$ で稠密な部分集合とする．$\{y_n^*(Tx_1)\}$ は有界数列であるから，収束部分列 $\{y_{n,1}^*(Tx_1)\}$ を選ぶことができる．次に，有界数列 $\{y_{n,1}^*(Tx_2)\}$ から収束部分列 $\{y_{n,2}^*(Tx_2)\}$ を選ぶ，これを続けて

$$\begin{cases} \{y_n^* ; n=1,2,\cdots\} \supset \{y_{n,k}^* ; n=1,2,\cdots\} \\ \quad \supset \{y_{n,k+1}^* ; n=1,2,\cdots\} \ (k=1,2,\cdots), \\ \text{各 } \{y_{n,k}^*(Tx_k) ; n=1,2,\cdots\} \text{ が収束数列である} \end{cases}$$

ように $\{y_{n,k}^* ; n=1,2,\cdots\}$ $(k=1,2,\cdots)$ を選ぶことができる．いま $\{y_{n,n}^* ; n=1,2,\cdots\}$ を考えると，すべての $k(=1,2,\cdots)$ に対して

$$\{y_{n,n}^*(Tx_k) ; n=1,2,\cdots\}$$

が収束している（対角線論法）．$\{\|y_n^*\|\}$ が有界で，かつ $\{Tx_1, Tx_2, \cdots, Tx_k, \cdots\}$ が $\overline{T(X)}$ で稠密であるから，任意の $y \in \overline{T(X)}$ に対して $\{y_{n,n}^*(y)\}$ は収束している．そこで

$$y_0^*(y) = \lim_{n \to \infty} y_{n,n}^*(y) \ (y \in \overline{T(X)})$$

とおく．y_0^* は，Y の線形部分空間 $\overline{T(X)}$ で定義された線形汎関数で，しかも有界である．従って，Hahn-Banach

の定理（定理 6.2）によって，$y^*(y) = y_0^*(y)$ $(y \in \overline{T(X)})$ を満足する $y^* \in Y^*$ が存在する．このとき

(11.6) $$\lim_{n \to \infty} T^* y_{n,n}^* = T^* y^*$$

が成立する．なぜならば，もし (11.6) が成立しないとすると，$\{y_{n,n}^*\}$ の部分列 $\{z_n^*\}$ と $\varepsilon_0 > 0$ とが存在し，すべての n' に対して $\|T^* z_{n'}^* - T^* y^*\| > \varepsilon_0$ となる．そして汎関数のノルムの定義（(5.6) 参照）から

(11.7) $\|x_{n'}\| = 1$, $|z_{n'}^*(T x_{n'}) - y^*(T x_{n'})|$
$\qquad = |(T^* z_{n'}^* - T^* y^*) x_{n'}| > \varepsilon_0$

を満たすような $x_{n'} \in X$ が選べる．T が完全連続であるから，$\{T x_{n'}\}$ は収束部分列 $\{T x_{n_i'}\}$ をもつ．そこで $\lim_{i \to \infty} T x_{n_i'} = u$ $(\in \overline{T(X)})$ とおくと，$\lim_{n \to \infty} y_{n,n}^*(u) = y_0^*(u) = y^*(u)$ であるから，$\lim_{i \to \infty} z_{n_i'}^*(u) = y^*(u)$. ゆえに

$\quad |z_{n_i'}^*(T x_{n_i'}) - y^*(T x_{n_i'})|$
$\leq \|z_{n_i'}^* - y^*\| \|T x_{n_i'} - u\| + |z_{n_i'}^*(u) - y^*(u)|$
$\leq (M + \|y^*\|) \|T x_{n_i'} - u\| + |z_{n_i'}^*(u) - y^*(u)|$
$\to 0$ $(i \to \infty)$, ただし $M = \sup_{n \geq 1} \|y_n^*\|$ $(\geq \|z_{n_i'}^*\|)$.

これは (11.7) に矛盾する．よって (11.6) が成立し，T^* は完全連続である[1].

（十分性）T^* が完全連続ならば，既に示したように，

---

1) 証明からわかるように，必要性は，Y がノルム空間でも成立している．

T^{**} も (X^{**} から Y^{**} への) 完全連続作用素である. $\{x_n\}$ を X ($\subset X^{**}$) の任意の有界点列とする. T^{**} が完全連続であるから, $\{T^{**}x_n\}$ は, Y^{**} の或る点 y に収束するような部分列 $\{T^{**}x_{n_i}\}$ を含む. $T^{**}x_n = Tx_n \in Y$ (系9.3参照) で, Y が Y^{**} の閉線形部分空間である (ここに Y の完備性を用いる) から, $\lim_{i\to\infty} Tx_{n_i} (= \lim_{i\to\infty} T^{**}x_{n_i}) = y \in Y$. ゆえに, T は完全連続である.

(証終)

例11.2. (a,b) を有界もしくは無限区間とし, $K(s,t)$ ($s,t \in (a,b)$) は2変数 s,t の可測関数で, かつ $\int_a^b \int_a^b |K(s,t)|^2 ds\,dt < \infty$ とする. $T: L^2(a,b) \to L^2(a,b)$ を

$$(Tx)(s) = \int_a^b K(s,t)x(t)dt \quad (x \in L^2(a,b))$$

によって定義すると, T は有界線形作用素である (例3.3参照). この (積分) 作用素 T が完全連続であることを証明しよう.

$\int_a^b \int_a^b |K(s,t)|^2 ds\,dt < \infty$ であるから

(11.8) $\int_a^b |K(s,t)|^2 dt < \infty \quad (a.\,e.\,s \in (a,b))$.

$x_n \in L^2(a,b)$, $w\text{-}\lim_{n\to\infty} x_n = x_0$ とする. $L^2(a,b)$ は回帰的な Banach 空間のゆえ,

(11.9) $$\lim_{n\to\infty} \|Tx_n - Tx_0\| = 0$$

が示されれば,定理 11.5 (ii) により,T は完全連続である.そこで,(11.9) を証明する.(11.8)(即ち $\int_a^b |K(s,t)|^2 dt < \infty$) を満たすような $s \in (a,b)$ を任意に選び固定しておく.$x_s^*(x) = (Tx)(s)$ $(x \in L^2(a,b))$ とおくと,$x_s^* \in (L^2(a,b))^*$. w-$\lim_{n\to\infty} x_n = x_0$ であるから,$\lim_{n\to\infty} x_s^*(x_n) = x_s^*(x_0)$. 即ち $\lim_{n\to\infty} (Tx_n)(s) = (Tx_0)(s)$. さらに,Schwarz の不等式を用いて

$$|(Tx_n)(s)|^2 \leq \left(\int_a^b |K(s,t)^2| dt\right) \|x_n\|^2$$
$$\leq M \left(\int_a^b |K(s,t)|^2 dt\right),$$

ここに $M = \sup_{n\geq 1} \|x_n\|^2 < \infty$ ($\{x_n\}$ は弱収束点列のゆえ,定理 7.9 により,$\{\|x_n\|\}$ は有界数列である).従って (11.8) が成立するような $s \in (a,b)$,即ち $a.e.\ s \in (a,b)$ に対して

$$\lim_{n\to\infty} (Tx_n)(s) = (Tx_0)(s),\ \text{かつ}$$

$$|(Tx_n)(s)|^2 \leq M \int_a^b |K(s,t)|^2 dt$$

($n = 1, 2, \cdots$) が成立する.s の関数 $M \int_a^b |K(s,t)|^2 dt$ は (a,b) 上で可積分であるから,Lebesgue の収束定理を用いて

$$(11.10) \quad \lim_{n\to\infty} \int_a^b |(Tx_n)(s)|^2 ds = \int_a^b |(Tx_0)(s)|^2 ds,$$

$$\text{即ち} \lim_{n\to\infty} \|Tx_n\| = \|Tx_0\|$$

を得る.また,T が有界作用素のゆえ,w-$\lim_{n\to\infty} Tx_n = Tx_0$.$L^2(a,b)$ は Hilbert 空間であるから,次の注意から (11.9) が得られる.

注意 $x_n (n=1,2,\cdots)$, x を Hilbert 空間 H の点とする.$\lim_{n\to\infty} \|x_n\| = \|x\|$, かつ w-$\lim_{n\to\infty} x_n = x$ ならば $\|x_n - x\| \to 0$ $(n \to \infty)$ である.実際,

$$\|x_n - x\|^2 = (x_n - x, x_n - x)$$
$$= \|x_n\|^2 - (x_n, x) - (x, x_n) + \|x\|^2.$$

$x \in H = H^*$ のゆえ,w-$\lim_{n\to\infty} x_n = x$ という仮定から,$\lim_{n\to\infty}(x_n, x) = (x, x) = \|x\|^2$, $\lim_{n\to\infty}(x, x_n) = (x, x) = \|x\|^2$. ゆえに $\|x_n - x\|^2 \to 0$ $(n \to \infty)$.

11.3. 完全連続作用素の空間

定理 11.7. (ⅰ) T_i $(i=1,2)$ がノルム空間 X からノルム空間 Y への完全連続作用素ならば,$\alpha T_1 + \beta T_2$ $(\alpha, \beta \in \Phi)$ も X から Y への完全連続作用素である.

(ⅱ) T をノルム空間 X からノルム空間 Y への有界線形作用素,S を Y からノルム空間 Z への有界線形作用素とする.もし T, S のうちいずれか 1 つが完全連続ならば,ST も完全連続である.

証明 (ⅰ) $\{x_n\}$ を X の有界点列とすると,その部

分列 $\{x_{n,1}\}$ を選んで, $\{T_1 x_{n,1}\}$ が収束するようにできる. さらに, $\{x_{n,1}\}$ の部分列 $\{x_{n,2}\}$ を選んで, $\{T_2 x_{n,2}\}$ が収束するようにできる. このとき $\{(\alpha T_1 + \beta T_2) x_{n,2}\} = \{\alpha T_1 x_{n,2} + \beta T_2 x_{n,2}\}$ が収束するから, $\alpha T_1 + \beta T_2$ は完全連続作用素である.

(ii) はじめに, T を完全連続とする. $\{x_n\}$ が X の有界点列ならば, $\{T x_n\}$ は収束部分列 $\{T x_{n_i}\}$ を含む. そして S の連続性から, $\{(ST) x_{n_i}\} = \{S(T x_{n_i})\}$ が収束する. ゆえに, ST は完全連続である.

S が完全連続作用素のときは, X の有界点列 $\{x_n\}$ に対し, $\{T x_n\}$ が Y の有界点列となるから, $\{(ST) x_n\} = \{S(T x_n)\}$ は収束部分列を含む. 従って, ST は完全連続である. (証終)

定理 11.8. T_n $(n = 1, 2, \cdots)$ をノルム空間 X から Banach 空間 Y への完全連続作用素とする. T が X から Y への有界線形作用素で, かつ $\lim_{n \to \infty} \|T_n - T\| = 0$ ならば, T は完全連続作用素である.

証明 $\{x_n\}$ を X の有界点列とする. T_1 が完全連続であるから, $\{x_n\}$ の適当な部分列 $\{x_{1,n}\}$ を選び, $\{T_1 x_{1,n}\}$ が収束するようにできる. 次に, T_2 の完全連続性から, $\{x_{1,n}\}$ の部分列 $\{x_{2,n}\}$ を, $\{T_2 x_{2,n}\}$ が収束するようにとることができる. これを続けて各 $k = 3, 4, \cdots$ に対し, $\{x_{k,n} ; n = 1, 2, \cdots\}$ は $\{x_{k-1,n} ; n = 1, 2, \cdots\}$ の部分列で, かつ $\{T_k x_{k,n} ; n = 1, 2, \cdots\}$ が収束するように, $\{x_{k,n} ; n = 1, 2, \cdots\}$ を選ぶことができる. いま, 点

列 $\{x_{n,n}\}$ を考えれば，任意の $k = 1, 2, \cdots$ に対して $\{T_k x_{n,n} ; n = 1, 2, \cdots\}$ が収束する（対角線論法）．このとき，$\{Tx_{n,n}\}$ が収束することを示す．実際，$\|T_k - T\| \to 0 \ (k \to \infty)$ であるから，任意の $\varepsilon > 0$ に対し，適当な自然数 k_0 が存在して $\|T_k - T\| < \varepsilon \ (k \geq k_0)$．$\{T_{k_0} x_{n,n}\}$ は収束点列であるから Cauchy 点列である．ゆえに，適当に自然数 n_0 を選んで，$\|T_{k_0} x_{n,n} - T_{k_0} x_{m,m}\| < \varepsilon \ (n, m \geq n_0)$ とできる．従って，$n, m \geq n_0$ ならば

$$\begin{aligned}
&\|Tx_{n,n} - Tx_{m,m}\| \\
&= \|(T - T_{k_0}) x_{n,n} + (T_{k_0} x_{n,n} - T_{k_0} x_{m,m}) \\
&\quad + (T_{k_0} - T) x_{m,m}\| \\
&\leq \|T - T_{k_0}\| \|x_{n,n}\| + \|T_{k_0} x_{n,n} - T_{k_0} x_{m,m}\| \\
&\quad + \|T_{k_0} - T\| \|x_{m,m}\| \\
&\leq M\varepsilon + \varepsilon + M\varepsilon = (2M+1)\varepsilon,
\end{aligned}$$

ただし $M = \sup_{n \geq 1} \|x_n\| \, (< \infty)$．

これは，$\{Tx_{n,n}\}$ が Cauchy 点列であることを示している．Y が完備であるから，$\{Tx_{n,n}\}$ は収束する．結局，X の有界点列 $\{x_n\}$ に対し，$\{Tx_n\}$ が収束部分列 $\{Tx_{n,n}\}$ をもつゆえ，T は完全連続作用素である．

(証終)

X, Y をノルム空間とし，X から Y への完全連続作用素の全体を $C(X, Y)$ で表わすことにする．完全連続作用素はつねに有界線形作用素である（系 11.1 参照）から，$C(X, Y) \subset B(X, Y)$ である．また，零作用素 $O \in$

$C(X,Y)$ であるから,$C(X,Y) \neq \emptyset$. 従って,定理 11.7 (i) から,次の系が得られる.

系 11.9. $C(X,Y)$ はノルム空間 $B(X,Y)$ の線形部分空間である.

Y が Banach 空間のときには,$B(X,Y)$ も Banach 空間である(定理 3.7 参照).それゆえ,定理 11.8 から,次の系が導かれる.

系 11.10. X をノルム空間,Y を Banach 空間とするとき,$C(X,Y)$ は Banach 空間 $B(X,Y)$ の閉線形部分空間である.従って,$C(X,Y)$ は,$B(X,Y)$ における線形演算,およびノルムをそのまま受けつぐことにより Banach 空間を作る.

この系から,X が Banach 空間のとき,$C(X)(=C(X,X))$ は $B(X)$ の閉線形部分空間である;また,定理 11.7 (ii) により,

$$T \in C(X),\ S \in B(X) \ \text{ならば}$$
$$ST \in C(X),\ \text{かつ}\ TS \in C(X)$$

が成立する.それゆえ,Banach 空間 X からそれ自身への完全連続作用素の全体 $C(X)$ は,Banach アルジブラ $B(X)$[1] の閉両側イデアルである.

注意 Banach アルジブラ $\mathfrak{B}$[2] の線形部分空間 $\mathscr{I}$ が "$x \in \mathscr{I},\ y \in \mathfrak{B}$ ならば $xy \in \mathscr{I}\ (yx \in \mathscr{I})$" を満足するとき,$\mathscr{I}$ は $\mathfrak{B}$ の**右**(**左**)イデアルであるという.$\mathscr{I}$ が右

---

1), 2) §3.4 参照

イデアルで同時に左イデアルであるとき，$\mathscr{I}$ は**両側イデ
アル**であるという．$\mathfrak{B}$ の両側イデアル $\mathscr{I}$ が $\mathfrak{B}$ の閉集合
であるとき，$\mathscr{I}$ を**閉両側イデアル**という．同様に，**閉右
（左）イデアル**が定義される．

§12. 抽象的積分方程式

$K(s,t)$ は
（ⅰ） 2 変数 $s, t \in [a,b]$ の連続関数，ただし $[a,b]$ は有界閉区間，

または

（ⅱ） 2 変数 $s, t \in (a,b)$ の可測関数で，$\int_a^b \int_a^b |K(s,t)|^2 ds\,dt < \infty$,

を満足するものとする．積分方程式

$$(12.1) \quad \lambda \cdot x(s) - \int_a^b K(s,t) x(t) dt = y(s)$$

$$(\lambda \text{ は複素数})$$

を考える．ここに $y(s)$ は与えられた関数で，$x(s)$ は未知
関数（（ⅰ）の場合には $y, x \in C[a,b]$ ；（ⅱ）の場合には
$y, x \in L^2(a,b)$）とする．

いま，作用素 T を

$$(Tx)(s) = \int_a^b K(s,t) x(t) dt$$

により定義する．（ⅰ）の場合には，T は $C[a,b]$ からそ

れ自身への完全連続作用素であり（例 11.1 参照）；また（ii）の場合には，T は $L^2(a,b)$ からそれ自身への完全連続作用素である（例 11.2 参照）．このとき，(12.1) は積分作用素 T の方程式

(12.2) $$\lambda x - Tx = y$$

で表わされる．

積分方程式 (12.1) に関するいわゆる Fredholm（フレドホルム）の理論は，積分作用素よりも一般な完全連続作用素 T の方程式 $\lambda x - Tx = y$ について成立していることが F. Riesz と Schauder（シャウダー）により証明された．以下これについて述べる．

本節においては，X を複素 Banach 空間とし，T は X からそれ自身への完全連続作用素であるとする．従って，T の共役作用素 T^* も完全連続作用素である（定理 11.6 参照）．複素数 λ に対して，$T_\lambda = \lambda I - T$ とおく．

12.1.（完全連続作用素の）固有値

補助定理 12.1. $\lambda \neq 0$ とする．$\{u_n\}$ が有界点列で，$\lim\limits_{n\to\infty} T_\lambda u_n = v$ ならば，$\{u_n\}$ は収束部分列 $\{u_{n_i}\}$ を含む．このとき，$\lim\limits_{i\to\infty} u_{n_i} = u$ とおくと $T_\lambda u = v$ である．

証明 T が完全連続作用素であるから，$\{Tu_n\}$ は収束部分列 $\{Tu_{n_i}\}$ を含む．$u_{n_i} = \lambda^{-1}(Tu_{n_i} + T_\lambda u_{n_i})$ のゆえ，$\{u_{n_i}\}$ は収束する．$u = \lim\limits_{i\to\infty} u_{n_i}$ とすると，T_λ の連続性から，$\lim\limits_{i\to\infty} T_\lambda u_{n_i} = T_\lambda u$．よって $T_\lambda u = v$．（証終）

定理 12.2. $\lambda \neq 0$ ならば，T_λ の値域 $R(T_\lambda)$ （=

$T_\lambda(X))$ は閉集合である.

証明 $y_n = T_\lambda x_n$ $(n=1,2,\cdots)$ とし, $\lim_{n\to\infty} y_n = y$ とする. $N = \{x\,;\, T_\lambda x = 0\}$ は X の閉線形部分空間である. $a_n = \mathrm{dis}(x_n, N) = \inf\{\|x_n - w\|\,;\, w \in N\}$ とおくとき, 各 n に対して
$$a_n \le \|x_n - w_n\| \le (1+1/n)a_n$$
を満足する $w_n \in N$ が存在する. $T_\lambda w_n = 0$ であるから

(12.3) $\quad \lim_{n\to\infty} T_\lambda(x_n - w_n) = \lim_{n\to\infty} T_\lambda x_n = y.$

はじめに, $\{a_n\}$ が有界部分列を含むことを示す. 実際, そうでないとすると, $a_n \to \infty$ $(n\to\infty)$ である, 従って $\|x_n - w_n\| \to \infty$ $(n\to\infty)$. そこで, $z_n = (x_n - w_n)/\|x_n - w_n\|$ とおくと, $\|z_n\| = 1$ で, かつ (12.3) から, $T_\lambda z_n = T_\lambda(x_n - w_n)/\|x_n - w_n\| \to 0$ $(n\to\infty)$. 補助定理 12.1 により, $\{z_n\}$ は収束部分列 $\{z_{n_i}\}$ を含み, $w_0 = \lim_{i\to\infty} z_{n_i}$ とおくと $T_\lambda w_0 = 0$, 即ち $w_0 \in N$. $w_{n_i} + w_0 \|x_{n_i} - w_{n_i}\| \in N$ のゆえ
$$\begin{aligned}
a_{n_i} &\le \|x_{n_i} - (w_{n_i} + w_0\|x_{n_i} - w_{n_i}\|)\| \\
&= \|z_{n_i} - w_0\| \|x_{n_i} - w_{n_i}\| \\
&\le (1+1/n_i)a_{n_i}\|z_{n_i} - w_0\|,
\end{aligned}$$
即ち $1 \le (1+1/n_i)\|z_{n_i} - w_0\|$. これは $w_0 = \lim_{i\to\infty} z_{n_i}$ に反する.

$\{a_n\}$ が有界部分列を含むゆえ, $\{x_n - w_n\}$ も有界部分列 $\{x_{n_i} - w_{n_i}\}$ を含む. また, (12.3) から, $\lim_{i\to\infty} T_\lambda(x_{n_i} - w_{n_i}) = y$. 補助定理 12.1 により, $T_\lambda x = y$ となる $x \in$

§12. 抽象的積分方程式

X が存在する. 従って $y \in R(T_\lambda)$ となり, $R(T_\lambda)$ は閉集合である. (証終)

定理 12.3. $\lambda \neq 0$ が T の固有値でないならば, T_λ は, X 全体で定義される有界な逆作用素をもつ, 即ち $\lambda \in \rho(T)$.

証明 $\lambda(\neq 0)$ は T の固有値でないゆえ, T_λ^{-1} が存在する. T_λ は閉作用素であるから, T_λ^{-1} も閉作用素である (定理 4.8 参照). 従って $D(T_\lambda^{-1})(=R(T_\lambda))=X$ が示されれば, 閉グラフ定理 (定理 4.9) により, T_λ^{-1} は (X 全体で定義された) 有界線形作用素となり, 定理が証明されるわけである. そこで, $R(T_\lambda)=X$ であることを証明しよう. はじめに次のことを示す:

(12.4) $\begin{cases} R((T_\lambda)^n) \ (n=1,2,\cdots) \ \text{は} \ R((T_\lambda)^{n-1}) \ \text{の} \\ \text{閉線形部分空間である.} \end{cases}$

実際, 定理 12.2 により, $n=1$ のとき (12.4) は真である. いま, $n \leq k$ のとき (12.4) が真であるとする. このとき, $R((T_\lambda)^k)$ は (X のノルムを受けつぐことにより) Banach 空間を作る. $T(T_\lambda)^k x=(T_\lambda)^k Tx \ (x \in X)$ のゆえ, T (の $R((T_\lambda)^k)$ への制限) は, Banach 空間 $R((T_\lambda)^k)$ からそれ自身への完全連続作用素である. 従って, 定理 12.2 (X として $R((T_\lambda)^k)$ をとる) から, $T_\lambda(R((T_\lambda)^k))=R((T_\lambda)^{k+1})$ は $R((T_\lambda)^k)$ の閉線形部分空間である. ゆえに, すべての自然数 n に対して (12.4) が成立する.

いま, $R(T_\lambda) \neq X$ とすると

(12.5) $\quad R((T_\lambda)^n) \neq R((T_\lambda)^{n-1})\ (n=2,3,\cdots)$

が成り立つ．(実際，或る $n_0 \geqq 2$ に対して $R((T_\lambda)^{n_0}) = R((T_\lambda)^{n_0-1})$ とすると，$T_\lambda[R((T_\lambda)^{n_0-1})](=R((T_\lambda)^{n_0}) = R((T_\lambda)^{n_0-1})) = T_\lambda[R((T_\lambda)^{n_0-2})]$．$T_\lambda^{-1}$ が存在するゆえ，$R((T_\lambda)^{n_0-1}) = R((T_\lambda)^{n_0-2})$．これを続けて，$R(T_\lambda) = X$．これは矛盾である．) 従って，補助定理 11.2 により，各 $m = 1, 2, \cdots$ に対して

$$\|x_m\| = 1,\ \mathrm{dis}(x_m, R((T_\lambda)^{m+1})) \geqq 1/2$$

を満足する $x_m \in R((T_\lambda)^m)$ が存在する．$n > m$ ならば，$\lambda^{-1}(\lambda x_n + T_\lambda x_m - T_\lambda x_n) \in R((T_\lambda)^{m+1})$ であるから，

$$\begin{aligned}\|Tx_m - Tx_n\| &= \|\lambda x_m - (\lambda x_n + T_\lambda x_m - T_\lambda x_n)\| \\ &= |\lambda|\|x_m - \lambda^{-1}(\lambda x_n + T_\lambda x_m - T_\lambda x_n)\| \\ &\geqq |\lambda|/2.\end{aligned}$$

従って，$\{Tx_m\}$ は収束部分列を含まないことになり，T が完全連続であることに反する．ゆえに $R(T_\lambda) = X$ である． (証終)

上の定理から，$\lambda \neq 0$ は，T の固有値であるか，または T のレゾルベント集合に属するかのいずれかであることがわかる．

定理 12.4. $\lambda_n\ (n=1,2,\cdots)$ が T の固有値で，$\lambda_n \neq \lambda_m\ (n \neq m)$ ならば，$\lambda_n \to 0\ (n \to \infty)$ である．

証明 $\{\lambda_n\}$ が 0 に収束しないとすると，或る正数 ε_0 と $\{\lambda_n\}$ の部分列 $\{\lambda_{n_k}\}$ が存在して，$|\lambda_{n_k}| \geqq \varepsilon_0\ (k = 1, 2, \cdots)$．$\mu_k = \lambda_{n_k}$ とおく．μ_k は T の固有値であるから，$\mu_k x_k = Tx_k$ を満足する元 $x_k \neq 0$ が存在する．このと

き,任意の自然数 k に対し,$x_1, x_2, \cdots, x_k$ は一次独立である.実際,$x_1 \neq 0$ であるから,これは $k=1$ に対しては成立している.いま,$x_1, x_2, \cdots, x_{k-1}$ が一次独立であったとする.このとき,$x_1, x_2, \cdots, x_k$ も一次独立である,なぜならば,もし $x_1, x_2, \cdots, x_k$ が一次独立でない(即ち一次従属である)とすると,$x_k = \alpha_1 x_1 + \alpha_2 x_2 + \cdots + \alpha_{k-1} x_{k-1}$ と表わされる.従って

$$\begin{aligned} 0 &= \mu_k x_k - T x_k \\ &= \mu_k(\alpha_1 x_1 + \cdots + \alpha_{k-1} x_{k-1}) - T(\alpha_1 x_1 + \cdots \\ &\qquad\qquad\qquad\qquad\qquad\qquad + \alpha_{k-1} x_{k-1}) \\ &= \alpha_1(\mu_k - \mu_1) x_1 + \alpha_2(\mu_k - \mu_2) x_2 + \cdots \\ &\qquad\qquad\qquad\qquad + \alpha_{k-1}(\mu_k - \mu_{k-1}) x_{k-1}. \end{aligned}$$

$x_1, x_2, \cdots, x_{k-1}$ は一次独立のゆえ,$\alpha_i(\mu_k - \mu_i) = 0$ ($i = 1, 2, \cdots, k-1$).$\mu_k \neq \mu_i$ ($k \neq i$) であるから,$\alpha_i = 0$ ($i = 1, 2, \cdots, k-1$).よって $x_k = 0$ となり,$x_k \neq 0$ であることに反する.

いま,任意の自然数 k に対し,$\{x_1, x_2, \cdots, x_k\}$ によって張られる線形部分空間を X_k とおくと,$X_k \subset X_{k+1}$,$X_k \neq X_{k+1}$($\{x_1, \cdots, x_{k+1}\}$ が一次独立であることによる).また,各 X_k は閉集合である(系 5.5 参照).従って,補助定理 11.2 によって

$$\|y_k\| = 1, \ \mathrm{dis}(y_k, X_{k-1}) \geqq 1/2$$

を満足するような $y_k \in X_k$ ($k = 1, 2, \cdots$)が選べる,ここに $X_0 = \{0\}$.$y_k = \beta_1 x_1 + \beta_2 x_2 + \cdots + \beta_k x_k$ と表わされるゆえ,

$$y_k - \mu_k^{-1} T y_k$$
$$= (\beta_1 x_1 + \cdots + \beta_k x_k) - \mu_k^{-1}(\beta_1 \mu_1 x_1 + \cdots + \beta_k \mu_k x_k)$$
$$= \beta_1(1 - \mu_k^{-1}\mu_1)x_1 + \cdots + \beta_{k-1}(1 - \mu_k^{-1}\mu_{k-1})x_{k-1}$$
$$\in X_{k-1}.$$

ゆえに $k > j$ ならば,$z_{k,j} = (y_k - \mu_k^{-1} T y_k) + \mu_j^{-1} T y_j \in X_{k-1}$ ($T(X_j) \subset X_j$ のゆえ,$T y_j \in X_j \subset X_{k-1}$ であることに注意),従って

$$\|T(y_k/\mu_k) - T(y_j/\mu_j)\| = \|y_k - z_{k,j}\| \geq 1/2.$$

それゆえ,$\{T(y_k/\mu_k)\}$ は収束部分列を含まない.$\|y_k/\mu_k\| \leq 1/\varepsilon_0$ ($k = 1, 2, \cdots$) であるから,これは,T が完全連続作用素であることに矛盾する. (証終)

系 12.5. T のスペクトル $\sigma(T)$ は,有限集合であるか,または 0 だけを集積点にもつ無限可算集合である.

12.2. (完全連続作用素の) 固有空間

定理 12.6. $\lambda \neq 0$ が T の固有値ならば,λ に対応する固有空間の次元数は有限である.

証明 λ に対応する固有空間を $\mathfrak{N}_\lambda$ とする,即ち $\mathfrak{N}_\lambda = \{x\,;\,Tx = \lambda x\}$.$S$ を $\mathfrak{N}_\lambda$ の任意の有界部分集合とする.$\lambda^{-1} T(S) = S$ で,$\lambda^{-1} T$ が完全連続作用素であるから,S は点列コンパクトである.結局ノルム空間 $\mathfrak{N}_\lambda$ の任意の有界部分集合が点列コンパクトとなるから,定理 11.3 により,$\mathfrak{N}_\lambda$ は有限次元の空間である. (証終)

T の共役作用素 T^* は,X^* からそれ自身への完全連続作用素であるから,今まで T について述べてきた事柄は

T^* に対しても成立している.$\lambda \neq 0$ は,$T(T^*)$ の固有値であるか,または $\rho(T)$ ($\rho(T^*)$) に属するかのいずれかである.ところで,$\rho(T) = \rho(T^*)$ (定理 10.6 参照) であるから,"$\lambda \neq 0$ が T の固有値であるための必要十分条件は,λ が T^* の固有値であることである".いま,$\lambda \neq 0$ が T の固有値(従って,また T^* の固有値)であれば,λ に対応する T および T^* の固有空間の次元数はいずれも有限である(定理 12.6).実は,次のことが成立する.

定理 12.7. $\lambda \neq 0$ が T の固有値であるための必要十分条件は,λ が T^* の固有値であることである.そして,固有値 $\lambda \neq 0$ に対応する T および T^* の固有空間の次元数は,ともに有限で,しかも同じである.

証明 固有値 $\lambda \neq 0$ に対応する T, T^* の固有空間の次元数が等しいことを示せばよい.$\{x ; \lambda x = Tx\} = \left\{x ; x = \dfrac{T}{\lambda}x\right\}$,$\{x ; \lambda x = T^*x\} = \left\{x ; x = \left(\dfrac{T}{\lambda}\right)^* x\right\}$ であるから,$\lambda = 1$ の場合について証明すればよい.

固有値 1 に対応する T, T^*, T^{**} の固有空間の次元数をそれぞれ n, n^*, n^{**} とする.このとき,

(12.6) $$n \geq n^*$$

が成立することを示せば十分である.実際,(12.6) が成立すれば,同様にして $n^* \geq n^{**}$ がいえる.ところで,$x \in X$ ($\subset X^{**}$) に対して $T^{**}x = Tx$ (系 9.3 参照) であるから,$\{x^{**} ; T^{**}x^{**} = x^{**}\} \supset \{x ; Tx = x\}$;従って 1 に対応する,$T$ の固有空間は,T^{**} の固有空間の線形部

分空間となる.ゆえに $n^{**} \geqq n$, よって $n^* \geqq n$. これと (12.6) とから $n = n^*$ を得る.

さて,(12.6) を証明しよう.(第1段)(準備).任意の $f \in X^*$ に対し,$N_f = \{x \in X ; f(x) = 0\}$ とおく.N_f は X の閉線形部分空間である.

(i) $f, g\ (\in X^*)$ が一次独立ならば,$N_g \not\subset N_f$ である.従って $N_f \cap N_g \neq N_g$.

実際,$N_g \subset N_f$ とする.$f \neq 0$ のゆえ,$f(x_0) \neq 0$, 即ち $x_0 \notin N_f$ なるような元 x_0 が選べる.このとき,$x_0 \notin N_g$.$\alpha = f(x_0)\ (\neq 0)$, $\beta = g(x_0)\ (\neq 0)$ とおくと,$(\alpha/\beta)g(x_0) = f(x_0)$.定理 5.2 により,任意の $x \in X$ は,
$$x = z + \gamma x_0 \quad (\text{ただし } z \in N_g, \gamma \in \Phi)$$
なる形に一意的に表わせる.$N_g \subset N_f$ から $f(z) = 0$ $(z \in N_g)$. ゆえに $f(x) = \gamma f(x_0) = \gamma(\alpha/\beta)g(x_0) = (\alpha/\beta)g(x)$ $(x \in X)$, 即ち $f = (\alpha/\beta)g$. これは,f, g が一次独立であることに矛盾する.よって $N_g \not\subset N_f$. 次に,

(ii) X^* の元 $f, g, \cdots, h, l$ が一次独立ならば,

(12.7) $\quad N_f \cap N_g \cap \cdots \cap N_l \neq N_g \cap \cdots \cap N_l$

を示す.$f, g, \cdots, h$ の定義域を N_l に制限したものをそれぞれ $f^{(1)}, g^{(1)}, \cdots, h^{(1)}$ とすると,$(N_l)^*$ の元 $f^{(1)}, g^{(1)}, \cdots, h^{(1)}$ は一次独立である.(もし一次従属であるとすると,$\alpha f^{(1)} + \beta g^{(1)} + \cdots + \gamma h^{(1)} = 0$, $|\alpha|^2 + |\beta|^2 + \cdots + |\gamma|^2 \neq 0$ であるような $\alpha, \beta, \cdots, \gamma\ (\in \Phi)$ が選べる.$(\alpha f + \beta g + \cdots + \gamma h)(x) = (\alpha f^{(1)} + \beta g^{(1)} + \cdots + \gamma h^{(1)})(x) = 0$ $(x \in N_l)$ であるから,$N_l \subset N_{\alpha f + \cdots + \gamma h}$. ところで, $\alpha f +$

$\cdots+\gamma h$, l ($\in X^*$) は一次独立であるから, (i) により, $N_l \not\subset N_{\alpha f+\cdots+\gamma h}$ でなければならない. これは矛盾である.) とくに $f^{(1)}, g^{(1)}$ は一次独立であるから, N_l を X と考えて (i) を適用すると, $N_{f^{(1)}} \cap N_{g^{(1)}} \neq N_{g^{(1)}}$ を得る. $N_{f^{(1)}} = \{x \in N_l ; f^{(1)}(x) = 0\} = N_f \cap N_l$, $N_{g^{(1)}} = N_g \cap N_l$ であるから, $N_f \cap N_g \cap N_l \neq N_g \cap N_l$.

次に, $f^{(1)}, g^{(1)}, \cdots$ の定義域を $N_{h^{(1)}}$ ($= N_h \cap N_l$) に制限したものを $f^{(2)}, g^{(2)}, \cdots$; $\cdots\cdots$ として, 上と同様の議論を続ければよい.

(第2段) ($n \geq n^*$ の証明) 固有値1に対応する T, T^* の固有空間をそれぞれ $\mathfrak{N}$ ($= \{x \in X ; x = Tx\}$), $\mathfrak{N}^*$ ($= \{x^* \in X^* ; x^* = T^*x^*\}$) とし, $x_1, x_2, \cdots, x_n$ を $\mathfrak{N}$ の一次独立な元, $x_1^*, x_2^*, \cdots, x_{n^*}^*$ を $\mathfrak{N}^*$ の一次独立な元とする. このとき,

(12.8)　　$z_j^*(x_i) = \delta_{ij}$ ($i, j = 1, 2, \cdots, n$)

(12.9)　　$x_i^*(z_j) = \delta_{ij}$ ($i, j = 1, 2, \cdots, n^*$)

(ただし $\delta_{ij} = 0$ ($i \neq j$), $\delta_{ii} = 1$) を満足するような $z_j^* \in X^*$ ($j = 1, 2, \cdots, n$), および $z_j \in X$ ($j = 1, 2, \cdots, n^*$) が存在する.

実際, $x_1, \cdots, x_{j-1}, x_{j+1}, \cdots, x_n$ により張られる線形部分空間 E_j は閉集合で (系5.5参照), かつ $x_j \notin E_j$ であるから, Hahn-Banach の定理 (系6.4) により, $z_j^*(x_j) = 1$, $z_j^*(x) = 0$ ($x \in E_j$) となる $z_j^* \in X^*$ ($j = 1, 2, \cdots, n$) が存在する. この z_j^* ($j = 1, 2, \cdots, n$) が (12.8) を満足することは明らか. 次に, (12.9) を満足する z_j

($j=1,2,\cdots,n^*$) の存在を示す.$N_i=\{x\in X\,;\,x_i^*(x)=0\}$ とおくと,第1段 (ii) により,各 $j=1,2,\cdots,n^*$ に対して

$$N_1\cap\cdots\cap N_{j-1}\cap N_{j+1}\cap\cdots\cap N_{n^*}\supsetneqq \bigcap_{i=1}^{n^*} N_i.$$

$u_i\in(N_1\cap\cdots\cap N_{j-1}\cap N_{j+1}\cap\cdots\cap N_{n^*})\setminus\bigcap_{i=1}^{n^*}N_i$ ($j=1,2,\cdots,n^*$) を選ぶ.$x_i^*(u_j)=0$ ($i\neq j$),$x_j^*(u_j)\neq 0$ であるから,$z_j=u_j/x_j^*(u_j)$ ($j=1,2,\cdots,n^*$) は (12.9) を満足する.

さて,$n<n^*$ と仮定して矛盾を導く.そのため

$$Rx=Tx+\sum_{i=1}^{n}z_i^*(x)z_i \quad (x\in X)$$

とおく.$\sum_{i=1}^{n}z_i^*(x)z_i$ は,X から n 次元ノルム空間 ($\subset X$) への有界線形作用素であるから,完全連続作用素である.従って,R は X からそれ自身への完全連続作用素である.R が1を固有値としてもたないことを示そう.

実際,$0=x-Rx$ とする.このとき $(I-T)x=\sum_{i=1}^{n}z_i^*(x)z_i$,$0=x_k^*(x-Rx)=x_k^*(x-Tx)-\sum_{i=1}^{n}z_i^*(x)x_k^*(z_i)=(x_k^*-T^*x_k^*)(x)-z_k^*(x)=-z_k^*(x)$ ($k=1,\cdots,n$) ((12.9)[1] と $T^*x_k^*=x_k^*$ とによる) であるから,$x=Tx$,即ち $x\in \mathfrak{N}$ となる.$x=\sum_{i=1}^{n}\alpha_i x_i$ と表わされる

---

[1] $n<n^*$(従って $n+1\leqq n^*$)と仮定していることに注意.

ゆえ，(12.8) により，$z_k^*(x) = \sum_{i=1}^{n} \alpha_i z_k^*(x_i) = \alpha_k$ ($k = 1, 2, \cdots, n$). ところで，$z_k^*(x) = 0$ (上述) であるから，$\alpha_k = 0$ ($k = 1, 2, \cdots, n$) となり，$x = 0$. ゆえに，$\lambda = 1$ は R の固有値ではない.

従って，定理 12.3 により，$I - R$ は X 全体で定義された有界な逆作用素をもつ. $x_0 = (I-R)^{-1} z_{n+1}$ とおく，従って $z_{n+1} = x_0 - Rx_0$. $x_{n+1}^* = T^* x_{n+1}^*$ [1]と (12.9) とから

$$x_{n+1}^*(x_0 - Rx_0) = x_{n+1}^*(x_0 - Tx_0) - \sum_{i=1}^{n} z_i^*(x_0) x_{n+1}^*(z_i)$$

$$= (x_{n+1}^* - T^* x_{n+1}^*)x_0 = 0.$$

一方，(12.9) により，$x_{n+1}^*(x_0 - Rx_0) = x_{n+1}^*(z_{n+1}) = 1$. この矛盾により $n \geq n^*$ が証明されたわけである.

(証終)

12.3. 抽象的積分方程式 (Fredholm の交替定理)

積分方程式 (12.1) の一般化である，次の方程式

(12.10) $\qquad y = \lambda x - Tx$

(12.11) $\qquad y^* = \lambda x^* - T^* x^*$

を考える. ただし T は X からそれ自身への完全連続作用素とする. 先に示したように，$\lambda \neq 0$ は，

(i) 同時に，T および T^* のレゾルベント集合に属するか；または

---

[1] $n < n^*$ (従って $n+1 \leq n^*$) と仮定していることに注意.

（ⅱ) 同時に，T および T^* の固有値であるかのいずれかである．従って，（ⅰ) の場合には，方程式 (12.10), (12.11)（ただし $\lambda \neq 0$）はそれぞれ任意の $y \in X$, $y^* \in X^*$ に対し，1つ，かつただ1つの解 $x \in X$, $x^* \in X^*$ をもっている．次に，（ⅱ) の場合に方程式 (12.10), (12.11) が解をもつための必要十分条件を調べてみる．

$x \in X$, $x^* \in X^*$ が，$x^*(x) = 0$ を満足するとき，x と x^*（または x^* と x）とは**直交**するという．また，$E\ (\subset X)$ の任意の元と $F^*\ (\subset X^*)$ の任意の元とが直交しているとき，E と F^*（または F^* と E）とが直交するといい，$E \perp F^*$（または $F^* \perp E$）で表わす．

λ を T の固有値，$\mu\ (\neq \lambda)$ を T^* の固有値とする．$\lambda x_0 = T x_0$, $\mu x_0^* = T^* x_0^*$ ならば，$\lambda x_0^*(x_0) = x_0^*(T x_0) = (T^* x_0^*)(x_0) = \mu x_0^*(x_0)$ となり，$x_0^*(x_0) = 0$ を得る．従って，次のことがいえる：

"λ を T の固有値，μ を T^* の固有値とする．$\lambda \neq \mu$ ならば，λ に対応する T の固有空間 $\mathfrak{N}_\lambda$ は，μ に対応する T^* の固有空間 $\mathfrak{N}_\mu^*$ と直交している．"

定理 12.8. $\lambda \neq 0$ が T の固有値であるとする（従って，λ は T^* の固有値でもある）．

（ⅰ) 方程式 $y = \lambda x - Tx$ が解 x をもつための必要十分条件は，y が λ に対応する T^* の固有空間 $\mathfrak{N}_\lambda^*$ と直交すること，即ち $y \perp \mathfrak{N}_\lambda^*$ となることである．

（ⅱ) 方程式 $y^* = \lambda x^* - T^* x^*$ が解 x^* をもつための必

要十分条件は, y^* が λ に対応する T の固有空間 $\mathfrak{N}_\lambda$ と直交すること, 即ち $y^* \perp \mathfrak{N}_\lambda$ となることである.

証明 (i) $y = \lambda x - Tx$ が解 x をもったとする. このとき, $x^* \in \mathfrak{N}_\lambda^* = \{x^* \in X^* ; \lambda x^* = T^* x^*\}$ に対し, $x^*(y) = \lambda x^*(x) - x^*(Tx) = (\lambda x^* - T^* x^*)x = 0$. ゆえに $y \perp \mathfrak{N}_\lambda^*$ である. 逆に, $y \perp \mathfrak{N}_\lambda^*$ とする. このとき, $y \in R(\lambda I - T)$ であることを示せばよい. $R(\lambda I - T)$ が X の閉線形部分空間であることに注意する (定理 12.2 参照). もし $y \notin R(\lambda I - T)$ であるとすると, Hahn-Banach の定理 (系 6.4) から, $x_0^*(y) \neq 0$, $x_0^*(z) = 0$ $(z \in R(\lambda I - T))$ を満足するような $x_0^* \in X^*$ が存在する. $0 = x_0^*(\lambda x - Tx) = (\lambda x_0^* - T^* x_0^*)x$ $(x \in X)$ のゆえ, $\lambda x_0^* - T^* x_0^* = 0$, 即ち $x_0^* \in \mathfrak{N}_\lambda^*$. $y \perp \mathfrak{N}_\lambda^*$ という仮定から, $x_0^*(y) = 0$. これは $x_0^*(y) \neq 0$ に矛盾する.

(ii) $y^* = \lambda x^* - T^* x^*$ が解 x^* をもったと仮定すると, $x \in \mathfrak{N}_\lambda = \{x \in X ; \lambda x = Tx\}$ に対して $y^*(x) = (\lambda x^* - T^* x^*)x = x^*(\lambda x - Tx) = 0$, 即ち $y^* \perp \mathfrak{N}_\lambda$ である.

逆に, $y^* \perp \mathfrak{N}_\lambda$ とする. $R(\lambda I - T)$ 上の汎関数 f を
$$f(z) = y^*(x) \quad (z = \lambda x - Tx \in R(\lambda I - T))$$
により定義することができる. 実際, $\lambda x_1 - Tx_1 = \lambda x_2 - Tx_2$ ならば, $x_1 - x_2 \in \mathfrak{N}_\lambda$ であるから $y^*(x_1 - x_2) = 0$, 即ち $y^*(x_1) = y^*(x_2)$ となり, $z = \lambda x - Tx$ に対して $f(z)$ が一意的に定まるからである. そして, f は $R(\lambda I - T)$ 上の線形汎関数であることが容易にわかる.

次に, f が連続であることを示す. f の線形性から,

$z=0$ で連続であることを示せばよい．$\varepsilon>0$ を任意に与え，$U=\{z\in R(\lambda I-T)\,;\,|f(z)|<\varepsilon\}$, $V=\{x\in X\,;\,|y^*(x)|<\varepsilon\}$ とおくと，f の定義から $U=(\lambda I-T)(V)$.

y^* $(\in X^*)$ が X 上で連続であるから，V は X における開集合である．定理 12.2 から，$R(\lambda I-T)$ は X の閉線形部分空間，それゆえ Banach 空間と考えられる．従って，$\lambda I-T$ は Banach 空間 X から Banach 空間 $R(\lambda I-T)$ の上への有界線形作用素；ゆえに開写像定理（定理 4.5）により，X の開集合 V の $\lambda I-T$ による像 $U=(\lambda I-T)(V)$ が（$R(\lambda I-T)$ における）開集合になる．結局，U は $R(\lambda I-T)$ における 0 の近傍で，かつ $f(U)\subset\{\zeta\in\Phi\,;\,|\zeta|<\varepsilon\}$；これは f が $z=0$ で連続であることを示している．

さて，f は $R(\lambda I-T)$ $(\subset X)$ 上で連続（即ち有界）な線形汎関数であるから，Hahn-Banach の定理（定理 6.2）によって

$$x^*(z)=f(z)\ (z\in R(\lambda I-T)),\ \|x^*\|=\|f\|$$

を満足する $x^*\in X^*$ が存在する．この x^* は方程式 $y^*=\lambda x^*-T^*x^*$ の解であることが，$(\lambda x^*-T^*x^*)(x)=x^*(\lambda x-Tx)=f(\lambda x-Tx)=y^*(x)$ $(x\in X)$ からわかる． (証終)

上の定理において，x_0 が $y=\lambda x-Tx$ の 1 つの解であれば，$y=\lambda x-Tx$ の任意の解 x は，x_0 と $\mathfrak{N}_\lambda$ の元との和で表わされる．なぜならば，$\lambda(x-x_0)=T(x-x_0)$ の

ゆえ $x - x_0 \in \mathfrak{N}_\lambda$ となるから.方程式 $y^* = \lambda x^* - T^* x^*$ についても同様のことがいえる.以上をまとめて次の定理が得られる.

定理 12.9.(Fredholm の交替定理) T は Banach 空間 X からそれ自身への完全連続作用素,$\lambda \neq 0$ は与えられた複素数とし,方程式

(N) $y = \lambda x - Tx$ $\quad (N^*)$ $y^* = \lambda x^* - T^* x^*$

を考える.このとき

(i) 方程式 $(N), (N^*)$ が,それぞれ,任意の $y \in X$,$y^* \in X^*$ に対し,同時に1つ,かつただ1つの解 $x \in X$,$x^* \in X^*$ をもつか;または

(ii) 斉次方程式

(H) $0 = \lambda x - Tx$ $\quad (H^*)$ $0 = \lambda x^* - T^* x^*$

が,同時に 0 以外の解 x, x^* をもつか,

のいずれかである.そして

(iii) (ii) の場合には,(H) および (H^*) は,ともに有限個の一次独立な解をもち,かつそれらの個数は等しい.そしてこのとき,方程式 (N) $((N^*))$ が解 x (x^*) をもつための必要十分条件は,y (y^*) が斉次方程式 (H^*) $((H))$ のすべての解と直交することである.さらに,方程式 (N) $((N^*))$ の一般解は,(N) $((N^*))$ の特殊解と (H) $((H^*))$ の一般解との和として得られる.

第5章の問題

1. 複素数値連続関数の空間 $C[0,1]$ からそれ自身への線形作用素 T を
$$(Tx)(t) = tx(t) \ (x \in C[0,1])$$
により定義するとき，T の点スペクトル，連続スペクトル，および剰余スペクトルを求めよ．

2. X は複素 Banach 空間，T は $D(T) \subset X$，$R(T) \subset X$ なる閉線形作用素とする．$\lambda_0 \in \rho(T)$ ならば，任意の自然数 n に対して $D(T^n) = R(\lambda_0 ; T)^n[X]$ であることを示せ．

3. X を複素 Banach 空間とし，$T, S \in B(X)$ とする．$\lambda \in \rho(T)$，かつ $\|S-T\| < \|R(\lambda ; T)\|^{-1}$ ならば，$\lambda \in \rho(S)$ で，しかも
$$R(\lambda ; S) = R(\lambda ; T) \sum_{n=0}^{\infty} [(S-T)R(\lambda ; T)]^n$$
が成立することを証明せよ．

4. X は 0 以外の元を含む複素 Banach 空間とする．$T \in B(X)$ ならば，T のスペクトル $\sigma(T)$ は空集合でないことを証明せよ．(ヒント．Liouville (リュウヴィル) の定理 "複素平面全体で有界な正則関数は定数値関数である" を用いる．)

5. X を複素 Banach 空間とし，$T \in B(X)$ とする．$p(t)$ が $n \ (\geqq 1)$ 次多項式のとき，$\sigma(p(T)) = p(\sigma(T)) \ (\equiv \{p(\lambda) ; \lambda \in \sigma(T)\})$ であることを証明せよ．

6. X は有限次元のノルム空間とする．E が X の線形部分空間 (このとき E は閉線形部分空間である (系 5.5)) で，$E \neq X$ ならば，$\|x_0\| = 1$, $\mathrm{dis}(x_0, E) \ (\equiv \inf_{x \in E} \|x_0 - x\|) = 1$ を満足する $x_0 (\in X)$ が存在することを示せ．

7. $X = \{x ; x \in C[0,1], x(0) = 0\}$, $E = \{x ; x \in X, \int_0^1 x(t)dt = 0\}$ とするとき,次の(ⅰ),(ⅱ)を示せ.

(ⅰ) X は無限次元の Banach 空間,かつ E は X の閉線形部分空間で $E \neq X$.

(ⅱ) $\|x_0\| = 1$ なる任意の $x_0 \in X$ に対して,$\mathrm{dis}(x_0, E) < 1$ である.

注意 この例からわかるように,一般に無限次元のノルム空間においては問題6の結論は成立しない.しかし,補助定理11.2が成立する.

8. X が有限次元のノルム空間ならば,X の任意の有界部分集合は点列コンパクトであることを証明せよ.

9. X は複素 Banach 空間,T は X からそれ自身への完全連続作用素とする.次の(ⅰ),(ⅱ)を証明せよ.

(ⅰ) T のスペクトル $\sigma(T)$ は有限集合であるか,または0だけを集積点にもつ無限可算集合である.

(ⅱ) X が無限次元ならば $0 \in \sigma(T)$ である.

10. $[a,b]$ を有界閉区間とし,$K(s,t)$ を2変数 $s, t \in [a,b]$ の連続関数とする.複素数値連続関数の空間 $C[a,b]$ における作用素 T を

$$(Tx)(s) = \int_a^s K(s,t)x(t)dt \quad (x \in C[a,b], s \in [a,b])$$

により定義するとき,次の(ⅰ),(ⅱ)を証明せよ.

(ⅰ) T は $C[a,b]$ からそれ自身への完全連続作用素である.

(ⅱ) λ を0以外の複素数とし,積分方程式

$$y(s) = \lambda x(s) - \int_a^s K(s,t)x(t)dt$$

を考える.任意の $y \in C[a,b]$ に対して上の積分方程式は,1つ,かつただ1つの解 $x \in C[a,b]$ をもつ.(ヒント.λ ($\neq 0$) が T

の固有値でないことを示す.)

第6章 ベクトル値関数

§13. 可測性

S を1つの集合とし,$\mathscr{F}$ を S の(いくつかの)部分集合からなる σ 集合体,μ を $\mathscr{F}$ 上で定義された測度とする.このとき,$S, \mathscr{F}, \mu$ を組み合わせて考えたもの $(S, \mathscr{F}, \mu)$ を測度空間[1]という.以下,この S 上で定義されるベクトル値関数,および作用素値関数を考える.

13.1. ベクトル値関数の可測性

この小節では,X は Banach 空間とし,S の各点 s に X の1つの元 $x(s)$ を対応させる(ベクトル値)関数を取り扱う.

定義 13.1. $x(s)$ を S から X への関数とする.任意の $x^* \in X^*$ に対して $x^*(x(s))$ が,通常の意味で可測関数[2]であるとき,$x(s)$ は**弱可測**であるという.

---

1) 測度空間に関しては,例えば,鶴見茂著 "測度と積分(理工学社)"参照.
2) 実数値または複素数値関数として可測という意味.

定義 13.2. S から X への関数に対し，S が互いに素な可算個の可測集合 $A_1, A_2, \cdots, A_n, \cdots$（即ち $A_n \in \mathscr{F}$）の和として表わされ，かつ各 A_n 上ではその関数は一定値（$\in X$）をとるとき，その関数は**単純関数**であるという．

定義 13.3. S から X への関数 $x(s)$ に対し，$x(s) = \lim_{n \to \infty} x_n(s)\ (a.e.s)$ となるような単純関数列 $\{x_n(s)\}$ が存在するとき，$x(s)$ は**強可測**であるという．従って単純関数は，つねに強可測である．

この定義から容易に次の系が得られる．

系 13.1. $x(s)$ が強可測ならば，$\|x(s)\|$ は可測関数である．

定義 13.4. $x(s)$ を S から X への関数とする．（ⅰ）$x(s)$ の値域 $x(S)$ が可分であるとき，$x(s)$ は**可分値的**であるという．（ⅱ）或る零集合 A_0（即ち $\mu(A_0) = 0$）が存在して，$x(S \backslash A_0)$ が可分であるとき，$x(s)$ は**殆んど可分値的**であるという．

定理 13.2.（Pettis（ペティス）の定理） $x(s)$ が強可測であるための必要十分条件は，$x(s)$ が弱可測で，しかも殆んど可分値的なことである．

この定理を証明するために，次の補助定理を準備する．

補助定理 13.3. X が可分であれば，X^* の可算部分集合 E^* が存在し，$\|x\| = \sup\{|x^*(x)|\ ;\ x^* \in E^*\}$ が任意の $x \in X$ に対して成立する．

証明 $\{x_1, x_2, \cdots, x_n, \cdots\}$ を X で稠密な可算集合とする．Hahn-Banach の定理（系 6.5 参照）から，

$$|x_n^*(x_n)| = \|x_n\|, \ \|x_n^*\| = 1$$

を満足する $x_n^* \in X^*$ $(n=1,2,\cdots)$ が存在する. $E^* = \{x_1^*, x_2^*, \cdots\}$ が求めるものである. 実際, $x \in X$ とする. 任意の $\varepsilon > 0$ に対し, $\|x - x_k\| < \varepsilon$ となるような自然数 k が存在する. $|x_k^*(x)| \geq |x_k^*(x_k)| - |x_k^*(x - x_k)| \geq \|x_k\| - \|x - x_k\| = \|x - (x - x_k)\| - \|x - x_k\| \geq \|x\| - 2\|x - x_k\| \geq \|x\| - 2\varepsilon$ であるから, $\sup\{|x_n^*(x)| \ ; \ n = 1, 2, \cdots\} \geq \|x\|$. 一方, $|x_n^*(x)| \leq \|x_n^*\| \|x\| \leq \|x\|$ $(n=1,2,\cdots)$ から, 逆向きの不等式が得られる. (証終)

定理 13.2 の証明 (必要性) $x(s)$ が強可測ならば, 単純関数列 $\{x_n(s)\}$ と零集合 A_0 が存在して, $\lim_{n\to\infty} \|x(s) - x_n(s)\| = 0$ $(s \in S \backslash A_0)$. 任意の $x^* \in X^*$ に対し, $x^*(x_n(s))$ が可測関数で, かつ $x^*(x(s)) = \lim_{n\to\infty} x^*(x_n(s))$ $(s \in S \backslash A_0,$ 即ち $a.e.s)$ であるから, $x^*(x(s))$ は可測関数である. ゆえに, $x(s)$ は弱可測である. 次に, $\bigcup_{n=1}^{\infty} x_n(S)$ が可算集合であるから, $\bigcup_{n=1}^{\infty} x_n(S)$ の閉包 X_0 は可分である. そして $x(S \backslash A_0) \subset X_0$ であるから, $x(S \backslash A_0)$ も可分となり, $x(s)$ は殆んど可分値的である.

(十分性) $x(s)$ が可分値的であると仮定しても一般性を失わない[1]. このとき, $x(S)$ が可分であるゆえ, $x(S)$ から生成される閉線形部分空間 X_0 は可分な Banach 空間である. まず, 任意の $z^* \in X_0^*$ に対して $z^*(x(s))$ は可測関数である (換言すれば, $x(s)$ は S から X_0 への関数と考

---

1) 零集合を除外して考えればよい (系 13.4 の証明参照).

えて弱可測である)ことがわかる.実際,Hahn-Banachの定理(定理6.2参照)から,$z^* \in X_0^*$ に対し,$x^*(z) = z^*(z)$ $(z \in X_0)$ を満足するような $x^* \in X^*$ が存在する.$x(S) \subset X_0$ のゆえ $z^*(x(s)) = x^*(x(s))$ $(s \in S)$.$x^*(x(s))$ が可測である(仮定)から,$z^*(x(s))$ は可測関数である.これから次のことがいえる:

(13.1) $\begin{cases} \text{任意の } z^* \in X_0^*,\ z \in X_0 \text{ に対し,} \\ z^*(x(s) - z) = z^*(x(s)) - z^*(z) \\ \text{は可測関数である.} \end{cases}$

X_0 は可分な Banach 空間であるから,補助定理13.3により,X_0^* の可算部分集合 $\{z_1^*, z_2^*, \cdots, z_n^*, \cdots\}$ が存在し,

$$\|y\| = \sup_{n \geq 1} |z_n^*(y)| \quad (y \in X_0)$$

が成立している.ゆえに,任意の $z \in X_0$,$s \in S$ に対して $\|x(s) - z\| = \sup_{n \geq 1} |z_n^*(x(s) - z)|$.各 $z_n^*(x(s) - z)$ は可測関数である((13.1)による)から,次のことが成立する:

(13.2) $\begin{cases} \text{任意の } z \in X_0 \text{ に対し,} \\ \|x(s) - z\| \text{ は可測関数である.} \end{cases}$

$x(S)$ が可分であるから,$x(S)$ は稠密な可算部分集合 $\{x_1, x_2, \cdots, x_k, \cdots\}$ をもつ.$\varepsilon > 0$ を任意に与え,

$$E_k = \{s\ ;\ \|x(s) - x_k\| < \varepsilon\} \quad (k = 1, 2, \cdots)$$

とおく.$\{x_1, x_2, \cdots, x_k, \cdots\}$ が $x(S)$ で稠密であることか

ら，$\bigcup_{k=1}^{\infty} E_k = S$ が得られる．また，(13.2) により，各 E_k は可測集合である．次に，

$$A_1 = E_1, \ A_k = E_k \setminus \bigcup_{i<k} E_i \quad (k=2,3,\cdots)$$

とおくと，$A_1, A_2, \cdots, A_k, \cdots$ は互いに素な可測集合で，かつ $\bigcup_{k=1}^{\infty} A_k = S$．そこで

$$x_\varepsilon(s) = x_k \quad (s \in A_k), \ k=1,2,\cdots$$

(即ち $x_\varepsilon(s)$ は $A_k \ (k=1,2,\cdots)$ 上で一定値 x_k をとる) とおけば，$x_\varepsilon(s)$ は単純関数で，かつ

(13.3) $\quad \|x(s) - x_\varepsilon(s)\| < \varepsilon \quad (s \in S)$．

$\varepsilon = 1/n \ (n=1,2,\cdots)$ とすると，$\{x_{1/n}(s)\}$ は単純関数列で，$x(s) = \lim_{n \to \infty} x_{1/n}(s) \ (s \in S)$ (S 上で一様収束している)．ゆえに，$x(s)$ は強可測である． (証終)

系 13.4. $x(s)$ が強可測ならば，適当な零集合 A_0 が存在し，$S \setminus A_0$ 上では，$x(s)$ は単純関数列の一様極限として表わされる．

証明 $x(s)$ が強可測ならば，前定理により，$x(s)$ は弱可測で，殆んど可分値的である．次に，前定理の十分性の証明において示したように，$x(s)$ が弱可側で，かつ可分値的 (即ち $x(S)$ が可分) であれば，(13.3) が成立する．ところで，$x(s)$ が殆んど可分値的のときは，$x(S \setminus A_0)$ が可分であるような零集合 A_0 が選べる．そこで S の代わりに $S \setminus A_0$ を考えると，$s \in S \setminus A_0$ に対して (13.3) が成立している．従って $x(s)$ は，$S \setminus A_0$ 上で，単純関数列

$\{x_{1/n}(s)\}$ の一様極限である. (証終)

系 13.5. S から可分な Banach 空間 X への関数が強可測であるための必要十分条件は,その関数が弱可測なことである.

定理 13.6. (i) $x_i(s)$ $(i=1,2)$ が強可測ならば,$\alpha_1 x_1(s) + \alpha_2 x_2(s)$ $(\alpha_i \in \Phi)$ も強可測である.

(ii) $x(s)$ が強可測で,$\alpha(s)$ $(\in \Phi)$ が有限値可測関数ならば,$\alpha(s)x(s)$ は強可測である.

(iii) $x_n(s)$ $(n=1,2,\cdots)$ が強可測で,$x(s) = \underset{n \to \infty}{w\text{-}\lim}\, x_n(s)$ $(a.e.\ s)$ ならば,$x(s)$ も強可測である.

証明 (i) は強可測の定義から明らかである.

(ii) $\alpha(s)$ が数値単純関数列の極限で表わされること,および数値単純関数と(ベクトル値)単純関数の積が単純関数であることから容易にわかる.

(iii) 仮定から,零集合 N_0 が存在して

(13.4) $x(s) = \underset{n \to \infty}{w\text{-}\lim}\, x_n(s)$ $(s \in S \setminus N_0)$.

$x_n(s)$ $(n=1,2,\cdots)$ が強可測であるゆえ,定理 13.2 から,$x_n(s)$ は殆んど可分値的である.ゆえに,$x_n(S \setminus N_n)$ が可分であるような零集合 N_n が存在する.

いま $N = \bigcup_{n=0}^{\infty} N_n$ とおくと,N は零集合で,かつ (13.4) から

(13.5) $x(s) = \underset{n \to \infty}{w\text{-}\lim}\, x_n(s)$ $(s \in S \setminus N)$.

$x_n(S \setminus N)$ $(\subset x_n(S \setminus N_n))$ が可分のゆえ,それらの和集

合 $\bigcup_{n=1}^{\infty} x_n(S \setminus N)$ も可分である.従って,$\bigcup_{n=1}^{\infty} x_n(S \setminus N)$ から生成される閉線形部分空間 X_0 は可分である.(13.5) が成立しているから,定理 7.9 により $x(s) \in$ "$\{x_1(s), x_2(s), \cdots\}$ から生成される閉線形部分空間" $\subset X_0$ ($s \in S \setminus N$);即ち $x(S \setminus N) \subset X_0$. ゆえに $x(S \setminus N)$ が可分となり,$x(s)$ は殆んど可分値的である.次に,(13.5) から,各 $x^* \in X^*$ に対して $x^*(x(s)) = \lim_{n \to \infty} x^*(x_n(s))$ $(a.e.s)$. $x^*(x_n(s))$ は可測関数であるから,その極限 $x^*(x(s))$ も可測関数である.従って,$x(s)$ は弱可測である.ゆえに,定理 13.2 により $x(s)$ は強可測である. (証終)

13.2. 作用素値関数の可測性

この小節では,X, Y は Banach 空間とし,S の各点 s に $B(X, Y)$(X から Y への有界線形作用素全体の作る Banach 空間)の 1 つの元 $U(s)$ を対応させる(作用素値)関数を考える.

定義 13.5. $U(s)$ を S から $B(X, Y)$ への関数とする.

(i) 任意の $x \in X$, $y^* \in Y^*$ に対して $y^*\{U(s)x\}$ が可測関数であるとき,$U(s)$ は**弱可測**であるという.

(ii) 任意の $x \in X$ に対し,S から Y への(ベクトル値)関数 $U(s)x$ が(定義 13.3 の意味で)強可測であるとき,$U(s)$ は**強可測**であるという.

(iii) $\lim_{n \to \infty} \|U(s) - U_n(s)\| = 0$ $(a.e.s)$ であるような,S から $B(X, Y)$ への単純関数の列 $\{U_n(s)\}$ が存在

するとき,$U(s)$ は**一様可測**であるという.

定義から,一様可測ならば強可測である;また強可測ならば弱可測である.

定理 13.7. (i) $U(s)$ が強可測であるための必要十分条件は,$U(s)$ が弱可測で,かつ各 $x \in X$ に対して(ベクトル値関数)$U(s)x$ が殆んど可分値的なことである.

(ii) $U(s)$ が一様可測であるための必要十分条件は,$U(s)$ が弱可測で,かつ殆んど可分値的(即ち零集合 A_0 が存在して,$U(S \setminus A_0)$ が $B(X,Y)$ の可分な部分集合)なことである.

証明 (i) は定理 13.2 から明らかである.

(ii) (必要性)$U(s)$ を一様可測とすると,(作用素値)単純関数列 $\{U_n(s)\}$ と零集合 A_0 が存在して,$\lim_{n \to \infty} \|U(s) - U_n(s)\| = 0$ $(s \in S \setminus A_0)$.

$\bigcup_{n=1}^{\infty} U_n(S)$ は $B(X,Y)$ の可算部分集合のゆえ,その閉包 W は $B(X,Y)$ の可分な部分集合である.$U(S \setminus A_0) \subset W$ であるから,$U(S \setminus A_0)$ は $B(X,Y)$ の可分な部分集合である.$U(s)$ が弱可測であることは明らか.

(十分性)$U(s)$ が弱可測のゆえ,各 $x \in X$ に対してベクトル値関数 $U(s)x$ は弱可測である.また,$U(s)$ が S から $B(X,Y)$ への(作用素値)関数として殆んど可分値的なことから,各 $x \in X$ に対してベクトル値関数 $U(s)x$ は殆んど可分値的である.よって,定理 13.2 から,各 $x \in X$ に対してベクトル値関数 $U(s)x$ は強可測(換言

すれば,作用素値関数 $U(s)$ が強可測)である.それゆえ任意の $V \in B(X, Y)$, $x \in X$ に対し,ベクトル値関数 $(U(s) - V)x = U(s)x - Vx$ は強可測,従って $\|(U(s) - V)x\|$ は可測関数である.

A_0 を,$U(S \setminus A_0)$ が $B(X, Y)$ の可分な部分集合であるような零集合とし,$\{U_1, U_2, \cdots, U_n, \cdots\}$ を $U(S \setminus A_0)$ で稠密な可算部分集合とする.いま,次のことを証明する.

(13.6) $\begin{cases} \text{任意の } V \in B(X, Y) \text{ に対し,} \|U(s) - V\| \text{ は} \\ S \setminus A_0 \text{ 上の可測関数である.} \end{cases}$

実際,$V \in B(X, Y)$ とする.作用素のノルムの定義から,各 n に対して

(13.7) $\begin{cases} \|x_{n,m}\| = 1, \\ \|(U_n - V)x_{n,m}\| > \|U_n - V\| - 1/m \\ \quad (m = 1, 2, \cdots) \end{cases}$

を満たす $\{x_{n,m}\}$ が選べる.$\|(U(s) - V)x_{n,m}\|$ が可測関数であるから,$g(s) = \sup\limits_{n, m \geq 1} \|(U(s) - V)x_{n,m}\|$ $(s \in S)$ は可測関数である.$g(s) = \|U(s) - V\|$ $(s \in S \setminus A_0)$ を示そう.$g(s) \leq \|U(s) - V\|$ $(s \in S)$ は明らか.

一方,$\{U_1, U_2, \cdots, U_n, \cdots\}$ が $U(S \setminus A_0)$ で稠密なことから,$s \in S \setminus A_0$,および自然数 m を任意にとり固定したとき,$\|U(s) - U_{n'}\| < 1/m$ が成立するように自然数 n' を選ぶことができる.

そして

$$g(s) \geqq \|(U(s)-V)x_{n',m}\|$$
$$\geqq \|(U_{n'}-V)x_{n',m}\| - \|(U(s)-U_{n'})x_{n',m}\|$$
$$\geqq \|U_{n'}-V\| - 1/m - \|(U(s)-U_{n'})\|$$
$$((13.7) \text{ による})$$
$$\geqq \|U(s)-V\| - 1/m - 2\|U(s)-U_{n'}\|$$
$$\geqq \|U(s)-V\| - 3/m.$$

ゆえに $g(s) \geqq \|U(s)-V\|$ $(s \in S \backslash A_0)$；従って $g(s) = \|U(s)-V\|$ $(s \in S \backslash A_0)$ を得る. $g(s)$ は可測関数であるから，(13.6) が示された.

次に，定理 13.2 の十分性の証明におけると同様にして，$U(s)$ を近似する（作用素値）単純関数列を作ればよい. $\varepsilon > 0$ を任意に与える. 各 k に対して $\|U(s)-U_k\|$ が $S \backslash A_0$ 上で可測関数であるから（(13.6) 参照），
$$E_k \equiv \{s\,;\, s \in S \backslash A_0,\ \|U(s)-U_k\| < \varepsilon\}$$
は可測集合（即ち $E_k \in \mathscr{F}$）である. そして $\{U_1, U_2, \cdots, U_k, \cdots\}$ が $U(S \backslash A_0)$ で稠密なことから，$\bigcup_{k=1}^{\infty} E_k = S \backslash A_0$ が得られる. それゆえ $A_1 = E_1$, $A_k = E_k \backslash \bigcup_{i<k} E_i$ $(k = 2, 3, \cdots)$ とおくと，$A_1, A_2, \cdots, A_k, \cdots$ は互いに素な可測集合で，かつ $\bigcup_{k=1}^{\infty} A_k = S \backslash A_0$. そこで
$$U_\varepsilon(s) = \begin{cases} U_k & (s \in A_k),\ k=1,2,\cdots \\ 0\,(\text{零作用素}) & (s \in A_0) \end{cases}$$
とおけば，$U_\varepsilon(s)$ は単純関数で，かつ
$$\|U(s)-U_\varepsilon(s)\| < \varepsilon \quad (s \in S \backslash A_0).$$
ゆえに $\lim_{n \to \infty} \|U(s)-U_{1/n}(s)\| = 0$ $(s \in S \backslash A_0,\ $ 即ち

$a.e.s$) が得られ，$U(s)$ は一様可測である． (証終)

§14. Bochner (ボッホナー) 積分

$(S, \mathscr{F}, \mu)$ を測度空間とし，X を Banach 空間とする．S 上で定義され X の元を値にもつ（ベクトル値）関数に対して Lebesgue 式の積分を考察するのが本節の目的である．

14.1. Bochner 積分

定義 14.1.（単純関数の **Bochner 積分**） $x(s)$ を S から X への単純関数とする．従って，$x(s) = x_n \ (s \in A_n)$ であるような $\{x_n\} \ (\subset X)$，および $S = \bigcup_{n=1}^{\infty} A_n$ なる互いに素な可測集合列 $\{A_n\}$ が存在する．$\|x(s)\|$ が S 上で（Lebesgue 式）可積分のとき，$x(s)$ は S 上で **Bochner 可積分**であるという．そしてこのとき $x(s)$ の **Bochner 積分**を

$$(14.1) \quad \int_S x(s) d\mu = \sum_{n=1}^{\infty} x_n \mu(A_n)$$
$$\left(= \lim_{k \to \infty} \sum_{n=1}^{k} x_n \mu(A_n) \equiv \lim_{k \to \infty} \sum_{n=1}^{k} \mu(A_n) x_n \right)$$

によって定義する．$\sum_{n=1}^{\infty} \|x_n\| \mu(A_n) = \int_S \|x(s)\| d\mu < \infty$ であるから，$\sum_{n=1}^{k} x_n \mu(A_n)$ は，$k \to \infty$ のとき，X の元に

収束し，かつこの極限は $x(s)$ の表わし方に依存しない[1]ゆえ（14.1）が意味をもつわけである．定義から

$$(14.2) \qquad \left\| \int_S x(s)d\mu \right\| \leq \int_S \|x(s)\|d\mu.$$

次に，一般の（ベクトル値）関数に対して Bochner 積分を定義しよう．

定義 14.2. $x(s)$ を S から X への関数とする．$\lim_{n\to\infty} x_n(s) = x(s)$ $(a.e.s)$，かつ

$$\lim_{n\to\infty} \int_S \|x(s)-x_n(s)\|d\mu = 0$$

であるような S 上で Bochner 可積分な単純関数の列 $\{x_n(s)\}$ が存在するとき，$x(s)$ は S 上で **Bochner 可積分**であるという．このとき $x(s)$ の **Bochner 積分**を

$$(14.3) \qquad \int_S x(s)d\mu = \lim_{n\to\infty} \int_S x_n(s)d\mu$$

によって定義する．

上の定義（14.3）が意味をもつことは次のことからわかる．まず，（14.3）の右辺の極限が存在することを示す．

$$\left\| \int_S x_n(s)d\mu - \int_S x_m(s)d\mu \right\|$$

---

[1] 上とは別に $x(s)$ が，$x(s) = y_m$ $(s \in B_m)$（ただし $\{B_m\}$ は互いに素な可測集合で $S = \bigcup_{m=1}^{\infty} B_m$）と表わされるならば，$\sum_{n=1}^{\infty} x_n\mu(A_n) = \sum_{m=1}^{\infty} y_m\mu(B_m)$ が成立する．

$$= \left\|\int_S \{x_n(s) - x_m(s)\}d\mu\right\|^{1)}$$

$$\leqq \int_S \|x_n(s) - x_m(s)\|d\mu$$

$$\leqq \int_S \|x_n(s) - x(s)\|d\mu + \int_S \|x(s) - x_m(s)\|d\mu$$

$$\to 0 \ (n, m \to \infty)$$

のゆえ,$\left\{\int_S x_n(s)d\mu\right\}$ は Cauchy 点列である.X は完備であるから,$\lim_{n\to\infty}\int_S x_n(s)d\mu$ が存在する.

次に,$\{z_n(s)\}$ が,

$$\lim_{n\to\infty} z_n(s) = x(s) \ (a.e.s),$$

$$\lim_{n\to\infty}\int_S \|x(s) - z_n(s)\|d\mu = 0$$

を満足する S 上で Bochner 可積分な単純関数列であるとすると,

$$\left\|\int_S z_n(s)d\mu - \int_S x_n(s)d\mu\right\|$$

---

1) $x_1(s), x_2(s)$ が S 上で Bochner 可積分な単純関数ならば,$x_1(s) + x_2(s)$,$\alpha x_1(s)$ は S 上で Bochner 可積分(単純関数)で,

$$\int_S \{x_1(s) + x_2(s)\}d\mu = \int_S x_1(s)d\mu + \int_S x_2(s)d\mu,$$

$$\int_S \alpha x_1(s)d\mu = \alpha \int_S x_1(s)d\mu$$

が成立する.(容易にわかる.)

$$= \left\| \int_S \{z_n(s) - x_n(s)\} d\mu \right\|$$
$$\leqq \int_S \|z_n(s) - x_n(s)\| d\mu$$
$$\leqq \int_S \|z_n(s) - x(s)\| d\mu + \int_S \|x(s) - x_n(s)\| d\mu$$
$$\to 0 \quad (n \to \infty).$$

ゆえに $\lim_{n \to \infty} \int_S z_n(s) d\mu = \lim_{n \to \infty} \int_S x_n(s) d\mu$；即ち (14.3) の右辺の極限は $x(s)$ を近似する Bochner 可積分単純関数列の選び方に依存しないことが示された．

系 14.1. $x(s)$ が S 上で Bochner 可積分ならば，

(i) $x(s)$ は強可測，

(ii) $\|x(s)\|$ は S 上で (Lebesgue 式) 可積分，

(iii) $\left\| \int_S x(s) d\mu \right\| \leqq \int_S \|x(s)\| d\mu$.

証明 $x(s)$ を近似する ($\lim_{n \to \infty} x_n(s) = x(s)$ $(a.e.s)$, $\int_S \|x(s) - x_n(s)\| d\mu \to 0$ $(n \to \infty)$ という意味で) Bochner 可積分単純関数列 $\{x_n(s)\}$ が選べる．

(i) は明らかである．

(ii) $x(s)$ が強可測であるから，$\|x(s)\|$ は可測関数である．そして
$$\int_S \|x(s)\| d\mu \leqq \int_S \|x(s) - x_n(s)\| d\mu + \int_S \|x_n(s)\| d\mu$$
$$< \infty.$$

(iii)

$$\left\|\int_S x_n(s)d\mu\right\| \leq \int_S \|x_n(s)\| d\mu,$$

$$\left|\int_S \|x_n(s)\|d\mu - \int_S \|x(s)\|d\mu\right|$$
$$\leq \int_S \|x_n(s) - x(s)\| d\mu \to 0 \ (n \to \infty)$$

のゆえ,

$$\left\|\int_S x(s)d\mu\right\| = \lim_{n \to \infty} \left\|\int_S x_n(s)d\mu\right\|$$
$$\leq \lim_{n \to \infty} \int_S \|x_n(s)\|d\mu = \int_S \|x(s)\|d\mu.$$

(証終)

定理 14.2.（Bochner の定理） $x(s)$ が S 上で Bochner 可積分であるための必要十分条件は, $x(s)$ が強可測で, かつ $\int_S \|x(s)\|d\mu < \infty$ なることである.

証明 必要性は系 14.1 において示した.

（十分性）$x(s)$ が強可測で, かつ $\int_S \|x(s)\|d\mu < \infty$ とする.

$S_0 = \{s \,;\, s \in S,\ \|x(s)\| = 0\}$,
$S_1 = \{s \,;\, s \in S,\ 1 < \|x(s)\|\}$
$S_n = \{s \,;\, s \in S,\ 1/n < \|x(s)\| \leq 1/(n-1)\}$
$(n = 2, 3, \cdots)$

とおくと, $\{S_0, S_1, \cdots, S_n, \cdots\}$ は互いに素な可測集合の族で, $\bigcup_{n=0}^{\infty} S_n = S$. そして $(1/n)\mu(S_n) \leq \int_{S_n} \|x(s)\|d\mu$

$$\leq \int_S \|x(s)\| d\mu < \infty$$ であるから,$n \geq 1$ に対して $\mu(S_n) < \infty$ である.

$n \geq 1$ とする.系 13.4(S_n を S とみなして)から,適当な零集合 N_n $(\subset S_n)$ が存在して,$x(s)$ は,$S_n \setminus N_n$ 上で,或る単純関数列の一様極限になっている.それゆえ任意の $\varepsilon > 0$ に対し,

$$(14.4) \quad \|x_{\varepsilon, n}(s) - x(s)\| < 2^{-n}\varepsilon/(1 + \mu(S_n))$$
$$(s \in S_n \setminus N_n)$$

を満足するような S_n 上で定義された単純関数 $x_{\varepsilon, n}(s)$ が選べる.いま

$$x_\varepsilon(s) = \begin{cases} x_{\varepsilon, n}(s) & (s \in S_n), \ n = 1, 2, \cdots \\ 0 & (s \in S_0) \end{cases}$$

によって $x_\varepsilon(s)$ を定義する.このとき,$x_\varepsilon(s)$ は(S 上で定義された)単純関数で,

$$\int_S \|x(s) - x_\varepsilon(s)\| d\mu = \sum_{n=1}^{\infty} \int_{S_n} \|x(s) - x_{\varepsilon, n}(s)\| d\mu$$
$$\leq \sum_{n=1}^{\infty} 2^{-n}\varepsilon = \varepsilon.$$

(ここに (14.4) を用いている)

そして

$$\int_S \|x_\varepsilon(s)\| d\mu \leq \int_S \|x_\varepsilon(s) - x(s)\| d\mu + \int_S \|x(s)\| d\mu$$
$$< \infty$$

のゆえ,$x_\varepsilon(s)$ は Bochner 可積分な単純関数である.

とくに $\varepsilon = 1/k$ $(k = 1, 2, \cdots)$ とおくと,$x_{1/k}(s)$ は

Bochner 可積分単純関数で,$\|x_{1/k}(s)-x(s)\| \to 0$ ($s \notin \bigcup_{n=1}^{\infty} N_n$, 従って $a.e.s$), かつ $\int_S \|x_{1/k}(s)-x(s)\|d\mu \leq 1/k \to 0$ ($k \to \infty$) を満足する. 従って, $x(s)$ は S 上で Bochner 可積分である.   (証終)

上の証明から次の系が得られる.

系 14.3. $x(s)$ が S 上で Bochner 可積分ならば, 任意の $\varepsilon>0$ に対し, 次の (14.5) を満足するような S の分割 $\{A_0, A_1, A_2, \cdots\}$ が存在する ($A_0, A_1, A_2, \cdots$ が互いに素な可測集合で, かつ $\bigcup_{k=0}^{\infty} A_k = S$ のとき, $\{A_0, A_1, A_2, \cdots\}$ は S の**分割**であるという):

(14.5) $\begin{cases} s_k \text{ を } A_k \text{ の任意の1つの元とし, 関数 } x_\varepsilon(s) \text{ を} \\ \quad x_\varepsilon(s) = x(s_k) \ (s \in A_k), k=0,1,2,\cdots \\ \text{によって定義すると, } x_\varepsilon(s) \text{ は Bochner 可積} \\ \text{分単純関数で, かつ} \\ \quad \int_S \|x(s)-x_\varepsilon(s)\|d\mu \leq \varepsilon. \end{cases}$

さらに (14.5) は分割 $\{A_0, A_1, A_2, \cdots\}$ の任意の細分割[1]に対しても成立している.

証明 $S_n, N_n (\subset S_n), x_{\varepsilon,n}(s)$ は前定理の証明の中で与えられたところの集合, および単純関数とする. $A_0 = S_0$, $A_1 = \bigcup_{n=1}^{\infty} N_n$ とおく. 各 N_n が零集合であるから,

---

[1] $\{B_l ; l=1,2,\cdots\}$ が S の分割で, 各 A_k が $\{B_l\}$ に属する集合の和集合として表わされるとき, $\{B_l\}$ を $\{A_0, A_1, A_2, \cdots\}$ の細分割という.

A_1 は零集合である.$x_{\varepsilon,n}(s)$ $(n=1,2,\cdots)$ は S_n 上の単純関数のゆえ,$S_n \setminus N_n = \bigcup_{i=1}^{\infty} A_{n,i}$,$x_{\varepsilon,n}(s) = $ 一定 $(s \in A_{n,i})$ であるような,互いに素な可測集合列 $\{A_{n,1}, A_{n,2}, \cdots\}$ が存在する.$\{A_{n,i}; n,i=1,2,\cdots\}$ を一列にならべたものを $\{A_2, A_3, \cdots\}$ とする.$\bigcup_{k=2}^{\infty} A_k = \bigcup_{n=1}^{\infty}(S_n \setminus N_n) = \bigcup_{n=1}^{\infty} S_n \setminus A_1$,$\bigcup_{n=1}^{\infty} S_n \supset A_1$ であるから,$\{A_0, A_1, A_2, \cdots\}$ は互いに素な可測集合の族で,かつ $\bigcup_{k=0}^{\infty} A_k = S$.即ち $\{A_0, A_1, A_2, \cdots\}$ は S の分割である.$\{A_0, A_1, A_2, \cdots\}$ が (14.5) を満足することを示す.

s_k を A_k の任意の1つの元とし
$$x_\varepsilon(s) = x(s_k) \ (s \in A_k), \ k = 0, 1, 2, \cdots$$
とおく.はじめに,$\|x_{\varepsilon,n}(s) - x(s)\| < 2^{-n}\varepsilon/(1+\mu(S_n))$ $(s \in S_n \setminus N_n, \ n \geq 1)$ であることを注意しておく.$s \in S_n \setminus N_n$(ただし $n \geq 1$)とする.このとき,$s \in A_{k_n}$ $(\subset S_n \setminus N_n)$ なる自然数 $k_n \geq 2$ が存在して,定義により $x_\varepsilon(s) = x(s_{k_n})$.また $x_{\varepsilon,n}(s)$ は A_{k_n} 上で一定であるから,$x_{\varepsilon,n}(s_{k_n}) = x_{\varepsilon,n}(s)$.

ゆえに,
$$\begin{aligned}\|x_\varepsilon(s) - x(s)\| &= \|x(s_{k_n}) - x(s)\| \\ &\leq \|x(s_{k_n}) - x_{\varepsilon,n}(s_{k_n})\| \\ &\quad + \|x_{\varepsilon,n}(s) - x(s)\| \\ &< 2^{-(n-1)}\varepsilon/(1+\mu(S_n)).\end{aligned}$$

結局

(14.6) $\quad \|x_\varepsilon(s) - x(s)\| < 2^{-(n-1)}\varepsilon/(1+\mu(S_n))$
$$(s \in S_n \backslash N_n, \ n \geq 1)$$

を得る．これと $\|x(s) - x_\varepsilon(s)\| = 0 \ (s \in A_0)$, および $\mu(A_1) = 0$ とから

$$\int_S \|x(s) - x_\varepsilon(s)\| d\mu = \int_{\bigcup_{k=2}^\infty A_k} \|x(s) - x_\varepsilon(s)\| d\mu$$
$$= \int_{\bigcup_{n=1}^\infty (S_n \backslash N_n)} \|x(s) - x_\varepsilon(s)\| d\mu$$
$$= \sum_{n=1}^\infty \int_{S_n \backslash N_n} \|x(s) - x_\varepsilon(s)\| d\mu$$
$$\leq \sum_{n=1}^\infty 2^{-(n-1)}\varepsilon = 2\varepsilon.$$

$\varepsilon > 0$ は任意のゆえ，2ε を改めて ε とおけば $\int_S \|x(s) - x_\varepsilon(s)\| d\mu \leq \varepsilon$ を得る．明らかに $x_\varepsilon(s)$ は Bochner 可積分単純関数であるから，(14.5) が示された．

次に，$\{B_l\}$ を $\{A_0, A_1, A_2, \cdots\}$ の細分割とする．s'_l を B_l の任意の 1 つの元とし，$x_\varepsilon(s) = x(s'_l) \ (s \in B_l)$ によって単純関数 $x_\varepsilon(s)$ を定義すると，この $x_\varepsilon(s)$ に対しても (14.6)，および $\|x(s) - x_\varepsilon(s)\| = 0 \ (s \in A_0)$ が成立することが容易にわかる．従って，上の証明と同様にして，$\{B_l\}$ に対しても (14.5) が成立している． (証終)

14.2. Bochner 積分の諸性質

S 上で Bochner 可積分な関数の全体を $L(S ; X)$ によって表わす．

定理 14.4. $x_i(\cdot) \in L(S; X)$, $\alpha_i \in \Phi$[1] $(i=1, 2)$ ならば, $\alpha_1 x_1(s) + \alpha_2 x_2(s)$ は S 上で Bochner 可積分で, かつ

$$(14.7) \quad \int_S \{\alpha_1 x_1(s) + \alpha_2 x_2(s)\} d\mu$$
$$= \alpha_1 \int_S x_1(s) d\mu + \alpha_2 \int_S x_2(s) d\mu.$$

証明 定義から容易にわかる.

定理 14.5. (収束定理) $x_n(\cdot) \in L(S; X)$ $(n=1, 2, \cdots)$ とする. $\|x_n(s)\| \leq g(s)$ $(a.e.s\,;\, n=1, 2, \cdots)$ を満たす (Lebesgue 式) 可積分な関数 $g(s)$ が存在し, かつ $x(s) = \lim_{n\to\infty} x_n(s)$ $(a.e.s)$ ならば, $x(\cdot) \in L(S; X)$ で, かつ次のことが成立する:

$$(14.8) \quad \lim_{n\to\infty} \int_S \|x_n(s) - x(s)\| d\mu = 0.$$

$$(14.9) \quad \lim_{n\to\infty} \int_S x_n(s) d\mu = \int_S x(s) d\mu.$$

証明 定理 13.6 (iii) により, $x(s)$ は強可測である. $\|x(s)\| \leq g(s)$ $(a.e.s)$ であるから, $\int_S \|x(s)\| d\mu < \infty$. 従って, 定理 14.2 により, $x(\cdot) \in L(S; X)$.

次に, $\|x_n(s) - x(s)\| \leq 2g(s)$ $(a.e.s\,;\, n=1, 2, \cdots)$, $\lim_{n\to\infty} \|x_n(s) - x(s)\| = 0$ $(a.e.s)$ であるから, Lebesgue の収束定理により, (14.8) が得られる.

---

[1] Φ は X の係数体.

$$\left\|\int_S x_n(s)d\mu - \int_S x(s)d\mu\right\| \leq \int_S \|x_n(s) - x(s)\|d\mu \to 0$$
$$(n \to \infty)$$

であるから，(14.9) が示された． (証終)

定理 14.6. $x_n(\cdot) \in L(S \,;\, X)$ $(n = 1, 2, \cdots)$,
$$\int_S \|x_n(s) - x_m(s)\|d\mu \to 0 \ (n, m \to \infty)$$

ならば，$x(\cdot) \in L(S \,;\, X)$ が存在して,

(14.10) $\int_S \|x_n(s) - x(s)\|d\mu \to 0 \ (n \to \infty)$.

証明 $\int_S \|x_n(s) - x_m(s)\|d\mu \to 0 \ (n, m \to \infty)$ とすると，容易にわかるように

$$\int_S \|x_{n_{i+1}}(s) - x_{n_i}(s)\|d\mu < 1/2^i \ (i = 1, 2, \cdots)$$

を満足する $\{n_i\}$（$\{n\}$ の部分列）が存在する．$g(s) = \|x_{n_1}(s)\| + \sum_{i=1}^{\infty} \|x_{n_{i+1}}(s) - x_{n_i}(s)\|$ $(s \in S)$ とおくと，$\int_S g(s)d\mu \leq \int_S \|x_{n_1}(s)\|d\mu + \sum_{i=1}^{\infty} 1/2^i < \infty$. ゆえに $g(s) < \infty$ $(a.e.s)$, 即ち $\|x_{n_1}(s)\| + \sum_{i=1}^{\infty} \|x_{n_{i+1}}(s) - x_{n_i}(s)\|$ が $a.e.s$ で収束している．このことから，$a.e.s$ に対して $\{x_{n_i}(s)\}$ は X の Cauchy 点列であることがわかる．実際，$k \geq j \to \infty$ のとき

$$\|x_{n_k}(s) - x_{n_j}(s)\| \leq \sum_{i=j}^{k-1} \|x_{n_{i+1}}(s) - x_{n_i}(s)\| \to 0$$

であるから. 従って, $\{x_{n_i}(s)\}$ は $a.e.s$ で収束する. い
ま
$$x(s) = \lim_{k \to \infty} x_{n_k}(s) \ (a.e.s)$$
とおき, またこの $a.e.s$ 以外の s ($\in S$) に対しては $x(s)$
$=0$ とおく.

$$\begin{aligned}\|x_{n_k}(s)\| &= \left\|x_{n_1}(s) + \sum_{i=1}^{k-1}\{x_{n_{i+1}}(s) - x_{n_i}(s)\}\right\| \\ &\leq \|x_{n_1}(s)\| + \sum_{i=1}^{k-1}\|x_{n_{i+1}}(s) - x_{n_i}(s)\| \\ &\leq g(s) \ (s \in S \ ; k = 1, 2, \cdots)\end{aligned}$$

であるから, 定理 14.5 により, $x(\cdot) \in L(S\,;X)$, かつ $\int_S \|x_{n_k}(s) - x(s)\|\,d\mu \to 0 \ (k \to \infty)$ である. 従って $\int_S \|x_n(s) - x(s)\|\,d\mu \to 0 \ (n \to \infty)$. (証終)

系 14.7. $x_i(\cdot) \in L(S\,;X)$ ($i=1,2$) に対して $(\alpha_1 x_1 + \alpha_2 x_2)(\cdot)$ ($\alpha_i \in \Phi$), および $\|x_1(\cdot)\|$ をそれぞれ

(14.11) $\quad (\alpha_1 x_1 + \alpha_2 x_2)(s) = \alpha_1 x_1(s) + \alpha_2 x_2(s)$

(14.12) $\quad\quad \|x_1(\cdot)\| = \int_S \|x_1(s)\|\,d\mu$

により定義する. $L(S\,;X)$ は線形演算 (14.11), およびノルム (14.12) によって Banach 空間を作る, ただし $x(s)=0$ ($a.e.s$) のとき $x(\cdot)=0$ と約束する.

証明 定理 14.4, 定理 14.6 から明らかである.

定理 14.8. X, Y を Banach 空間とし,$x(\cdot) \in L(S ; X)$ とする.

(ⅰ) T が X から Y への有界線形作用素ならば,$T[x(s)]$ は S 上で Bochner 可積分で,かつ

$$T\left[\int_S x(s)d\mu\right] = \int_S T[x(s)]d\mu.$$

(ⅱ) T が $D(T) \subset X$,$R(T) \subset Y$ なる閉作用素で,かつ $T[x(s)]$ が S 上で Bochner 可積分であれば,$\int_S x(s)d\mu \in D(T)$ で,しかも

$$T\left[\int_S x(s)d\mu\right] = \int_S T[x(s)]d\mu$$

が成立する.

証明 (ⅱ) $\varepsilon > 0$ とする.$x(\cdot) \in L(S ; X)$ のゆえ,系 14.3 から,(14.5) を満足するような S の分割 $\{A_0, A_1, A_2, \cdots\}$ が存在する.同様に,$T[x(s)]$ ($\in L(S ; Y)$) に対して (14.5) が成立するような S の分割 $\{B_0, B_1, B_2, \cdots\}$ が存在する.$\{E_0, E_1, E_2, \cdots\}$ を分割 $\{A_0, A_1, A_2, \cdots\}$ および $\{B_0, B_1, B_2, \cdots\}$ の両方に共通な細分割とする(このような細分割がつねに存在することは,$\{A_k\}$ と $\{B_k\}$ との合併分割 $\{A_k \cap B_j ; k, j = 0, 1, 2, \cdots\}$ を考えてみれば明らか).(14.5) は $\{E_0, E_1, E_2, \cdots\}$ に対しても成立しているから,$s_k \in E_k$ ($k = 0, 1, 2, \cdots$) とし,$x_\varepsilon(s)$ を

$$x_\varepsilon(s) = x(s_k) \ (s \in E_k), \ k = 0, 1, 2, \cdots$$

によって定義すると,$x_\varepsilon(s)$, $T[x_\varepsilon(s)]$ はともに Bochner 可積分単純関数で,

$$(14.13) \quad \begin{aligned} \int_S \|x(s)-x_\varepsilon(s)\|\,d\mu &\leqq \varepsilon, \\ \int_S \|T[x(s)]-T[x_\varepsilon(s)]\|\,d\mu &\leqq \varepsilon \end{aligned}$$

が成立する.

$$\int_S x_\varepsilon(s)d\mu = \sum_{k=0}^{\infty} x(s_k)\mu(E_k)$$
$$= \lim_{n\to\infty} \sum_{k=0}^{n} x(s_k)\mu(E_k),$$
$$\int_S T[x_\varepsilon(s)]d\mu = \sum_{k=0}^{\infty} T[x(s_k)]\mu(E_k)$$
$$= \lim_{n\to\infty} T[\sum_{k=0}^{n} x(s_k)\mu(E_k)]$$

であるから,T が閉作用素ということから

$$(14.14) \quad \begin{aligned} &\int_S x_\varepsilon(s)d\mu \in D(T), \\ &T\left[\int_S x_\varepsilon(s)d\mu\right] = \int_S T[x_\varepsilon(s)]d\mu \end{aligned}$$

が得られる.

$\{\varepsilon_n\}$ は,$\varepsilon_n > 0$, $\varepsilon_n \to 0$ $(n\to\infty)$ なる数列とする.(14.13), (14.14) から,

$$\left\|\int_S x_{\varepsilon_n}(s)d\mu - \int_S x(s)d\mu\right\| \leqq \varepsilon_n \to 0, \quad \text{かつ}$$

$$\left\| T\left[\int_S x_{\varepsilon_n}(s)d\mu\right] - \int_S T[x(s)]d\mu \right\|$$
$$= \left\| \int_S T[x_{\varepsilon_n}(s)]d\mu - \int_S T[x(s)]d\mu \right\|$$
$$\leq \varepsilon_n \to 0 \ (n\to\infty).$$

従って,T が閉作用素ということから

$$\int_S x(s)d\mu \in D(T),$$
$$T\left[\int_S x(s)d\mu\right] = \int_S T[x(s)]d\mu.$$

(i) $x(s)$ は強可測のゆえ,T の連続性から,$T[x(s)]$ も強可測である.さらに

$$\int_S \|T[x(s)]\|\,d\mu \leq \|T\|\int_S \|x(s)\|\,d\mu < \infty.$$

従って,定理 14.2 により,$T[x(s)]$ は S 上で Bochner 可積分である.X 上の有界線形作用素は閉作用素であるから,(ii) によって $T\left[\displaystyle\int_S x(s)d\mu\right] = \int_S T[x(s)]d\mu$[1].

(証終)

$(S,\mathscr{F},\mu)$ を 2 つの σ 有限測度空間 $(S_1,\mathscr{F}_1,\mu_1)$,$(S_2,\mathscr{F}_2,\mu_2)$ の直積測度空間とする;従って S は S_1 と S_2 の直積集合,$\mathscr{F}$ は $\mathscr{F}_1$ と $\mathscr{F}_2$ の直積 σ 集合体,μ は μ_1 と μ_2 の直積測度である.

定理 14.9.(**積分順序の交換定理**) $x(\cdot,\cdot)\in L(S;X)$

---

[1] Bochner 積分の定義からも容易に導ける.

ならば,

(i) $y(s_1) = \int_{S_2} x(s_1, s_2) d\mu_2$ が $a.e.\ s_1$ に対して存在し, $y(\cdot) \in L(S_1 ; X)$,

(ii) $z(s_2) = \int_{S_1} x(s_1, s_2) d\mu_1$ が $a.e.\ s_2$ に対して存在し, $z(\cdot) \in L(S_2 ; X)$,

(iii) $\displaystyle\int_S x(s_1, s_2) d\mu = \int_{S_1} \left[\int_{S_2} x(s_1, s_2) d\mu_2 \right] d\mu_1$
$\displaystyle\qquad\qquad\qquad\quad = \int_{S_2} \left[\int_{S_1} x(s_1, s_2) d\mu_1 \right] d\mu_2.$

証明 $x(s_1, s_2)$ が可分値的であると仮定しても一般性を失わない. 任意の $x^* \in X^*$ に対し, $x^*[x(s_1, s_2)]$ が $\mathscr{F}$-可測関数であるから, 各 $s_1 (\in S_1)$ を固定すると $x^*[x(s_1, s_2)]$ は s_2 の $\mathscr{F}_2$-可測関数である. これは各 s_1 を固定したとき, $x(s_1, s_2)$ が s_2 の関数として弱可測であることを意味している. 従って, 定理13.2から, 各 s_1 を固定すると $x(s_1, s_2)$ は s_2 の関数として強可測である.

$$\int_{S_1} \left[\int_{S_2} \|x(s_1, s_2)\| d\mu_2 \right] d\mu_1$$
$$\left(= \int_{S_2} \cdot \left[\int_{S_1} \|x(s_1, s_2)\| d\mu_1 \right] d\mu_2 \right)$$
$$= \int_S \|x(s_1, s_2)\| d\mu < \infty \quad (\text{Fubiniの定理})$$

から, $\displaystyle\int_{S_2} \|x(s_1, s_2)\| d\mu_2 < \infty\ (a.e.\ s_1)$. ゆえに, $a.e.\ s_1$ に対して $y(s_1) = \displaystyle\int_{S_2} x(s_1, s_2) d\mu_2$ が存在する (定理

14.2参照）；さらに，前定理（ⅰ）から，各 $x^* \in X^*$ に対して $x^*[y(s_1)] = \int_{S_2} x^*[x(s_1, s_2)] d\mu_2$. $x^*[x(s_1, s_2)]$ が S 上で可積分であるから，任意の $x^* \in X^*$ に対して $x^*[y(s_1)]$ は S_1 上で可積分である．ゆえに，$y(s_1)$ は弱可測である．次に，$x(S_1, S_2) = \{x(s_1, s_2) ; s_1 \in S_1, s_2 \in S_2\}$ から生成される閉線形部分空間を X_0 とすると X_0 は可分である．$y(S_1) \subset X_0$[1] であるから，$y(s_1)$ は可分値的である．よって，定理13.2から，$y(s_1)$ は強可測である．さらに，

$$\int_{S_1} \|y(s_1)\| d\mu_1 \leq \int_{S_1} \left[\int_{S_2} \|x(s_1, s_2)\| d\mu_2\right] d\mu_1 < \infty.$$

従って，定理14.2により $y(\cdot) \in L(S_1 ; X)$ となり，（ⅰ）が証明された．同様にして（ⅱ）が得られる．

最後に，前定理（ⅰ）と Fubini の定理により

$$x^* \left[\int_S x(s_1, s_2) d\mu\right] = \int_S x^*[x(s_1, s_2)] d\mu$$
$$= \int_{S_1} \left\{\int_{S_2} x^*[x(s_1, s_2)] d\mu_2\right\} d\mu_1$$
$$\left(= x^* \left[\int_{S_1} \left\{\int_{S_2} x(s_1, s_2) d\mu_2\right\} d\mu_1\right]\right)$$
$$= \int_{S_2} \left\{\int_{S_1} x^*[x(s_1, s_2)] d\mu_1\right\} d\mu_2$$

---

1) $y(s_1)$ は或る零集合を除いたところで定義されているが，その零集合上では例えば $y(s_1) = 0$ としておけばよい．

$$\left(= x^*\left[\int_{S_2}\left\{\int_{S_1} x(s_1,s_2)d\mu_1\right\}d\mu_2\right]\right)$$

$(x^* \in X^*)$. 従って, (iii) が成立する. (証終)

§15. 区間上のベクトル値関数

この節では $R^1 = (-\infty, \infty)$ における区間上で定義され Banach 空間 X の元を値にもつような関数のみを取り扱う.

15.1. 連続なベクトル値関数

定義 15.1. $x(s)$ を開区間 (a,b) から X への関数とし, $s_0 \in (a,b)$ とする.

(i) 任意の $x^* \in X^*$ に対して, $\lim_{s \to s_0} x^*[x(s)] = x^*[x(s_0)]$ なるとき, $x(s)$ は $s = s_0$ で**弱連続**であるという.

(ii) $\lim_{s \to s_0} x(s) = x(s_0)$, 即ち $\lim_{s \to s_0} \|x(s) - x(s_0)\| = 0$ なるとき, $x(s)$ は $s = s_0$ で**強連続**であるという.

$x(s)$ が (a,b) の各点で弱(強)連続のとき, $x(s)$ は (a,b) で弱(強)連続であるという.

また, 閉区間 $[a,b]$ から X への関数 $x(s)$ が $[a,b]$ で弱(強)連続であるとは, $x(s)$ が開区間 (a,b) で弱(強)連続で, かつ任意の $x^* \in X^*$ に対して

$$\lim_{s \to a+0} x^*[x(s)] = x^*[x(a)], \quad \lim_{s \to b-0} x^*[x(s)] = x^*[x(b)]$$

$$(\lim_{s \to a+0} \|x(s)-x(a)\| = 0, \quad \lim_{s \to b-0} \|x(s)-x(b)\| = 0)$$

なることである．

強連続ならば弱連続であるが，逆は成立しない．

例 15.1. $X = (l^2)$ とし，$e_1 = \{1, 0, 0, \cdots\}$，$e_2 = \{0, 1, 0, \cdots\}$，$e_3 = \{0, 0, 1, 0, \cdots\}$，$\cdots$ とする．このとき，$\|e_n\| = 1$ $(n = 1, 2, \cdots)$ で，かつ $w\text{-}\lim_{n \to \infty} e_n = 0$（例 7.2. 参照）．
$s_{n+1} < s_n$ $(n = 1, 2, \cdots)$，$\lim_{n \to \infty} s_n = 0$ なる正数列 $\{s_n\}$ を1つ選び，$[0, s_1]$ から X への関数 $x(s)$ を

$$x(s) = \begin{cases} \dfrac{s_{n+1}-s}{s_{n+1}-s_n} e_n + \dfrac{s-s_n}{s_{n+1}-s_n} e_{n+1} \\ \qquad\qquad (s \in [s_{n+1}, s_n]), \ n = 1, 2, \cdots \\ 0 \qquad\qquad (s = 0) \end{cases}$$

によって定義する．$x(s)$ が $(0, s_1)$ で強連続，かつ $\lim_{s \to s_1-0} \|x(s) - x(s_1)\| = 0$ なることは明らかである．また $w\text{-}\lim_{n \to \infty} e_n = 0$ から，任意の $x^* \in X^*$ に対して $\lim_{s \to 0+} x^*[x(s)] = x^*[x(0)]$．ゆえに，$x(s)$ は $[0, s_1]$ で弱連続である．一方，$\|x(s_n)\| = 1$ $(n = 1, 2, \cdots)$ から，$\overline{\lim}_{s \to 0+} \|x(s) - x(0)\| \neq 0$．よって $x(s)$ は $[0, s_1]$ で強連続ではない．

S を $R^1 = (-\infty, \infty)$ における1つの区間，$\mathfrak{M}$ を S に含まれる Lebesgue 可測集合の全体，m を Lebesgue 測度とする．$(S, \mathfrak{M}, m)$ は (Lebesgue) 測度空間であるから，S から X への (ベクトル値) 関数に対し，§13, §14

の方法で弱可測,強可測,および Bochner 積分等が定義される.

定理 15.1. (ⅰ) $x(s)$ が (a, b) で弱連続ならば,$x(s)$ は強可測である.

(ⅱ) $x(s)$ が有界閉区間 $[a, b]$ で弱連続ならば,$x(s)$ は $[a, b]$ 上で Bochner 可積分である.

証明 (ⅰ) (a, b) 上の連続関数は Lebesgue 可測関数であるから,任意の x^* に対して $x^*[x(s)]$ が Lebesgue 可測関数となる.従って,$x(s)$ は弱可測である.次に,$x(s)$ が可分値的であることを示す.

X_0 を $\{x(r) ; r \in (a, b), r = 有理数\}$ から生成される X の閉線形部分空間とすると,X_0 は可分である.$x(s)$ が (a, b) で弱連続なることから $\{x(s) ; s \in (a, b)\} \subset X_0$ (実際,$s \in (a, b)$ に対して $\lim_{n \to \infty} r_n = s$, $r_n \in (a, b)$ なる有理数列 $\{r_n\}$ が存在する.$w\text{-}\lim_{n \to \infty} x(r_n) = x(s)$ のゆえ,定理 7.9 によって $x(s) \in$ "$\{x(r_n) ; n = 1, 2, \cdots\}$ から生成される閉線形部分空間" $\subset X_0$).ゆえに,$x(s)$ は可分値的である.従って,定理 13.2 により,$x(s)$ は強可測である.

(ⅱ) $\sup_{s \in [a, b]} |x^*[x(s)]| < \infty$ $(x^* \in X^*)$ であるから,定理 7.5 により,$\|x(s)\|$ は $[a, b]$ 上で有界な関数である.これと $x(s)$ の強可測性とから,$x(s)$ は $[a, b]$ 上で Bochner 可積分である(定理 14.2 参照). (証終)

注意 $x(s)$ が有界閉区間 $[a, b]$ で強連続ならば,当然

$x(s)$ は $[a,b]$ 上で Bochner 可積分なわけであるが,この場合 $x(s)$ の $[a,b]$ 上の積分を Riemann（リーマン）流に定義することもできる.そして Riemann 流積分は,$[a,b]$ 上の Bochner 積分と一致することが示される（問題 7 参照）.

$x(s)$ の $[a,b]$ 上の Bochner 積分 $\displaystyle\int_{[a,b]} x(s)d\mu$ を今後は $\displaystyle\int_a^b x(s)ds$ によって表わすことにする.

有限測度をもつ,有限個の互いに素な（Lebesgue）可測集合の各々の上で 0 でない一定値 $(\in X)$ をとり,残りでは値 0 をとる R^1 から X への関数を**有限値的単純関数**と呼ぶことにする.即ち $x(s)$ が有限値的単純関数であるとは,$m(A_k)<\infty$ $(k=1,2,\cdots,n)$ なる有限個の互いに素な可測集合 $A_1, A_2, \cdots, A_n$ が存在して,各 A_k 上で $x(s)=$ 一定 $\neq 0$,かつ,$x(s)=0$ $(s\notin\bigcup_{k=1}^n A_k)$ となることである[1].明らかに有限値的単純関数は Bochner 可積分単純関数である.

$x(s)$ を R^1 から X への単純関数とする.定義から,$x(s)=x_k$ $(s\in A_k)$ であるような $\{x_k\}$ $(\subset X)$,および $R^1=\bigcup_{k=1}^\infty A_k$ なる互いに素な可測集合列 $\{A_k\}$ が存在する.いま,この $x(s)$ が R^1 上で Bochner 可積分とすると

$$\sum_{k=1}^\infty \|x_k\| m(A_k) = \int_{-\infty}^\infty \|x(s)\|\,ds < \infty\,;$$

---

[1] $x(s)=0$ $(s\in R^1)$ なる関数も有限値的単純関数という.

このことから次の $(a), (b)$ が導かれる：

(a) $\qquad x_k \neq 0$ ならば $m(A_k) < \infty$,

(b) $\qquad x_n(s) = \begin{cases} x_k & (s \in A_k), \ k=1,2,\cdots,n \\ 0 & (s \notin \bigcup_{k=1}^{n} A_k) \end{cases}$

によって定義される $x_n(s)$ $(n=1,2,\cdots)$ は有限値的単純関数で，かつ

$$(15.1) \quad \int_{-\infty}^{\infty} \|x_n(s) - x(s)\| \, ds = \sum_{k=n+1}^{\infty} \|x_k\| m(A_k)$$
$$\to 0 \quad (n \to \infty).$$

よって次の補助定理を得る．

補助定理 15.2. $x(s)$ が R^1 上で Bochner 可積分な単純関数ならば，

$$\lim_{n \to \infty} \int_{-\infty}^{\infty} \|x_n(s) - x(s)\| \, ds = 0$$

を満足する有限値的単純関数列 $\{x_n(s)\}$ が存在する．

$x(s)$ が R^1 から X への関数のとき，集合 $\{s\,;\,s \in R^1,\ \|x(s)\| \neq 0\}$ の閉包を $x(s)$ の台という．コンパクトな台をもつ R^1 上で強連続な関数の全体を $C_0(R^1\,;\,X)$ で表わす．

定理 15.3. $C_0(R^1\,;\,X)$ は Banach 空間 $L(R^1\,;\,X)$ において稠密である．換言すれば，$x(\cdot) \in L(R^1\,;\,X)$ ならば，任意の $\varepsilon > 0$ に対して

$$(15.2) \qquad \int_{-\infty}^{\infty} \|x(s) - x_\varepsilon(s)\| \, ds < \varepsilon$$

を満足するような $x_\varepsilon(\cdot) \in C_0(R^1 ; X)$ が存在する.

証明 $\varepsilon > 0$ とする. Bochner 積分の定義と補助定理 15.2 から, 任意の有限値的単純関数 $x(s)$ に対し, (15.2) を満たす $x_\varepsilon(\cdot) \in C_0(R^1 ; X)$ が選べることを示せばよい.

$x(s)$ を恒等的に 0 でない有限値的単純関数とする[1]. 従って, $m(A_k) < \infty$ $(k=1,2,\cdots,n)$ なる互いに素な可測集合 $A_1, A_2, \cdots, A_n$, および $0 \neq x_k \in X$ $(k=1,2,\cdots,n)$ が存在して

$$x(s) = \begin{cases} x_k & (s \in A_k), \quad k=1,2,\cdots,n \\ 0 & (s \notin \bigcup_{k=1}^{n} A_k) \end{cases}$$

と表わせる. このとき, 十分大なる $a > 0$ に対して $A_k \subset [-a, a]$ $(k=1,2,\cdots,n)$ として一般性を失わない. 実際, 任意の有限値的単純関数はこのような性質をもつ有限値的単純関数により, (15.2) の意味で近似されるからである.

$I_A(s)$ を集合 A ($\subset R^1$) の特性関数 (即ち $I_A(s) = 1$ $(s \in A)$, $I_A(s) = 0$ $(s \notin A)$) とすると, $x(s)$ は次のように表わせる:

$$x(s) = \sum_{k=1}^{n} I_{A_k}(s) x_k \quad (s \in R^1).$$

各 A_k に対し,

---

[1] $x(s) \equiv 0$ のときは, $x_\varepsilon(\cdot) = x(\cdot)$ ($\in C_0(R^1 ; X)$) とおけば (15.2) は自明である.

$$F_{k,\varepsilon} \subset A_k \subset G_{k,\varepsilon} \subset (-a-1, a+1),$$
$$m(G_{k,\varepsilon} \setminus F_{k,\varepsilon}) < \varepsilon/(n\|x_k\|)$$

を満たす開集合 $G_{k,\varepsilon}$ と閉集合 $F_{k,\varepsilon}$ がとれる.$F_{k,\varepsilon}$ と $G_{k,\varepsilon}^c$ は互いに素な閉集合であるから,Urysohn(ウリゾーン)の補題により,$g_{k,\varepsilon}(s) = 1$ $(s \in F_{k,\varepsilon})$, $g_{k,\varepsilon}(s) = 0$ $(s \in G_{k,\varepsilon}^c)$, $0 \leq g_{k,\varepsilon}(s) \leq 1$ $(s \in R^1)$ を満たす R^1 上の連続関数 $g_{k,\varepsilon}(s)$ が存在する[1].

$$x_\varepsilon(s) = \sum_{k=1}^n g_{k,\varepsilon}(s) x_k \quad (s \in R^1)$$

とおけば,$x_\varepsilon(\cdot) \in C_0(R^1 ; X)$ で,かつ

$$\int_{-\infty}^\infty \|x(s) - x_\varepsilon(s)\| \, ds$$

$$\leq \sum_{k=1}^n \int_{-\infty}^\infty \|(I_{A_k}(s) - g_{k,\varepsilon}(s)) x_k\| \, ds$$

$$\leq \sum_{k=1}^n \|x_k\| \, m(G_{k,\varepsilon} \setminus F_{k,\varepsilon}) < \varepsilon.$$

(証終)

定理 15.4. $x(\cdot) \in L(R^1 ; X)$ ならば,

(15.3) $\displaystyle \lim_{h \to 0} \int_{-\infty}^\infty \|x(s+h) - x(s)\| \, ds = 0.$

証明 $C_0(R^1 ; X)$ に属する関数に対して(15.3)が成立することは容易にわかる.$x(\cdot) \in L(R^1 ; X)$ とする.

---

[1] とくに Urysohn の補題を用いる必要はない,例えば,
$$g_{k,\varepsilon}(s) = \frac{\mathrm{dis}(s, G_{k,\varepsilon}^c)}{\mathrm{dis}(s, F_{k,\varepsilon}) + \mathrm{dis}(s, G_{k,\varepsilon}^c)}$$
とおけばよい,ただし $\mathrm{dis}(s, A)$ は s と A との距離.

定理 15.3 により,任意の $\varepsilon > 0$ に対して

$$\int_{-\infty}^{\infty} \|x(s) - x_\varepsilon(s)\| \, ds < \varepsilon/2$$

を満足する $x_\varepsilon(\cdot) \in C_0(R^1; X)$ が存在する.

$\displaystyle\int_{-\infty}^{\infty} \|x(s+h) - x(s)\| \, ds$

$\displaystyle\leqq \int_{-\infty}^{\infty} \|x(s+h) - x_\varepsilon(s+h)\| \, ds$

$\displaystyle + \int_{-\infty}^{\infty} \|x_\varepsilon(s+h) - x_\varepsilon(s)\| \, ds + \int_{-\infty}^{\infty} \|x_\varepsilon(s) - x(s)\| \, ds$

$\displaystyle < \int_{-\infty}^{\infty} \|x_\varepsilon(s+h) - x_\varepsilon(s)\| \, ds + \varepsilon.$

ゆえに $\displaystyle\limsup_{h \to 0} \int_{-\infty}^{\infty} \|x(s+h) - x(s)\| \, ds \leqq \varepsilon$ となり,(15.3)が成立する. (証終)

注意 上述の諸結果は n 次元 Euclid 空間 R^n から X への関数に対しても成立している.証明の仕方も全く同じである.

15.2. ベクトル値関数の微分可能性

定義 15.2. $x(s)$ を開区間 (a, b) から X への関数とし,$S_0 \in (a, b)$ とする.

(i) X の元 z_0 が存在し,任意の $x^* \in X^*$ に対して

$$\lim_{h \to 0} x^*[x(s_0 + h) - x(s_0)]/h = x^*(z_0)$$

なるとき,$x(s)$ は $s = s_0$ で**弱微分可能**であるという.ま

た，z_0 を $x(s)$ の $s = s_0$ における**弱微係数**といい，$[D_w x](s_0)$ によって表わす．

(ⅱ) $$\lim_{h \to 0} [x(s_0+h)-x(s_0)]/h = z_0$$

が存在するとき，$x(s)$ は $s = s_0$ で強微分可能であるといい，z_0 を $x(s)$ の $s = s_0$ における**強微係数**という．そして z_0 を $[Dx](s_0)$ または $x'(s_0)$ で表わす．

$x(s)$ が (a,b) の各点で強（弱）微分可能のとき，$x(s)$ は (a,b) で強（弱）微分可能であるという．このとき，$[Dx](s)$（$[D_w x](s)$）を $(d/ds)x(s)$（$w\text{-}(d/ds)x(s)$）ともかく．

注意 $\lim_{h \to 0+} [x(s_0+h)-x(s_0)]/h = z_0$ が存在するとき，z_0 を $x(s)$ の $s = s_0$ における**右強微係数**という．同様に**左強微係数，右（左）弱微係数**が定義できる．$x(s)$ が (a,b) で強（弱）微分可能で，かつ $s=a$ において右強（弱）微係数が存在するとき，$x(s)$ は半開区間 $[a,b)$ で強（弱）微分可能であるという；さらに $s=b$ で左強（弱）微係数が存在すれば，$x(s)$ は閉区間 $[a,b]$ で強（弱）微分可能であるといわれる．

定義から，$x(s)$ が $s=s_0$ で強微分可能ならば，$x(s)$ はその点で弱微分可能で，かつ $[D_w x](s_0) = [Dx](s_0)$ である．

定理 15.5. $x(s)$ が (a,b) で弱微分可能で $[D_w x](s) = 0$（$s \in (a,b)$）ならば，$x(s)$ は (a,b) 上で一定値（$\in X$）をとる．

証明 $x^* \in X^*$, $s_0 \in (a,b)$ とする. 仮定から (a,b) 上で $(d/ds)x^*[x(s)] = 0$ のゆえ,
$$x^*[x(s)] - x^*[x(s_0)] = \int_{s_0}^{s} (d/dt)x^*[x(t)]dt$$
$$= 0 \quad (s \in (a,b)).$$
この式は任意の $x^* \in X^*$ に対して成立しているから,
$$x(s) = x(s_0) \quad (s \in (a,b)). \tag{証終}$$

定義 15.3. 有界閉区間 $[a,b]$ から X への関数 $x(s)$ が次の (15.4) を満たしているとき, $x(s)$ は $[a,b]$ で**強絶対連続**であるという.

$$(15.4) \quad \begin{cases} \text{任意の } \varepsilon > 0 \text{ に対して } \delta > 0 \text{ が存在して,} \\ [a,b] \text{ に含まれる互いに素な有限個の } [a_i, b_i) \\ (i = 1, 2, \cdots, n) \text{ に対して} \\ \sum_{i=1}^{n}(b_i - a_i) < \delta \text{ ならば} \\ \sum_{i=1}^{n} \|x(b_i) - x(a_i)\| < \varepsilon. \end{cases}$$

有界閉区間 $[a,b]$ 上で強絶対連続な関数は $[a,b]$ で強連続であるが, 逆は成立しない. 今後 $[a,b]$ はつねに有界閉区間とする.

$x(s)$ は $[a,b]$ から X への関数とする. $[a,b]$ の分割 $\Delta: a = s_0 < s_1 < \cdots < s_n = b$ に対して $V_\Delta = \sum_{i=1}^{n} \|x(s_i) - x(s_{i-1})\|$ とおき, $\mathrm{Var}[x(s)] = \sup_\Delta V_\Delta$ と定義する. ここに $\sup_\Delta$ は $[a,b]$ のすべての分割 Δ についての上限を意味する. $\mathrm{Var}[x(s)] < \infty$ のとき, $x(s)$ は $[a,b]$ で**強有界変**

分であるという．$[a,b]$ で強絶対連続な関数は強有界変分であることが，実数値関数の場合と同様にして証明できる[1]．

さて，$[a,b]$ で定義された実数値（または複素数値）関数 $G(s)$ に対して次の定理はよく知られている：

Radon-Nikodým の定理 $G(s)$ が $[a,b]$ で絶対連続であるための必要十分条件は，$[a,b]$ 上で Lebesgue 可積分な関数 $g(s)$ が存在して，$G(s) - G(a) = \int_a^s g(t) dt$ $(s \in [a,b])$ と表わされることである．そしてこのとき，$G(s)$ は $a.e.s$ において微分可能で，かつ $G'(s) = g(s)$ $(a.e.s)$．

ベクトル値関数に対しても同様の結果が得られるであろうか？　以下このことを調べてみる．

定理 15.6. $x(s)$ が $[a,b]$ 上で Bochner 可積分，即ち $x(\cdot) \in L([a,b]\,;X)$，ならば，

(15.5) $\quad \lim_{h \to 0} \dfrac{1}{h} \int_s^{s+h} \|x(t) - x(s)\| \, dt = 0 \quad (a.e.s)$,

(15.6) $\quad \lim_{h \to 0} \dfrac{1}{h} \int_s^{s+h} x(t) dt = x(s) \quad (a.e.s)$.

証明 $x(s)$ は殆んど可分値的であるから，$x([a,b] \setminus N_0)$ が可分であるような零集合 $N_0 \,(\subset [a,b])$ が存在する．$\{x_1, x_2, \cdots, x_n, \cdots\}$ を $x([a,b] \setminus N_0)$ の稠密部分集合とする．$\|x(s) - x_n\|$ $(n = 1, 2, \cdots)$ は $[a,b]$ 上 で Lebesgue 可積分であるから，各 n に対して次の（15.7）を満たす

---

[1]　例えば，鶴見茂著"前掲書，定理 15.3"参照．

ような零集合 N_n ($\subset [a,b]$) が存在する[1]:

(15.7) $\displaystyle\lim_{h\to 0} \frac{1}{h}\int_s^{s+h} \|x(t)-x_n\| dt$

$= \|x(s)-x_n\|$ ($s\in [a,b]\setminus N_n$).

$N = \bigcup_{k=0}^{\infty} N_k$ とおくと,N は零集合である.

$s\in [a,b]\setminus N$ とする.このとき $\displaystyle\lim_{h\to 0} \frac{1}{h}\int_s^{s+h} \|x(t)-x_n\| dt = \|x(s)-x_n\|$ がすべての n ($\geqq 1$) に対して成立している.また,$s\in [a,b]\setminus N_0$ であるから,任意の $\varepsilon > 0$ に対し,$\|x(s)-x_m\| < \varepsilon/2$ を満たす x_m が選べる.

$\left|\displaystyle\int_s^{s+h} \|x(t)-x(s)\| dt\right|$

$\leqq \left|\displaystyle\int_s^{s+h} \|x(t)-x_m\| dt\right| + \left|\displaystyle\int_s^{s+h} \|x(s)-x_m\| dt\right|$

$< \left|\displaystyle\int_s^{s+h} \|x(t)-x_m\| dt\right| + (\varepsilon/2)|h|$,

$\displaystyle\lim_{h\to 0} \frac{1}{h}\int_s^{s+h} \|x(t)-x_m\| dt = \|x(s)-x_m\| < \varepsilon/2$

であるから,$\displaystyle\limsup_{h\to 0} \left|\frac{1}{h}\int_s^{s+h} \|x(t)-x(s)\| dt\right| < \varepsilon$;$\varepsilon$ (>0) は任意のゆえ

$$\lim_{h\to 0} \frac{1}{h}\int_s^{s+h} \|x(t)-x(s)\| dt = 0.$$

よって (15.5) が証明された.(15.6) は (15.5) から容易に得られる. (証終)

---

[1] Lebesgue の定理である.例えば,鶴見茂著"前掲書,103 頁の問題 19 とその解答"参照.

系 15.7. $x(s)$ は $[a,b]$ 上で Bochner 可積分とする.
$$y(s) = \int_a^s x(t)dt \quad (s \in [a,b])$$
とおくと, $y(s)$ は $[a,b]$ 上で強絶対連続, $a.e.s$ において強微分可能で, かつ $y'(s) = x(s)$ $(a.e.s)$.

証明 $\int_a^s \|x(t)\| dt$ が $[a,b]$ で絶対連続であることから $y(s)$ の強絶対連続性は容易に得られる. 次に, (15.6) から, $y(s)$ は $a.e.s$ において強微分可能で, かつ $y'(s) = x(s)$ $(a.e.s)$. (証終)

一般には, 強絶対連続性から $a.e.$ での強可微分性が得られない (次の例参照). この点が実数値関数の場合と著しく異なる. しかしながら, X に "回帰的" という付帯条件を付ければ, ベクトル値関数に対しても Radon-Nikodým 型の定理が成立する (系 15.10 参照).

例 15.2. $X = L^1(-\infty, \infty)$ とおく. A $(\subset (-\infty, \infty))$ の特性関数を $I_A(\cdot)$ で表わす. $[0,1]$ から X への関数 $y(s)$ を
$$y(s) = I_{[0,s]}(\cdot) \quad (s \in [0,1])$$
によって定義する. $b > a$ $(a,b \in [0,1])$ に対し, $y(b) - y(a) = I_{(a,b]}(\cdot)$,
$$\|y(b) - y(a)\| = \int_{-\infty}^{\infty} |I_{(a,b]}(t)| dt = b - a.$$
ゆえに, $y(s)$ は $[0,1]$ で強絶対連続である. 次に, $y(s)$ が $(0,1)$ の各点で強微分可能でないことを示す. $s \in (0,1)$ とする. 十分小なる $h > 0$ に対し,

$$\frac{y(s+2h)-y(s)}{2h} - \frac{y(s+h)-y(s)}{h}$$
$$= \frac{1}{2h}I_{(s,s+2h]}(\cdot) - \frac{1}{h}I_{(s,s+h]}(\cdot)$$
$$= \frac{1}{2h}I_{(s+h,s+2h]}(\cdot) - \frac{1}{2h}I_{(s,s+h]}(\cdot);$$

従って
$$\left\| \frac{y(s+2h)-y(s)}{2h} - \frac{y(s+h)-y(s)}{h} \right\|$$
$$= \frac{1}{2h}\int_{-\infty}^{\infty} |I_{(s+h,s+2h]}(t) - I_{(s,s+h]}(t)|\, dt$$
$$= 1.$$

これは $y(s)$ が s で強微分可能でないことを示している.

定理 15.8. $y(s)$ が $[a,b]$ で強絶対連続, $a.e.\,s$ で弱微分可能ならば, $y(s)$ の弱微係数 $x(s)$ は $[a,b]$ 上で Bochner 可積分で, かつ

$$(15.8)\quad y(s)-y(a) = \int_a^s x(t)dt \quad (s \in [a,b]).$$

従って, 前系から, $y(s)$ は $a.e.\,s$ において強微分可能で, $y'(s) = x(s)\ (a.e.\,s)$.

証明 $h_n = (b-a)/n\ (n=1,2,\cdots)$ とおき, $x_n(s)$ を

$$x_n(s) = \begin{cases} [y(a+kh_n) - y(a+(k-1)h_n)]/h_n \\ \quad (s \in [a+(k-1)h_n, a+kh_n]), \\ \quad k = 1,2,\cdots,n-1 \\ [y(a+nh_n) - y(a+(n-1)h_n)]/h_n \\ \quad (s \in [a+(n-1)h_n, a+nh_n]) \end{cases}$$

によって定義する．$[D_w y](s) = x(s)$ $(a.e.\,s)$ であるから

(15.9) $\quad w\text{-}\lim_{n\to\infty} x_n(s) = x(s) \quad (a.e.\,s).$

各 $x_n(s)$ が強可測のゆえ（その $a.e.$ 弱極限関数）$x(s)$ は強可測である（定理 13.6 (iii) 参照）．$y(s)$ は $[a,b]$ で強有界変分であるから，$M = \mathrm{Var}[y(s)] < \infty$. ゆえに

$$\int_a^b \|x_n(s)\| ds = \sum_{k=1}^n \int_{a+(k-1)h_n}^{a+kh_n} \|x_n(s)\| ds$$
$$= \sum_{k=1}^n \|y(a+kh_n) - y(a+(k-1)h_n)\|$$
$$\leq M \quad (n=1,2,\cdots).$$

また，(15.9) から，$\|x(s)\| \leq \liminf_{n\to\infty} \|x_n(s)\|$ $(a.e.\,s)$. 従って，Fatou の補助定理により，

$$\int_a^b \|x(s)\| ds \leq \int_a^b \liminf_{n\to\infty} \|x_n(s)\| ds$$
$$\leq \liminf_{n\to\infty} \int_a^b \|x_n(s)\| ds \leq M.$$

それゆえ，定理 14.2 から，$x(s)$ は $[a,b]$ 上で Bochner 可積分である．

次に (15.8) を示す．任意の $x^* \in X^*$ に対し，$x^*[y(s)]$ は絶対連続であるから，Radon-Nikodym の定理により

$$x^*[y(s) - y(a)] = x^*[y(s)] - x^*[y(a)]$$
$$= \int_a^s \frac{d}{dt}[x^*(y(t))] dt$$

$$= \int_a^s x^*[x(t)]dt$$
$$= x^*\left[\int_a^s x(t)dt\right] \quad (s \in [a,b]).$$

よって (15.8) を得る. (証終)

注意 上の証明から次のことがわかる：(i) $y(s)$ が $[a,b]$ で強有界変分, $a.e.s$ で弱微分可能ならば, $y(s)$ の弱微係数 $x(s)$ は $[a,b]$ 上で Bochner 可積分である. (ii) (i) の仮定のほかにさらに "任意の $x^* \in X^*$ に対して $x^*[y(s)]$ が絶対連続" を仮定すれば, (15.8) が成立する.

定理 15.9. X を回帰的な Banach 空間とする. $y(s)$ が $[a,b]$ で強絶対連続ならば, $y(s)$ は $a.e.s$ で強微分可能, その強微係数 $y'(s)$ は $[a,b]$ 上で Bochner 可積分で, かつ

(15.10) $y(s) - y(a) = \int_a^s y'(t)dt \ (s \in [a,b]).$

証明 (第1段)

(15.11) $\limsup\limits_{h \to 0} \|[y(s+h)-y(s)]/h\| < \infty \ (a.e.s)$

を証明する.

$N = \{s \,;\, s \in (a,b), \limsup\limits_{h \to 0} \|[y(s+h)-y(s)]/h\| = \infty\}$

とおく. いま $m^*(N) > 0$ であるとする. ここに m^* は Lebesgue 外測度を表わす. $k > 0$ を任意にとり固定しておく. 任意の $s \in N$ と任意の $\varepsilon > 0$ に対して

$0<|h_{s,\varepsilon}|<\varepsilon$ および $\|y(s+h_{s,\varepsilon})-y(s)\|>k|h_{s,\varepsilon}|$ を満足する実数 $h_{s,\varepsilon}$ が存在する．$I_{s,\varepsilon}=[s,s+h_{s,\varepsilon}]$[1] とおく．閉区間の族 $\{I_{s,\varepsilon};s\in N,\ \varepsilon>0\}$ は N を Vitali（ヴィタリ）の意味で被うゆえ，この族から互いに素な有限個の $I_{s_i,\varepsilon_i}\ (i=1,2,\cdots,l)$ を選び，

$$m^*\left(N\setminus\bigcup_{i=1}^{l} I_{s_i,\varepsilon_i}\right)<m^*(N)/2$$

とすることができる（Vitali の被覆定理）．ゆえに

$$\sum_{i=1}^{l}|h_{s_i,\varepsilon_i}|=\sum_{i=1}^{l}m(I_{s_i,\varepsilon_i})>m^*(N)/2.$$

$\|y(s_i+h_{s_i,\varepsilon_i})-y(s_i)\|>k|h_{s_i,\varepsilon_i}|$, $I_{s_i,\varepsilon_i}\cap I_{s_j,\varepsilon_j}=\emptyset\ (i\neq j)$ であるから

$$\mathrm{Var}[y(s)]\geqq\sum_{i=1}^{l}\|y(s_i+h_{s_i,\varepsilon_i})-y(s_i)\|$$
$$\geqq k\sum_{i=1}^{l}|h_{s_i,\varepsilon_i}|>km^*(N)/2.$$

$k>0$ は任意のゆえ，$\mathrm{Var}[y(s)]=\infty$．これは $y(s)$ が $[a,b]$ で強有界変分であることに反する．従って $m^*(N)=0$，それゆえ $m(N)=0$ となり，（15.11）が示された[2]．

(第2段) $y(s)$ が $a.e.s$ で弱微分可能であることを示す．$[a,b]$ に属する有理数の全体を $\{r_1,r_2,\cdots,r_n,\cdots\}$ とし，

---

[1] $h_{s,\varepsilon}>0$ ならば $I_{s,\varepsilon}=[s,s+h_{s,\varepsilon}]$．$h_{s,\varepsilon}<0$ ならば $I_{s,\varepsilon}=[s+h_{s,\varepsilon},s]$．

[2] 証明からわかるように，$y(s)$ が $[a,b]$ で強有界変分ならば（15.11）が成立している．

$\{y(r_n)\,;\, n=1,2,\cdots\}$ から生成される閉線形部分空間を X_0 とする. $y(s)$ の強連続性から

(15.12) $\quad y([a,b]) = \{y(s)\,;\, s \in [a,b]\} \subset X_0$.

X_0 は可分で,かつ定理 7.6 により回帰的な Banach 空間である. 従って,X_0^* も可分である(定理 7.3 参照).

$\{x_1^*, x_2^*, \cdots, x_n^*, \cdots\}$ を X_0^* の稠密部分集合とする. $x^* \in X_0^*$ に対し,$\lim_{h\to 0} x^*[y(s+h)-y(s)]/h$ が存在しない(即ち $h \to 0$ のとき $x^*[y(s+h)-y(s)]/h$ が収束しない)ような $s\ (\in [a,b])$ の全体を E_{x^*} で表わす. $m(E_{x^*})=0$ $(x^* \in X_0^*)$ である. 実際,$x^* \in X_0^*$ に対し,$z^*(x) = x^*(x)\ (x \in X_0)$ なる $z^* \in X^*$ が選べる (Hahn-Banach の定理). $z^*[y(s)]$ は $[a,b]$ で絶対連続のゆえ,Radon-Nikodým の定理により,a.e. s で $\lim_{h\to 0} z^*[y(s+h)-y(s)]/h$ が存在する. (15.12) より $x^*[y(s+h)-y(s)] = z^*[y(s+h)-y(s)]$ であるから,$m(E_{x^*})=0$ を得る. $E = \bigcup_{n=1}^{\infty} E_{x_n^*}$ とおくと,$m(E)=0$. 次に,(15.11) から,適当な零集合 $N\ (\subset [a,b])$ が存在して

(15.13) $\quad \begin{cases} s \in [a,b]\setminus N \text{ ならば} \\ \{\|y(s+h)-y(s)\|/h\,;\, |h|(\neq 0) \text{ 十分小}\} \\ \text{は有界である.} \end{cases}$

$s \in [a,b]\setminus (E\cup N)$ とする. $s \notin E = \bigcup_{n=1}^{\infty} E_{x_n^*}$ であるから,各 n に対して $\lim_{h\to 0} x_n^*[y(s+h)-y(s)]/h$ が存在する. これと (15.13),および $\{x_n^*\,;\, n=1,2,\cdots\}$ が X_0^* で稠密なことから

(15.14) $\begin{cases} \text{任意の } x^* \in X_0^* \text{に対し,} \\ \lim_{h \to 0} x^*[y(s+h)-y(s)]/h \text{ が存在する.} \end{cases}$

J を X から X^{**} への自然な写像とし, $y^{**}(s+h) = Jy(s+h)$, $y^{**}(s) = Jy(s)$ とおく. $z^* \in X^*$ は X_0^* の元とみなせる[1]から, (15.14) により, $\lim_{h \to 0} [y^{**}(s+h) - y^{**}(s)](z^*)/h = \lim_{h \to 0} z^*[y(s+h) - y(s)]/h$ がすべての $z^* \in X^*$ に対して存在する. そこで

$$x^{**}(s)[z^*] = \lim_{h \to 0} [y^{**}(s+h) - y^{**}(s)](z^*)/h \ (z^* \in X^*)$$

とおくと, $x^{**}(s) \in X^{**}$ (定理 7.11 参照). X は回帰的であるから

$$x^{**}(s)[z^*] = z^*[x(s)] \quad (z^* \in X^*)$$

を満たす $x(s) \in X$ が存在する. そして

$$\lim_{h \to 0} z^*[y(s+h) - y(s)]/h = z^*[x(s)] \ (z^* \in X^*),$$

即ち $y(s)$ は s で弱微分可能で, その弱微係数は $x(s)$ である. $m(E \cup N) = 0$ であるから, 結局 "$y(s)$ は a.e. s で弱微分可能, かつ $[D_w y](s) = x(s)$ (a.e. s)" が示された. 従って, 定理 15.8 により, $x(s)$ は $[a, b]$ 上で Bochner 可積分で, かつ $y(s) - y(a) = \int_a^s x(t)dt$ ($s \in [a, b]$). それゆえ $y(s)$ は a.e. s において強微分可能で,

---

[1] z^* の定義域を X_0 へ制限したものは X_0 上の有界線形汎関数であるから.

$y'(s) = x(s) \ (a.e.s)$. 以上で定理が証明された.

(証終)

系 15.7 と定理 15.9 とから次の Radon-Nikodým 型の定理が得られる.

系 15.10. X を回帰的な Banach 空間とする. $y(s)$ が $[a,b]$ で強絶対連続であるための必要十分条件は, $[a,b]$ 上で Bochner 可積分な関数 $x(s)$ が存在して

$$y(s) - y(a) = \int_a^s x(t)dt \ (s \in [a,b])$$

と表わされることである. そしてこのとき, $y(s)$ は $a.e.s$ において強微分可能で, かつ $y'(s) = x(s) \ (a.e.s)$ である.

第6章の問題

以下の問題において X は Banach 空間とする.

1. $x(s): S \to X$, $\varphi(s): S \to X^*$ が共に強可測ならば, $\varphi(s)x(s)$ は可測関数であることを示せ.

2. $x(s): S \to X$ は S 上で Bochner 可積分な単純関数とする. 従って, $x(s) = x_n \ (s \in A_n)$ であるような $\{x_n\} \subset X$, および $S = \bigcup_{n=1}^{\infty} A_n$ なる互いに素な可測集合列 $\{A_n\}$ が存在して, 級数 $\sum_{n=1}^{\infty} x_n \mu(A_n)$ は収束している (定義 14.1 参照). 次の (i) ~ (iii) を示せ.

 (i) 各 $x^* \in X^*$ に対し, $x^*[x(s)]$ は S 上で (Lebesgue 式) 積分可能で

$$\int_S x^*[x(s)]d\mu = x^*\left(\sum_{n=1}^{\infty} x_n \mu(A_n)\right).$$

 (ii) $x(s)$ が $x(s) = y_m$ $(s \in B_m)$, ただし $\{B_m\}$ は互いに素な可測集合で $S = \bigcup_{m=1}^{\infty} B_m$, とも表わすことができるならば

$$\sum_{n=1}^{\infty} x_n \mu(A_n) = \sum_{m=1}^{\infty} y_m \mu(B_m).$$

従って,和 $\sum_{n=1}^{\infty} x_n \mu(A_n)$ は $x(s)$ の表現の仕方に無関係な一定値である.

 (iii) $x^*\left[\int_S x(s)d\mu\right] = \int_S x^*[x(s)]d\mu$ $(x^* \in X^*)$.

3. $x_1(s), x_2(s) : S \to X$ が共に S 上で Bochner 可積分な単純関数ならば, $x_1(s) + x_2(s)$, $\alpha x_1(s)$ $(\alpha \in \Phi)$ も S 上で Bochner 可積分な単純関数で,かつ

$$\int_S [x_1(s) + x_2(s)]d\mu = \int_S x_1(s)d\mu + \int_S x_2(s)d\mu,$$
$$\int_S \alpha x_1(s)d\mu = \alpha \int_S x_1(s)d\mu$$

が成立することを示せ.

4. $x_i(\cdot) \in L(S; X)$, $\alpha_i \in \Phi$ $(i = 1, 2)$ ならば,$\alpha_1 x_1(\cdot) + \alpha_2 x_2(\cdot) \in L(S; X)$ で,かつ

$$\int_S [\alpha_1 x_1(s) + \alpha_2 x_2(s)]d\mu = \alpha_1 \int_S x_1(s)d\mu + \alpha_2 \int_S x_2(s)d\mu$$

が成立することを証明せよ.

5. $\{A_0, A_1, A_2, \cdots\}$ は系 14.3 において与えられた S の分割とする.$\{A_0, A_1, A_2, \cdots\}$ の任意の細分割に対しても (14.5) が成立していることを証明せよ.

6. Bochner 積分の定義から次のことを導け.$x(\cdot) \in L(S; X)$, T が X から Y (Banach 空間) への有界線形作用素なら

ば,$T[x(s)]$ は S 上で Bochner 可積分で, かつ
$$T\left[\int_S x(s)d\mu\right] = \int_S T[x(s)]d\mu. \text{(定理 14.8 (i))}$$

7. $x(s) (\in X)$ は有界閉区間 $[a,b]$ において強連続とする. $[a,b]$ を $n-1$ 個の分点 $s_1, s_2, \cdots, s_{n-1}$ により n 個の小区間に分割する:
$$\Delta : a = s_0 < s_1 < \cdots < s_{n-1} < s_n = b.$$
各小区間 $[s_{i-1}, s_i]$ から任意の点 τ_i を選び, 次のような和
$$S(\Delta) = \sum_{i=1}^n x(\tau_i)(s_i - s_{i-1})$$
を作る. $\delta(\Delta) = \max\{(s_i - s_{i-1}) ; 1 \leqq i \leqq n\}$ とおく. 次の (i), (ii) を証明せよ.

(i) $\delta(\Delta) \to 0$ のとき, $S(\Delta)$ は分割の仕方, および $\tau_i, \tau_2, \cdots, \tau_n$ の選び方には無関係に, 一定の元 $x_0 \in X$ に収束する. 即ち, 任意の $\varepsilon > 0$ に対し, $\delta > 0$ を適当に定めると
$$\delta(\Delta) < \delta \text{ ならば } \|S(\Delta) - x_0\| < \varepsilon.$$
この x_0 を $x_0 = (R)\int_a^b x(s)ds$ で表わす. $((R)\int_a^b x(s)ds$ は $x(s)$ の $[a,b]$ 上の Riemann 流積分である.)

(ii) $(R)\int_a^b x(s)ds = \int_a^b x(s)ds.$ (右辺は Bochner 積分)

8. $x(\cdot) \in C_0(R^1 ; X)$ ならば,
$$\lim_{h \to 0} \int_{-\infty}^\infty \|x(s+h) - x(s)\|ds = 0$$
であることを示せ.

9. $[a,b]$ は有界閉区間, $y(s) : [a,b] \to X$ は $a.e.s \in [a,b]$ で弱微係数 $x(s)$ をもつとする. $h_n = \dfrac{b-a}{n}$ $(n=1,2,\cdots)$ とし,

$$x_n(s) = \begin{cases} [y(a+kh_n)-y(a+(k-1)h_n)]/h_n \\ \quad (s \in [a+(k-1)h_n, a+kh_n)), \ k=1,2,\cdots,n-1 \\ [y(a+nh_n)-y(a+(n-1)h_n)]/h_n \\ \quad (s \in [a+(n-1)h_n, a+nh_n]) \end{cases}$$

とおくとき,$w\text{-}\lim_{n\to\infty} x_n(s) = x(s)$ $(a.e.\ s)$ を証明せよ.

10. 次の (ⅰ)〜(ⅲ) を証明せよ.

(ⅰ) $\mathrm{ess\,sup}_{0\leq s\leq 1}\|x(s)\| < \infty$ を満足する $[0,1]$ 上の強可測関数 $x(s)$ $(\in X)$ の全体を $L^\infty([0,1]; X)$ で表わす.ノルム $\|x(\cdot)\| = \mathrm{ess\,sup}_{0\leq s\leq 1}\|x(s)\|$ によって $L^\infty([0,1]; X)$ は Banach 空間になる.

(ⅱ) $\varphi(s) \in L^\infty([0,1]; X^*)$ とする.任意の $x(\cdot) \in L([0,1]; X)$ に対して $\varphi(\cdot)x(\cdot) \in L[0,1]$ である.次に

$$F(x(\cdot)) = \int_0^1 \varphi(s)x(s)ds \ (x(\cdot) \in L([0,1]; X))$$

とおくと,$F \in \{L([0,1]; X)\}^*$ で,かつ $\|F\| \leq \mathrm{ess\,sup}_{0\leq s\leq 1}\|\varphi(s)\|$.

(ⅲ) X を回帰的とする.任意の $F \in \{L([0,1]; X)\}^*$ に対し,1つ,かつただ1つの $\varphi(\cdot) \in L^\infty([0,1]; X^*)$ が対応して

$$F(x(\cdot)) = \int_0^1 \varphi(s)x(s)ds \ (x(\cdot) \in L([0,1]; X)),$$

$$\|F\| \leq \mathrm{ess\,sup}_{0\leq s\leq 1}\|\varphi(s)\|.$$

(ヒント.$\psi(t)x = F(I_{[0,t]}(\cdot)x)$ $(x \in X,\ t \in [0,1])$, ただし $I_{[0,t]}(s)$ は $[0,t]$ の特性関数,とおいて,$\psi(t) \in X^*$,および任意の $a,b \in [0,1]$ に対して $\|\psi(b)-\psi(a)\| \leq \|F\| |b-a|$ が成立することを示し,系 15.10 を利用する.)

(ⅱ),(ⅲ) から,X が回帰的ならば $\{L([0,1]; X)\}^* = L^\infty([0,1]; X^*)$.

第7章 線形作用素の半群

本章を通して,X は(複素)Banach 空間とする.

§16. 線形作用素の半群

16.1. 半群の可測性と連続性

定義 16.1. 次の性質をもつ作用素の族 $\{T(t); t>0\}$ を**線形作用素の半群**または簡単に**半群**と呼ぶ.

(i) 各 $t>0$ に対し,$T(t)$ は X からそれ自身への有界線形作用素,

(ii) $T(t+s) = T(t)T(s)$ $(t, s>0)$.

定義 16.2. $\{T(t); t>0\}$ を半群とする.

(i) 各 $x \in X$ に対し,ベクトル値関数 $T(t)x$ が $(0, \infty)$ 上で強(弱)連続のとき,$\{T(t); t>0\}$ を**強連続(弱連続)半群**という.

(ii) $\lim_{h \to 0} \|T(t+h) - T(t)\| = 0$ $(t>0)$ が成立しているとき,$\{T(t); t>0\}$ を**一様連続半群**という.

$\{T(t); t>0\}$ が半群のとき,作用素値関数 $T(t): (0, \infty) \to B(X)$ の可測性(§13.2 参照)と連続性の関係

を調べてみる.

補助定理 16.1. $\{T(t) ; t > 0\}$ を半群とする. 各 $x \in X$ に対し, $\|T(t)x\|$ が (Lebesgue) 可測ならば, $\|T(t)\|$ は任意の区間 $[a, b]$ ($0 < a < b < \infty$) 上で有界である.

証明 一様有界性の定理により, 各 $x \in X$ に対して $\|T(t)x\|$ が $[a, b]$ 上で有界であることを示せばよい. いま, 或る $x (\in X)$ に対して $\|T(t)x\|$ が $[a, b]$ 上で有界でないとすると, $\|T(t_n)x\| \geqq n$ ($n = 1, 2, 3, \cdots$), $t_n \to t_0$ ($n \to \infty$) を満足する $t_n \in [a, b]$ ($n = 0, 1, 2, \cdots$) が選べる. また, $\|T(t)x\|$ の可測性から,

$$m(F) > t_0/2, \quad F \subset [0, t_0], \quad \sup_{t \in F} \|T(t)x\| \leqq M$$

なる可測 (閉) 集合 F, および定数 $M > 0$ が存在する (Lusin (ルージン) の定理を用いればよい). $E_n = \{t_n - s ; s \in F \cap [0, t_n)\}$ とおくと, E_n は可測集合で, 十分大なる n に対して $m(E_n) \geqq t_0/2$.

$$\begin{aligned} n &\leqq \|T(t_n)x\| = \|T(t_n - s)T(s)x\| \\ &\leqq \|T(t_n - s)\| \|T(s)x\| \\ &\leqq M \|T(t_n - s)\| \quad (s \in F \cap [0, t_n)) \end{aligned}$$

であるから, $n/M \leqq \|T(t)\|$ ($t \in E_n$). そこで $E = \bigcap_{k=1}^{\infty} \bigcup_{n=k}^{\infty} E_n$ とおくと, $m(E) \geqq t_0/2$ (> 0) で, しかも $\|T(t)\| = \infty$ ($t \in E$). 即ち $\|T(t)\|$ が正測度集合 E 上で $+\infty$ となる. これは $\|T(t)\| < \infty$ ($t \in (0, \infty)$) に反する.

(証終)

§16. 線形作用素の半群

定理 16.2. $\{T(t); t>0\}$ を半群とする.

（ⅰ） $\{T(t); t>0\}$ が強連続であるための必要十分条件は, $T(t)$ が強可測なことである.

（ⅱ） $\{T(t); t>0\}$ が一様連続であるための必要十分条件は, $T(t)$ が一様可測なことである.

証明 （ⅰ）のみを証明する（（ⅱ）も同様）．はじめに, $T(t)$ が強可測であると仮定する．各 $x \in X$ に対し, ベクトル値関数 $T(t)x$ が強可測のゆえ, $\|T(t)x\|$ は可測である．従って, 補助定理 16.1 により, $\|T(t)\|$ は任意の区間 $[a,b]$ $(0<a<b<\infty)$ 上で有界である.

$t>0$ を任意にとり固定しておく. $0<a<b<t$ なる a, b を選ぶと, $0<h<t-b$ なる h に対して

$$(b-a)[T(t \pm h)x - T(t)x]$$
$$= \int_a^b [T(t \pm h) - T(t)]x \, ds$$
$$= \int_a^b T(s)[T(t \pm h - s)x - T(t-s)x]ds;$$

よって

$$(b-a)\|T(t \pm h)x - T(t)x\|$$
$$\leq \int_a^b \|T(s)\| \|T(t \pm h - s)x - T(t-s)x\| ds$$
$$\leq M \int_a^b \|T(t \pm h - s)x - T(t-s)x\| ds$$
$$= M \int_{t-b}^{t-a} \|T(s \pm h)x - T(s)x\| ds,$$

ここに $M = \sup_{a \leqq s \leqq b} \|T(s)\|$.

$\int_{t-b}^{t-a} \|T(s \pm h)x - T(s)x\| ds \to 0 \ (h \to 0)$ ($T(s)x$ が任意の区間 $[\alpha, \beta]$ $(0 < \alpha < \beta < \infty)$ 上で Bochner 可積分のゆえ,定理 15.4 を用いればよい)であるから,$\lim_{h \to 0} \|T(t \pm h)x - T(t)x\| = 0$ $(x \in X)$. よって,$T(t)$ が強可測ならば $\{T(t) ; t > 0\}$ は強連続である.逆は定理 15.1 から明らか. (証終)

系 16.3. $\{T(t) ; t > 0\}$ を半群とする.

(i) $\{T(t) ; t > 0\}$ が強連続であるための必要十分条件は,$T(t)$ が弱可測,かつ各 $x \in X$ に対して(ベクトル値関数)$T(t)x$ が殆んど可分値的なことである.

(ii) $\{T(t) ; t > 0\}$ が一様連続であるための必要十分条件は,$T(t)$ が弱可測で,かつ殆んど可分値的(即ち零集合 A_0 が存在して,$\{T(t) ; t \in (0, \infty) \setminus A_0\}$ が $B(X)$ の可分な部分集合)なことである.

証明 必要性は明らか.十分性は,定理 13.7 と定理 16.2 とから得られる.

系 16.4. 右(左)弱連続半群[1] $\{T(t) ; t > 0\}$ は強連続である.従って,半群に対しては,弱連続性と強連続性とは同値である.

---

1) 各 $x \in X$, $x^* \in X^*$ に対して

$$\lim_{h \to +0} x^*[T(t+h)x] = x^*[T(t)x] \quad (t > 0)$$

が成立しているとき,半群 $\{T(t) ; t > 0\}$ は**右弱連続**であるという.同様に,**左弱連続半群**が定義される.

証明 $T(t)$ は弱可測のゆえ,系16.3により,各 $x \in X$ に対して $T(t)x$ が殆んど可分値的であることを示せばよい.

E を $\{T(r)x\,;\,r$ は正の有理数 $\}$ から張られる閉線形部分空間とする.E は明らかに可分である.さて,$\{T(t)x\,;\,t>0\} \subset E$ であることが示されれば,$T(t)x$ は可分値的となり系の証明が終わる.

いま,$\{T(t)x\,;\,t>0\} \not\subset E$ とすると,或る $t_0 > 0$ が存在して $T(t_0)x \notin E$. Hahn-Banach の定理から,
$$x_0^*(y) = 0 \ (y \in E), \ x_0^*(T(t_0)x) = 1$$
なる如き $x_0^* \in X^*$ が存在する.よって,すべての有理数 $r > 0$ に対して $x_0^*(T(r)x) = 0$. さて,$\{T(t)\,;\,t>0\}$ が右弱連続のときは $r_n > t_0$, $\lim_{n\to\infty} r_n = t_0$, また左弱連続のときには $r_n < t_0$, $\lim_{n\to\infty} r_n = t_0$ なる有理数列 $\{r_n\}$ を選ぶと,$x_0^*(T(t_0)x) = \lim_{n\to\infty} x_0^*(T(r_n)x) = 0$. これは $x_0^*(T(t_0)x) = 1$ であることに反する.従って $\{T(t)x\,;\,t>0\} \subset E$. (証終)

16.2. (C_0) 半群

定義 16.3. $\{T(t)\,;\,t>0\}$ を半群とし,$T(0) = I$ (恒等作用素)とおく.

(ⅰ) 各 $x \in X$ に対して $T(t)x$ が $[0, \infty)$ 上で強連続のとき,即ち
$$\lim_{s \to t} T(s)x = T(t)x \ (t \geq 0, \ x \in X)$$

が成立しているとき,$\{T(t) ; t \geq 0\}$ を (C_0) 半群という.

(ii) $\lim_{s \to t} \|T(s) - T(t)\| = 0$ $(t \geq 0)$ を満足するとき,$\{T(t) ; t \geq 0\}$ を $(C_0)_u$ 半群と呼ぶ. 従って,$(C_0)_u$ 半群はつねに (C_0) 半群である.

定義から,(C_0) $((C_0)_u)$ 半群は強連続(一様連続)半群である. しかし, 逆は, 一般には成立しない.

定理 16.5. $\{T(t) ; t > 0\}$ を半群とするとき, 次の $(a_1) \sim (a_4)$ は互いに同値である:

(a_1) $\{T(t) ; t \geq 0\}$ は (C_0) 半群である.

(a_2) $\lim_{h \to 0+} T(h)x = x$ $(x \in X)$.

(a_3) $\lim_{h \to 0+} x^*(T(h)x) = x^*(x)$ $(x \in X, \ x^* \in X^*)$.

(a_4) $\{T(t) ; t > 0\}$ は強連続,$\bigcup_{t > 0} T(t)[X]$ は X において稠密で, かつ $\|T(t)\| \leq M$ $(0 < t \leq 1)$ なる定数 $M > 0$ が存在する.

証明 $(a_1) \Rightarrow (a_2) \Rightarrow (a_3) \Rightarrow (a_4) \Rightarrow (a_1)$ の順で証明する. はじめに "$(a_1) \Rightarrow (a_2)$, $(a_2) \Rightarrow (a_3)$" は自明である. 次に "$(a_3) \Rightarrow (a_4)$" を示す. 任意の $t > 0$ に対し, $h \to 0+$ のとき

$$x^*(T(t+h)x) = x^*(T(t)T(h)x) = (T(t)^*x^*)(T(h)x)$$
$$\to (T(t)^*x^*)(x) = x^*(T(t)x)$$
$$(x \in X, \ x^* \in X^*).$$

よって $\{T(t) ; t > 0\}$ は右弱連続である. 系 16.4 を用いて,$\{T(t) ; t > 0\}$ は強連続となる. これと (a_3) とか

ら,各 $x \in X$ に対し,$T(t)x$ は $[0,1]$ 上で弱連続,よって一様有界性定理(定理 7.5)により,$\sup_{0 \leq t \leq 1} \|T(t)x\| < \infty$ $(x \in X)$. 再び一様有界性定理(定理 4.1)を用いて,$\sup_{0 \leq t \leq 1} \|T(t)\| < \infty$.

次に,$\overline{\bigcup_{t>0} T(t)[X]} = X$ を示す.これが成立しないとすると,$x_0 \notin \overline{\bigcup_{t>0} T(t)[X]}$ なる $x_0 \in X$ が存在する.ここで $\overline{\bigcup_{t>0} T(t)[X]}$ が X の閉線形部分空間であることに注意する.(実際,半群の性質から,$t > s$ (> 0) ならば $T(s)[X] \supset T(t)[X]$. このことから,$\bigcup_{t>0} T(t)[X]$ は X の線形部分空間であることが容易にわかる.)Hahn-Banach の定理(系 6.4 参照)より

$$x_0^*(y) = 0 \ (y \in \overline{\bigcup_{t>0} T(t)[X]}), \ x_0^*(x_0) = 1$$

を満足する $x_0^* \in X^*$ が存在する.とくに $x_0^*(T(t)x_0) = 0$ $(t > 0)$. よって $x_0^*(x_0) = \lim_{t \to 0+} x_0^*(T(t)x_0) = 0$. これは $x_0^*(x_0) = 1$ なることに反する.最後に "$(a_4) \Rightarrow (a_1)$" を証明する.$y = T(t)x$ $(t > 0, x \in X)$ に対し,$\{T(t) ; t > 0\}$ の強連続性から,$T(h)y = T(t+h)x \to T(t)x = y$ $(h \to 0+)$. ゆえに $\lim_{h \to 0+} T(h)y = y$ $(y \in \bigcup_{t>0} T(t)[X])$. $\bigcup_{t>0} T(t)[X]$ は X で稠密であるから,任意の $x \in X$ に対して $\|y_n - x\| \to 0$ $(n \to \infty)$ なる点列 $\{y_n\} \subset \bigcup_{t>0} T(t)[X]$ が選べる.

$\|T(h)x-x\|$

$\leq \|T(h)(x-y_n)\| + \|T(h)y_n - y_n\| + \|y_n - x\|$

$\leq (M+1)\|y_n - x\| + \|T(h)y_n - y_n\|$.

ゆえに $\limsup\limits_{h\to 0+}\|T(h)x-x\| \leq (M+1)\|y_n - x\|$, そして $n\to\infty$ のとき右辺は 0 に収束するから, $\lim\limits_{h\to 0+}\|T(h)x-x\|=0$. (証終)

定理 16.6. $\{T(t); t>0\}$ を半群とするとき, $\{T(t); t\geq 0\}$ が $(C_0)_u$ 半群であるための必要十分条件は $\lim\limits_{h\to 0+}\|T(h)-I\|=0$ となることである.

証明 $\lim\limits_{h\to 0+}\|T(h)-I\|=0$ ならば, 定理 16.5 の (a_2) が成立するから, $\{T(t); t\geq 0\}$ は (C_0) 半群となる. 一様有界性の定理により, 各 $t>0$ に対し, $\|T(s)\| \leq M_t$ ($0\leq s\leq t$) なる定数 $M_t>0$ が存在する. $t>0$ とすると, $0<h<t$ なる h に対して $\|T(t-h)-T(t)\| \leq \|T(t-h)\|\|T(h)-I\| \leq M_t\|T(h)-I\|$. ゆえに $\lim\limits_{h\to 0+}\|T(t-h)-T(t)\|=0$ $(t>0)$. 一方, $\|T(t+h)-T(t)\| \leq \|T(t)\|\|T(h)-I\| \to 0$ $(h\to 0+)$. 従って

$$\lim_{h\to 0}\|T(t+h)-T(t)\|=0 \ (t>0),$$

即ち $\{T(t); t\geq 0\}$ は $(C_0)_u$ 半群である. 逆は明らかである. (証終)

16.3. 半群の例

例 16.1. $\lim\limits_{u\to\infty}x(u)$ が存在して有限確定であるような

§ 16. 線形作用素の半群

$[0, \infty)$ 上の連続関数の全体を $C[0, \infty]$ で表わす.通常の線形演算 (§2.2 参照) とノルム

(16.1) $\|x\| = \sup_{0 \leq u < \infty} |x(u)| \ (x \in C[0, \infty])$

によって,$C[0, \infty]$ は Banach 空間になる.いま

(16.2) $[T(t)x](u) = x(t+u) \ (x \in C[0, \infty])$

により $T(t) \ (t \geq 0)$ を定義するとき,$\{T(t) ; t \geq 0\}$ は半群であることが容易にわかる.このとき

(16.3) $\|T(t)\| = 1 \ (t \geq 0)$

が成立する.また,$x(u) \ (\in C[0, \infty])$ が $[0, \infty)$ 上で一様連続であることから,

$$\lim_{s \to t} \|T(s)x - T(t)x\|$$
$$= \lim_{s \to t} [\sup_{0 \leq u < \infty} |x(s+u) - x(t+u)|]$$
$$= 0 \ (x \in C[0, \infty]).$$

ゆえに,$\{T(t) ; t \geq 0\}$ は (C_0) 半群である.しかし,この半群は一様連続(半群)ではない.実際,

(16.4) $\|T(t+h) - T(t)\| = 2$
$(t+h > 0, \ t > 0, \ h \neq 0)$

が成立するからである.(16.4) は次のようにして証明される.(16.3) から,$\|T(t+h) - T(t)\| \leq 2$. 逆向きの不等式を示そう.$t+h > 0, \ t > 0, \ h \neq 0$ なる t, h に対し,$x_0(t) = -1, \ x_0(t+h) = 1$,かつ $\|x_0\| = 1$ なる $x_0 \in C[0, \infty]$ が存在する.このとき

$$\|[T(t+h)-T(t)]x_0\|$$
$$= \sup_{0 \leqq u < \infty} |x_0(t+h+u)-x_0(t+u)|$$
$$\geqq |x_0(t+h)-x_0(t)| = 2.$$

ゆえに $\|T(t+h)-T(t)\| \geqq \|[T(t+h)-T(t)]x_0\| \geqq 2$ となり，(16.4) が示された．

例 16.2. Banach 空間 $L^p(0,\infty)$, $1 \leqq p < \infty$, において $T(t)$ ($t \geqq 0$) を (16.2) により定義すると，$\{T(t); t \geqq 0\}$ は (C_0) 半群である．実際，$\{T(t); t \geqq 0\}$ が半群であることは明らか，さらに各 $x \in L^p(0,\infty)$ に対して

$$\|T(h)x-x\|^p = \int_0^\infty |x(u+h)-x(u)|^p du$$
$$\to 0 \quad (h \to 0+).$$

この場合にも (16.3), (16.4) が成立している．

例 16.3. $\lim_{u \to \infty} x(u)$, $\lim_{u \to -\infty} x(u)$ が存在して有限確定であるような $(-\infty, \infty)$ 上の連続関数の全体を $C[-\infty, \infty]$ で表わす．通常の線形演算とノルム $\|x\| = \sup_{-\infty < u < \infty} |x(u)|$ ($x \in C[-\infty, \infty]$) により，$C[-\infty, \infty]$ は Banach 空間となる．$C[-\infty, \infty]$ 上の線形作用素 $T(t)$ ($t \geqq 0$) を

(16.5) $[T(t)x](u)$
$$= (\pi t)^{-1/2} \int_{-\infty}^\infty e^{-v^2/t} x(u+v) dv \quad (t > 0),$$

$T(0) = I$ により定義すると，$\{T(t); t \geqq 0\}$ は (C_0) 半群

で,しかも $\|T(t)\| = 1$ $(t \geq 0)$ である.以下これを示す.

はじめに,(16.5) の右辺の積分が収束していることに注意する.$x \in C[-\infty, \infty]$,$t > 0$ を固定するとき,$[T(t)x](u)$ が $u \in (-\infty, \infty)$ に関して連続であることは,$x(u)$ が $(-\infty, \infty)$ 上で一様連続であることから容易にわかる.また,

$$\lim_{u \to \pm\infty} [T(t)x](u)$$
$$= (\pi t)^{-1/2} \int_{-\infty}^{\infty} e^{-v^2/t} \{\lim_{u \to \pm\infty} x(u+v)\} dv$$
$$= (\pi t)^{-1/2} \int_{-\infty}^{\infty} e^{-v^2/t} dv \times (\lim_{u \to \pm\infty} x(u))$$
$$= \lim_{u \to \pm\infty} x(u).$$

よって,$T(t)$ は $C[-\infty, \infty]$ からそれ自身への線形作用素である.

$|[T(t)x](u)| \leq \|x\|(\pi t)^{-1/2} \int_{-\infty}^{\infty} e^{-v^2/t} dv = \|x\|$ のゆえ,

$$\|T(t)x\| = \sup_{-\infty < u < \infty} |[T(t)x](u)|$$
$$\leq \|x\| \ (x \in C[-\infty, \infty]),$$

即ち $\|T(t)\| \leq 1$ $(t \geq 0)$.また,$x_0(u) \equiv 1$ に対して $\|T(t)x_0\| = 1$ であるから,$\|T(t)\| \geq 1$ $(t \geq 0)$.よって $\|T(t)\| = 1$ $(t \geq 0)$.次に,$T(t+s) = T(t)T(s)$ を証明する.

$$[T(t)(T(s)x)](u)$$
$$= (\pi t)^{-1/2} \int_{-\infty}^{\infty} e^{-v^2/t} \bigg[(\pi s)^{-1/2} \int_{-\infty}^{\infty} e^{-w^2/s} x(u+v+w) dw \bigg] dv$$
$$= (\pi^2 ts)^{-1/2} \int_{-\infty}^{\infty} e^{-v^2/t} \bigg[\int_{-\infty}^{\infty} e^{-(w-v)^2/s} x(u+w) dw \bigg] dv$$
$$= \int_{-\infty}^{\infty} (\pi^2 ts)^{-1/2} \bigg[\int_{-\infty}^{\infty} e^{-v^2/t} e^{-(w-v)^2/s} dv \bigg] x(u+w) dw.$$

よく知られた公式

$$(16.6) \quad (\pi^2 ts)^{-1/2} \int_{-\infty}^{\infty} e^{-v^2/t} e^{-(w-v)^2/s} dv$$
$$= [\pi(t+s)]^{-1/2} e^{-w^2/(t+s)}$$

を用いて,

$$[T(t)(T(s)x)](u)$$
$$= [\pi(t+s)]^{-1/2} \int_{-\infty}^{\infty} e^{-w^2/(t+s)} x(u+w) dw$$
$$= [T(t+s)x](u).$$

即ち $T(t)T(s) = T(t+s)$. ((16.6) を示すには,例えば,この式の両辺の Fourier(フーリエ)変換を調べてみればよい.実際,

$$\mathscr{F}((\pi t)^{-1/2} e^{-v^2/t}) = \int_{-\infty}^{\infty} (\pi t)^{-1/2} e^{-v^2/t} e^{i\alpha v} dv = e^{-\alpha^2 t/4}$$

(i は虚数単位, $\mathscr{F}$ は Fourier 変換を表わす) であるから, (16.6) の左辺の Fourier 変換 $= \mathscr{F}((\pi t)^{-1/2} e^{-v^2/t}) \cdot \mathscr{F}((\pi s)^{-1/2} e^{-v^2/s}) = e^{-\alpha^2 t/4} \cdot e^{-\alpha^2 s/4} = e^{-\alpha^2 (t+s)/4} =$ (16.6) の右辺の Fourier 変換. Fourier 変換が一致すればもとの関数も一致するゆえ, 等式 (16.6) を得る.)

最後に, $\lim_{h \to 0+} \|T(h)x - x\| = 0$ $(x \in C[-\infty, \infty])$ を示そう. $x(u)$ $(\in C[-\infty, \infty])$ は $(-\infty, \infty)$ 上で一様連続であるから, 任意の $\varepsilon > 0$ に対して適当に $\delta = \delta(\varepsilon) > 0$ を選ぶと, $\sup_{-\infty < u < \infty} |x(u+v) - x(u)| < \varepsilon$ $(|v| \leqq \delta)$ とできる. ゆえに

$\|T(t)x - x\|$

$= \sup_{-\infty < u < \infty} |(\pi t)^{-1/2} \int_{-\infty}^{\infty} e^{-v^2/t} [x(u+v) - x(u)] dv|$

$\leqq (\pi t)^{-1/2} \int_{-\delta}^{\delta} e^{-v^2/t} \sup_{-\infty < u < \infty} |x(u+v) - x(u)| dv$

$\quad + (\pi t)^{-1/2} \left[\int_{-\infty}^{-\delta} + \int_{\delta}^{\infty} \right] e^{-v^2/t} dv \cdot 2\|x\|$

$\leqq \varepsilon + \pi^{-1/2} \left[\int_{-\infty}^{-\delta/\sqrt{t}} + \int_{\delta/\sqrt{t}}^{\infty} \right] e^{-v^2} dv \cdot 2\|x\|$

$\to \varepsilon$ $(t \to 0+)$.

かくして $\lim_{h \to 0+} \sup \|T(h)x - x\| \leqq \varepsilon$, 即ち $\lim_{h \to 0+} \|T(h)x - x\| = 0$ $(x \in C[-\infty, \infty])$.

なお, $C[-\infty, \infty]$ の代わりに Banach 空間 $L^p(-\infty, \infty)$ $(1 \leqq p < \infty)$ を考え, $L^p(-\infty, \infty)$ 上の線形作用素

$T(t)$ を (16.5) により定義すると，$\{T(t); t \geq 0\}$ は ($L^p(-\infty, \infty)$ 上で定義された) (C_0) 半群で，かつ $\|T(t)\| \leq 1$ $(t \geq 0)$ が成立する．

例 16.4. B を X からそれ自身への有界線形作用素, 即ち $B \in B(X)$ とする．

$$\left\|\sum_{k=0}^{n} \frac{B^k}{k!} - \sum_{k=0}^{m} \frac{B^k}{k!}\right\| \leq \sum_{k=m+1}^{n} \frac{\|B\|^k}{k!}$$
$$\to 0 \quad (n \geq m \to \infty)$$

であるから，$B(X)$ の完備性（定理 3.7 参照）により，$n \to \infty$ のとき $\sum_{k=0}^{n} B^k/k!$ は $B(X)$ の 1 つの元 $\sum_{k=0}^{\infty} B^k/k!$ に収束している．そこで

(16.7) $\exp B = \sum_{n=0}^{\infty} B^n/n!$

$$(= I + B/1! + B^2/2! + \cdots + B^n/n! + \cdots)$$

とおく．定義から，$\exp B \in B(X)$ である．$\exp B$ を e^B とかくこともある．

補助定理 16.7. $B_1, B_2 (\in B(X))$ が可換，即ち $B_1 B_2 = B_2 B_1$ ならば

(16.8) $\exp(B_1 + B_2) = (\exp B_1)(\exp B_2)$.

証明

$$\left(\sum_{k=0}^{2n} \frac{B_1^k}{k!}\right)\left(\sum_{k=0}^{2n} \frac{B_2^k}{k!}\right) - \sum_{k=0}^{2n} \sum_{j=0}^{k} \frac{B_1^j B_2^{k-j}}{j!(k-j)!}$$
$$= \sum_{k=1}^{2n} \frac{B_1^k}{k!} \sum_{j=2n+1-k}^{2n} \frac{B_2^j}{j!}$$

のゆえ，

$$\left\|\Big(\sum_{k=0}^{2n}\frac{B_1^k}{k!}\Big)\Big(\sum_{k=0}^{2n}\frac{B_2^k}{k!}\Big)-\sum_{k=0}^{2n}\sum_{j=0}^{k}\frac{B_1^j B_2^{k-j}}{j!(k-j)!}\right\|$$

$$\leq \sum_{k=1}^{2n}\frac{\|B_1\|^k}{k!}\sum_{j=2n+1-k}^{2n}\frac{\|B_2\|^j}{j!}$$

$$=\sum_{k=1}^{n}\frac{\|B_1\|^k}{k!}\sum_{j=2n+1-k}^{2n}\frac{\|B_2\|^j}{j!}$$

$$\quad+\sum_{k=n+1}^{2n}\frac{\|B_1\|^k}{k!}\sum_{j=2n+1-k}^{2n}\frac{\|B_2\|^j}{j!}$$

$$\leq \Big(\sum_{k=1}^{n}\frac{\|B_1\|^k}{k!}\Big)\Big(\sum_{j=n+1}^{2n}\frac{\|B_2\|^j}{j!}\Big)$$

$$\quad+\Big(\sum_{k=n+1}^{2n}\frac{\|B_1\|^k}{k!}\Big)\Big(\sum_{j=1}^{n}\frac{\|B_2\|^j}{j!}\Big)\to 0\ (n\to\infty).$$

よって

$$(\exp B_1)(\exp B_2)=\lim_{n\to\infty}\sum_{k=0}^{2n}\sum_{j=0}^{k}\frac{B_1^j B_2^{k-j}}{j!(k-j)!}.$$

$B_1 B_2 = B_2 B_1$ であるから，

$$\sum_{j=0}^{k}\frac{B_1^j B_2^{k-j}}{j!(k-j)!}=\frac{1}{k!}\sum_{j=0}^{k}{}_k C_j B_1^j B_2^{k-j}=\frac{1}{k!}(B_1+B_2)^k\ ;$$

ゆえに

$$(\exp B_1)(\exp B_2)=\lim_{n\to\infty}\sum_{k=0}^{2n}\frac{(B_1+B_2)^k}{k!}$$

$$=\exp(B_1+B_2).$$

(証終)

$A\in B(X)$ のとき，任意の複素数 z に対して $zA\in B(X)$

であるから，(16.7) により，$\exp(zA)(=e^{zA})$ が定義される．各 z に $B(X)$ の元を対応させるこの作用素値関数 $\exp(zA)$ は，補助定理 16.7 により，指数法則

(16.9) $(\exp z_1 A)(\exp z_2 A) = \exp[(z_1+z_2)A]$
 $(z_1, z_2 \text{；複素数})$

を満足する．

また，定義から，次のことが容易にわかる：

(16.10) $\displaystyle \lim_{|h| \to 0} \| \exp[(z+h)A] - \exp(zA) \| = 0.$
$(z \text{；複素数})$

(16.11) $\displaystyle \frac{d}{dz} \exp(zA) = [\exp(zA)]A = A[\exp(zA)].$

従って，$T(t) = \exp(tA)$ $(t \geqq 0)$ とおくと，$\{T(t); t \geqq 0\}$ は $(C_0)_u$ 半群である．

§17. 半群の生成作用素

定義 17.1. $\{T(t); t > 0\}$ を半群とし

(17.1) $\qquad A_h = h^{-1}(T(h) - I) \quad (h > 0)$

とおく．$\displaystyle \lim_{h \to 0+} A_h x$ が存在するような各 x に対し，Ax を

(17.2) $\qquad Ax = \displaystyle \lim_{h \to 0+} A_h x$

により定義する．従って，作用素 A の定義域 $D(A)$ は (17.2) の右辺の極限が存在するような元 $x\ (\in X)$ の全体である．A が線形作用素であることは明らかである．

この作用素 A を半群 $\{T(t); t>0\}$ の**生成作用素**という.

17.1. $(C_0)_u$ 半群の生成作用素

定理 17.1. $\{T(t); t \geq 0\}$ が $(C_0)_u$ 半群ならば,

(i) その生成作用素 A は X からそれ自身への有界線形作用素で, しかも

(17.3) $\quad \|A_h - A\| \to 0 \ (h \to 0+)$,

さらに

(ii) $T(t)$ は次のように表現される;

(17.4) $\quad T(t) = \exp(tA) \ (t \geq 0)$.

証明 各 $t>0, \ h>0$ に対して

(17.5) $\displaystyle A_h \int_0^t T(s)ds = h^{-1}(T(h)-I)\int_0^t T(s)ds$

$\displaystyle \qquad = h^{-1}\left[\int_0^t T(s+h)ds - \int_0^t T(s)ds\right]^{1)}$

$\displaystyle \qquad = h^{-1}\left[\int_h^{t+h} T(s)ds - \int_0^t T(s)ds\right]$

$\displaystyle \qquad = h^{-1}\int_t^{t+h} T(s)ds - h^{-1}\int_0^h T(s)ds.$

$\lim_{t \to 0+} \|T(t)-I\| = 0$ であるから,

$$\lim_{t \to 0+} \left\| t^{-1}\int_0^t T(s)ds - I \right\| = 0.$$

ゆえに, 十分小なる $t_0 > 0$ に対して

---

1) ここで $T(h)\displaystyle\int_0^t T(s)ds = \int_0^t T(h)T(s)ds$ ということを用いている (定理 14.8 (i) 参照).

$$\left\| t_0^{-1} \int_0^{t_0} T(s)ds - I \right\| < 1$$

となり,

$$\left[t_0^{-1} \int_0^{t_0} T(s)ds \right]^{-1} \in B(X),$$

即ち $\left[\int_0^{t_0} T(s)ds \right]^{-1} \in B(X)$ が存在する (定理 3.8 参照). $U = \left[\int_0^{t_0} T(s)ds \right]^{-1}$ とおくと, (17.5) から

$$A_h = \left(h^{-1} \int_{t_0}^{t_0+h} T(s)ds - h^{-1} \int_0^h T(s)ds \right) U.$$

よって

$$\begin{aligned}
&\|A_h - (T(t_0) - I)U\| \\
&= \left\| \left\{ \left(h^{-1} \int_{t_0}^{t_0+h} T(s)ds - T(t_0) \right) \right. \right. \\
&\qquad \left. \left. - \left(h^{-1} \int_0^h T(s)ds - I \right) \right\} U \right\| \\
&\leq \left\{ \left\| h^{-1} \int_{t_0}^{t_0+h} T(s)ds - T(t_0) \right\| \right. \\
&\qquad \left. + \left\| h^{-1} \int_0^h T(s)ds - I \right\| \right\} \|U\| \\
&\to 0 \ (h \to 0+).
\end{aligned}$$

従って, 生成作用素 $A = (T(t_0) - I)U \in B(X)$ となり, (i) が示された.

次に, (17.5) において $h \to 0+$ とすると

(17.6) $\quad T(t) - I = A \int_0^t T(s)ds \ (t \geq 0).$

この式の右辺に $T(s) = I + A\int_0^s T(u)du$ を代入して,

$$T(t) = I + tA + A^2 \int_0^t \left(\int_0^s T(u)du\right) ds$$
$$= I + tA + A^2 \int_0^t (t-u)T(u)du$$

を得る. この議論を続けて行くと, 任意の自然数 n に対して

(17.7)
$$T(t) = \sum_{k=0}^n \frac{t^k}{k!} A^k + \frac{A^{n+1}}{n!} \int_0^t (t-s)^n T(s)ds \ (t \geq 0).$$

$M_t = \sup_{0 \leq s \leq t} \|T(s)\| < \infty \ (t \geq 0)$ のゆえ,

$$\left\| \frac{A^{n+1}}{n!} \int_0^t (t-s)^n T(s)ds \right\| \leq M_t \frac{\|A\|^{n+1} t^{n+1}}{(n+1)!}$$
$$\to 0 \ (n \to \infty).$$

よって, (17.7) において $n \to \infty$ とすると

$$T(t) = \sum_{k=0}^\infty \frac{(tA)^k}{k!} = \exp(tA) \ (t \geq 0).$$

(証終)

系 17.2. $\{T(t) ; t > 0\}$ が半群のとき, 次の (i)〜(iii) は互いに同値である:

(i) $\{T(t) ; t \geq 0\}$ は $(C_0)_u$ 半群である.

(ii) 生成作用素 A は X からそれ自身への有界線形作

用素である.

(iii) 生成作用素 A の定義域 $D(A)=X$.

証明 "(i) $\Rightarrow$ (ii)" なることは定理 17.1 で示した. "(ii) $\Rightarrow$ (iii)" は明らか. "(iii) $\Rightarrow$ (i)" を証明する. $D(A)=X$ のゆえ, 定義から, $\lim_{h\to 0+} A_h x = Ax$ $(x\in X)$. 一様有界性の定理により, $\|A_h\| \leq M$ $(0 < h \leq 1)$ なる定数 $M>0$ が存在する. よって

$$\|T(h)-I\| = h\|A_h\| \leq hM \to 0 \ (h\to 0+);$$

定理 16.6 から, $\{T(t);t\geq 0\}$ は $(C_0)_u$ 半群である.

(証終)

17.2. (C_0) 半群の生成作用素

定理 17.3. A が (C_0) 半群 $\{T(t);t\geq 0\}$ の生成作用素ならば

(17.8) $\quad dT(t)x/dt = AT(t)x$
$$= T(t)Ax \ (x\in D(A), \ t\geq 0),$$

ただし $t=0$ のときには上式左辺は右強微係数と考える.

証明 $t=0$ のときは, (17.8) は生成作用素の定義にほかならない. $t>0$ とする. $0<h<t$ なる h に対し,

(17.9) $\quad h^{-1}[T(t+h)x-T(t)x]$
$$= A_h T(t)x = T(t)A_h x,$$

(17.10) $\quad -h^{-1}[T(t-h)x-T(t)x]$
$$= T(t-h)A_h x \ (x\in X).$$

各 $x\in X$ に対して $T(t)x$ が $[0,\infty)$ 上で強連続であるから, $\|T(s)\| \leq M_t \ (0\leq s\leq t)$ なる如き定数 $M_t > 0$ が選

べる(一様有界性の定理).

いま,$x \in D(A)$ とすると,$A_h x \to Ax$ $(h \to 0+)$ のゆえ,(17.9) から

$$\lim_{h \to 0+} h^{-1}[T(t+h)x - T(t)x] = AT(t)x = T(t)Ax.$$

一方,$\|T(t-h)A_h x - T(t)Ax\| \leq \|T(t-h)\|\|A_h x - Ax\|$ $+ \|T(t-h)Ax - T(t)Ax\| \leq M_t \|A_h x - Ax\| + \|T(t-h)Ax - T(t)Ax\| \to 0$ $(h \to 0+)$ であるから,(17.10) より

$$\lim_{h \to 0+} \frac{T(t-h)x - T(t)x}{-h} = T(t)Ax.$$

よって

$$\frac{dT(t)x}{dt} = AT(t)x = T(t)Ax \quad (t > 0, \ x \in D(A)).$$

(証終)

定理 17.4. (C_0) 半群 $\{T(t) ; t \geq 0\}$ の生成作用素 A は閉作用素で,かつ $D(A)$ は X において稠密である.

証明 $v(t, x) = t^{-1} \int_0^t T(s)x \, ds$ $(t > 0, \ x \in X)$ とおくと,$\lim_{t \to 0+} v(t, x) = x$ $(x \in X)$. ゆえに集合 $\{v(t, x) ; t > 0, \ x \in X\}$ は X で稠密である. 従って $\{v(t, x) ; t > 0, \ x \in X\} \subset D(A)$ が示されれば,$D(A)$ は X で稠密となる. さて,任意の $v(t, x)$ に対し,

$$A_h v(t, x) = h^{-1}(T(h) - I)\left[t^{-1} \int_0^t T(s)x \, ds\right]$$

$$= (th)^{-1}\left[\int_0^t T(s+h)x\,ds - \int_0^t T(s)x\,ds\right]^{1)}$$

$$= (th)^{-1}\left[\int_h^{t+h} T(s)x\,ds - \int_0^t T(s)x\,ds\right]$$

$$= t^{-1}\left[h^{-1}\int_t^{t+h} T(s)x\,ds - h^{-1}\int_0^h T(s)x\,ds\right]$$

$$\to t^{-1}[T(t)x - x] \quad (h \to 0+).$$

よって $v(t, x) \in D(A)$ $(t > 0, \ x \in X)$.

次に,A が閉作用素であることを示す.$x_n \in D(A)$,$\lim_{n\to\infty} x_n = x_0$,かつ $\lim_{n\to\infty} Ax_n = y_0$ とする.(17.8) の両辺を 0 から $h \ (>0)$ まで積分すると,

$$T(h)x - x = \int_0^h T(t)Ax\,dt \quad (x \in D(A)).$$

ゆえに

$$T(h)x_n - x_n = \int_0^h T(t)Ax_n\,dt \quad (h > 0, \ n \geq 1).$$

ここで $n \to \infty$ とすると

$$T(h)x_0 - x_0 = \int_0^h T(t)y_0\,dt \quad (h > 0).$$

(定理 17.3 の証明中で述べたように $\|T(t)\| \leq M_h$ $(0 \leq t \leq h)$ なる定数 M_h が存在するから,

---

1) ここで $T(h)\int_0^t T(s)x\,ds = \int_0^t T(h)T(s)x\,ds$ を用いている(定理 14.8(i)参照).

$$\left\| \int_0^h T(t)Ax_n dt - \int_0^h T(t)y_0 dt \right\|$$

$$\leq \int_0^h \|T(t)(Ax_n - y_0)\| dt$$

$$\leq hM_h \|Ax_n - y_0\| \to 0 \ (n \to \infty).)$$

さて

$$A_h x_0 = h^{-1}(T(h)x_0 - x_0)$$

$$= h^{-1}\int_0^h T(t)y_0 dt \to y_0 \ (h \to 0+)$$

であるから,$x_0 \in D(A)$,かつ $y_0 = Ax_0$.結局 "$x_n \in D(A)$,$\lim_{n \to \infty} x_n = x_0$,$\lim_{n \to \infty} Ax_n = y_0$ ならば,$x_0 \in D(A)$,かつ $y_0 = Ax_0$" が示された.従って,A は閉作用素である. (証終)

生成作用素の例

例 17.1. 例 16.1 の (C_0) 半群 $\{T(t) ; t \geq 0\}$ の生成作用素 A は

$$(17.11) \begin{cases} D(A) = \{x ; x \text{ および } x' \in C[0, \infty]\} \\ \quad (x' \text{ は } x \text{ の導関数}) \\ (Ax)(u) = x'(u) \ (x \in D(A)) \end{cases}$$

により与えられる.実際,$(A_h x)(u) = h^{-1}(x(u+h) - x(u))$ のゆえ,$x \in D(A)$ ならば

$$\sup_{0 \leq u < \infty} |h^{-1}(x(u+h) - x(u)) - (Ax)(u)|$$

$$= \|A_h x - Ax\| \to 0 \ (h \to 0+),$$

よって $D^+ x(u) = (Ax)(u) \ (\in C[0, \infty])$,ただし

$D^+x(u)$ は $x(u)$ の右微係数を表わす．$x(u)$ の右導関数が $[0,\infty)$ 上で連続であるから，$x(u)$ は $[0,\infty)$ 上で微分可能で，$x'(u) = D^+x(u)$．ゆえに $(Ax)(u) = x'(u)$ $(x \in D(A))$, $D(A) \subset \{x\,; x\text{ および }x' \in C[0,\infty]\}$.

逆に，$x, x' \in C[0,\infty]$ ならば，
$(A_h x)(u) - x'(u)$
$= h^{-1}(x(u+h) - x(u)) - x'(u)$
$= h^{-1} \int_u^{u+h} [x'(v) - x'(u)]dv \quad (h > 0,\ u \geq 0).$

$x'(u)$ は $[0,\infty)$ 上で一様連続であるから，任意の $\varepsilon > 0$ に対して適当な $h_0 = h_0(\varepsilon) > 0$ が存在して，$|v-u| < h_0$ ならば $|x'(v) - x'(u)| < \varepsilon$ とできる．従って，$0 < h < h_0$ ならば，

$|(A_h x)(u) - x'(u)| \leq h^{-1} \int_u^{u+h} |x'(v) - x'(u)|dv$

$\leq \varepsilon \quad (u \in [0,\infty)),$

即ち $\|A_h x - x'\| \leq \varepsilon$．よって $x \in D(A)$ となり，(17.11) が示された．

注意 例 16.2 の (C_0) 半群の生成作用素 A は，$D(A) = \{x \in L^p(0,\infty)\,;\, x(u)\text{ が絶対連続，}x' \in L^p(0,\infty)\}$, $(Ax)(u) = x'(u)$ (a.e. u) により与えられる．

17.3. 生成作用素のレゾルベント

補助定理 17.5. $[0,\infty)$ で定義された関数 $f(t)$ が

(17.12) $f(t+s) \leq f(t) + f(s) \quad (t, s \geq 0)$

を満足し,かつ任意の有界区間で上に有界ならば,$\mu_0 = \inf_{t>0} f(t)/t$ は有限値または $-\infty$ で,しかも

(17.13) $$\mu_0 = \lim_{t\to\infty} f(t)/t.$$

証明 $\mu_0 = \inf_{t>0} f(t)/t$ が有限値または $-\infty$ であることは明らか.任意の $\mu > \mu_0$ に対し,$f(t_\mu)/t_\mu < \mu$ なる $t_\mu > 0$ が存在する.各 $t > 0$ は $t = n(t)t_\mu + s$,ただし $n(t)$ は非負整数,かつ $0 \leq s < t_\mu$,と表わせるから,(17.12) より

$$f(t) = f(n(t)t_\mu + s)$$
$$\leq f(n(t)t_\mu) + f(s) \leq n(t)f(t_\mu) + f(s).$$

f は $[0, t_\mu]$ で上に有界のゆえ,$f(s) \leq M_\mu$ ($0 \leq s \leq t_\mu$) を満足する定数 M_μ が存在する.従って

$$f(t)/t \leq n(t)f(t_\mu)/t + M_\mu/t$$
$$= \frac{f(t_\mu)}{t_\mu + s/n(t)} + M_\mu/t.$$

$t \to \infty$ のとき $s/n(t) \to 0$ であるから,

$$\limsup_{t\to\infty} f(t)/t \leq f(t_\mu)/t_\mu < \mu.$$

μ ($> \mu_0$) は任意のゆえ,$\limsup_{t\to\infty} f(t)/t \leq \mu_0$.一方,

$$\mu_0 = \inf_{t>0} f(t)/t \leq \liminf_{t\to\infty} f(t)/t.$$

(証終)

系 17.6 $\{T(t) : t \geq 0\}$ が (C_0) 半群ならば,

(ⅰ) $\omega_0 = \lim_{t\to\infty} \log \|T(t)\|/t$ が存在し,ω_0 は有限値ま

たは $-\infty$ である.

(ii) 各 $\omega > \omega_0$ に対し,$\|T(t)\| \leq M_\omega e^{\omega t}$ $(t \geq 0)$ なる如き定数 $M_\omega > 0$ が存在する.

証明 $\|T(t)\|$ が任意の有界区間で有界である(一様有界性定理による)から,$f(t) = \log \|T(t)\|$ $(\|T(t)\| \neq 0)$,$= -\infty$ $(\|T(t)\| = 0)$ は任意の有界区間で上に有界である.$\|T(t+s)\| = \|T(t)T(s)\| \leq \|T(t)\|\|T(s)\|$ のゆえ,f は (17.12) を満足する.よって,補助定理 17.5 から (i) が成立する.(ii) は (i) から容易に求まる.実際,$\omega > \omega_0$ のとき,(i) より,$\|T(t)\| \leq e^{\omega t}$ $(t \geq t_\omega)$ なる $t_\omega > 0$ が存在する.$\|T(t)\|$ が $[0, t_\omega]$ 上で有界であることから,$\sup_{0 \leq t \leq t_\omega} \|T(t)\|e^{-\omega t} < \infty$.$M_\omega = \max\{1, \sup_{0 \leq t \leq t_\omega} \|T(t)\|e^{-\omega t}\}$ とすればよい. (証終)

定理 17.7. A を (C_0) 半群 $\{T(t) ; t \geq 0\}$ の生成作用素とする.$\text{Re}\,\lambda > \omega_0$($\text{Re}\,\lambda$ は λ の実部)ならば,$\lambda \in \rho(A)$,かつ

$$(17.14) \quad R(\lambda ; A)x = \int_0^\infty e^{-\lambda t} T(t) x \, dt \quad (x \in X).$$

証明 $\text{Re}\,\lambda > \omega > \omega_0$ なる ω をとると,上の系より,$\|T(t)\| \leq M_\omega e^{\omega t}$ $(t \geq 0)$ を満足する定数 $M_\omega > 0$ が存在する.

$$\|e^{-\lambda t} T(t) x\| \leq e^{-(\text{Re}\,\lambda)t} \|T(t)\|\|x\|$$
$$\leq M_\omega e^{-(\text{Re}\,\lambda - \omega)t} \|x\| \in L(0, \infty),$$

かつ $T(t)x$ が $[0, \infty)$ で強連続のゆえ,$e^{-\lambda t}T(t)x$ は $[0,$

∞) で（Bochner）可積分である（定理 14.2 参照）．

$$R(\lambda)x = \int_0^\infty e^{-\lambda t}T(t)x\,dt \quad (\mathrm{Re}\,\lambda > \omega_0,\ x \in X)$$

とおく．

$$\|R(\lambda)x\| \leq \int_0^\infty \|e^{-\lambda t}T(t)x\|dt$$
$$\leq M_\omega(\mathrm{Re}\,\lambda - \omega)^{-1}\|x\| \quad (x \in X)$$

であるから，$R(\lambda)$ は X からそれ自身への有界線形作用素である．$x \in X$ に対し，

$$A_h R(\lambda)x = \int_0^\infty e^{-\lambda t} A_h T(t)x\,dt$$
$$= h^{-1}\left[\int_0^\infty e^{-\lambda t}T(t+h)x\,dt - \int_0^\infty e^{-\lambda t}T(t)x\,dt\right]$$
$$= h^{-1}(e^{\lambda h}-1)\int_h^\infty e^{-\lambda t}T(t)x\,dt - h^{-1}\int_0^h e^{-\lambda t}T(t)x\,dt$$
$$\to \lambda R(\lambda)x - x \quad (h \to 0+).$$

ゆえに $R(\lambda)x \in D(A)$，かつ $AR(\lambda)x = \lambda R(\lambda)x - x$, 即ち

(17.15) $\quad (\lambda - A)R(\lambda)x^{1)} = x \quad (x \in X).$

次に，$x \in D(A)$ ならば $A_h R(\lambda)x = R(\lambda)A_h x \to R(\lambda)Ax\ (h \to 0+)$ のゆえ，$AR(\lambda)x = R(\lambda)Ax\ (x \in D(A))$．これと（17.15）とから

(17.16) $\quad R(\lambda)(\lambda - A)x = x \quad (x \in D(A)).$

---

1) $\lambda I - A$ を $\lambda - A$ とかくこともある．

(17.15), (17.16) より, $(\lambda - A)^{-1} = R(\lambda)$ $(\in B(X))$. 即ち $\lambda \in \rho(A)$ で, かつ (17.14) が成立する. (証終)

定理 17.8. $\{T(t) ; t \geq 0\}$ を (C_0) 半群, A をその生成作用素とし, $\omega > \omega_0$ とする. このとき $\{\lambda ; \mathrm{Re}\,\lambda > \omega\} \subset \rho(A)$ で, かつ

(17.17) $\quad \|[R(\lambda ; A)]^n\| \leq M(\mathrm{Re}\,\lambda - \omega)^{-n}$
$\qquad (\mathrm{Re}\,\lambda > \omega, \ n \geq 0)$

なる如き定数 $M > 0$ が存在する.

証明 定理 17.7 より, $\{\lambda ; \mathrm{Re}\,\lambda > \omega\} \subset \rho(A)$, かつ

(17.18) $\quad R(\lambda ; A)x = \int_0^\infty e^{-\lambda t} T(t) x \, dt$
$\qquad (\mathrm{Re}\,\lambda > \omega, \ x \in X).$

また系 17.6 から, $\|T(t)\| \leq M e^{\omega t}$ $(t \geq 0)$ なる定数 $M \geq 1$ が存在する. A は閉作用素であるから, 定理 10.5 (iii) より, $\lambda \in \rho(A)$ に対して

(17.19) $\quad d^{n-1} R(\lambda ; A)/d\lambda^{n-1}$
$\qquad = (-1)^{n-1}(n-1)![R(\lambda ; A)]^n \ (n \geq 1).$

次に, (17.18) の両辺を $(n-1)$ 回微分して

$\quad d^{n-1} R(\lambda ; A)x/d\lambda^{n-1}$
$\qquad = (-1)^{n-1} \int_0^\infty t^{n-1} e^{-\lambda t} T(t) x \, dt \ (n \geq 1).$

よって

(17.20) $\quad [R(\lambda ; A)]^n x = \dfrac{1}{(n-1)!} \int_0^\infty t^{n-1} e^{-\lambda t} T(t) x \, dt$
$\qquad (n \geq 1, \ \mathrm{Re}\,\lambda > \omega, \ x \in X).$

$\|T(t)\| \leq Me^{\omega t}$ ($t \geq 0$) であるから,
$$\|[R(\lambda\,;A)]^n\| \leq \frac{M}{(n-1)!}\int_0^\infty t^{n-1}e^{-(\operatorname{Re}\lambda-\omega)t}dt$$
$$= M(\operatorname{Re}\lambda - \omega)^{-n}.$$
(証終)

例 17.2. 例 16.3 で与えられた (C_0) 半群 $\{T(t)\,;t \geq 0\}$ の生成作用素 A, およびそのレゾルベントを調べてみる.

$\|T(t)\| = 1$ ($t \geq 0$) から, $\omega_0 = 0$. 定理 17.7 より, $\{\lambda\,;\operatorname{Re}\lambda > 0\} \subset \rho(A)$,
$$R(\lambda\,;A)x = \int_0^\infty e^{-\lambda t}T(t)x\,dt$$
$$(\operatorname{Re}\lambda > 0,\ x \in C[-\infty,\infty]).$$

定義式 (16.5) を代入して
$$[R(\lambda\,;A)x](u)$$
$$= \int_0^\infty e^{-\lambda t}\left[(\pi t)^{-1/2}\int_{-\infty}^\infty e^{-v^2/t}x(u+v)dv\right]dt$$
$$= \int_{-\infty}^\infty x(u+v)\left[\int_0^\infty (\pi t)^{-1/2}e^{-\lambda t - v^2/t}dt\right]dv.$$

$\lambda > 0$ のとき,

$$\int_0^\infty (\pi t)^{-1/2}e^{-\lambda t - (v^2/t)}dt$$
$$= 2(\pi\lambda)^{-1/2}\int_0^\infty e^{-s^2 - (\lambda v^2/s^2)}ds$$

$$= e^{-2\sqrt{\lambda}|v|}/\sqrt{\lambda}\ {}^{1)}$$

のゆえ,

(17.21) $\quad [R(\lambda\,;A)x](u)$
$$= \frac{1}{\sqrt{\lambda}}\int_{-\infty}^{\infty} e^{-2\sqrt{\lambda}|v|}x(u+v)dv$$
$$= \frac{1}{\sqrt{\lambda}}\int_{-\infty}^{\infty} e^{-2\sqrt{\lambda}|u-v|}x(v)dv.$$

とくに $\lambda=1$ とし, $y(u)=[R(1\,;A)x](u)$ とおくと

$$y(u) = \int_{-\infty}^{\infty} e^{-2|u-v|}x(v)dv$$
$$= e^{2u}\int_{u}^{\infty} e^{-2v}x(v)dv + e^{-2u}\int_{-\infty}^{u} e^{2v}x(v)dv,$$
$$y'(u) = 2\left(e^{2u}\int_{u}^{\infty} e^{-2v}x(v)dv\right.$$
$$\left.-e^{-2u}\int_{-\infty}^{u} e^{2v}x(v)dv\right),$$
$$y''(u) = 4y(u)-4x(u) \in C[-\infty,\infty]\ (=X).$$

$D(A)=R(1\,;A)[X]$ であるから, $D(A)\subset\{x\,;x$ および $x''\in C[-\infty,\infty]\}$. 実は, 生成作用素 A は次の形で与えられる:

(17.22) $\begin{cases} D(A)=\{x\,;x\text{ および }x''\in C[-\infty,\infty]\}, \\ (Ax)(u)=\dfrac{1}{4}x''(u)\ (x\in D(A)). \end{cases}$

以下これを示す.

---

1) 例えば, 藤原松三郎著 "微分積分学 (第1巻), 530頁" 参照.

$$[T(h)x - x](u)$$
$$= (\pi h)^{-1/2} \int_{-\infty}^{\infty} e^{-v^2/h} [x(u+v) - x(u)] dv$$
$$= \frac{1}{2} (\pi h)^{-1/2} \int_{-\infty}^{\infty} e^{-v^2/h} [x(u+v) + x(u-v)$$
$$- 2x(u)] dv.$$

$x, x'' \in C[-\infty, \infty]$ のとき,
$$[A_h x](u) - \frac{1}{4} x''(u)$$
$$= \frac{h^{-3/2}}{2\sqrt{\pi}} \int_{-\infty}^{\infty} e^{-v^2/h} [\{x(u+v) + x(u-v)$$
$$- 2x(u)\} - v^2 x''(u)] dv$$
$$= \frac{h^{-3/2}}{2\sqrt{\pi}} \left(\int_{-\infty}^{-\delta} + \int_{-\delta}^{\delta} + \int_{\delta}^{\infty} \right)$$
$$= I_1 + I_2 + I_3 \text{ とおく.}$$

ここに $\int_{-\infty}^{\infty} v^2 e^{-v^2} dv = \sqrt{\pi}/2$ を用いている. また δ は下で与えられる正数である. $x''(u)$ は $(-\infty, \infty)$ 上で一様連続であるから, 任意の $\varepsilon > 0$ に対し, 適当に $\delta = \delta_\varepsilon > 0$ を定めて, $|\tau| \leq \delta$ ならば $|x''(u+\tau) - x''(u)| < \varepsilon$ ($u \in (-\infty, \infty)$) とできる. よって, $|v| \leq \delta$ のとき
$$|\{x(u+v) + x(u-v) - 2x(u)\} - v^2 x''(u)|$$
$$= \left| \int_0^v \left[\int_{-w}^w (x''(u+\tau) - x''(u)) d\tau \right] dw \right| \leq \varepsilon v^2.$$
ゆえに

$$|I_2| \leqq (h^{-3/2}/2\sqrt{\pi})\int_{-\delta}^{\delta}\varepsilon v^2 e^{-v^2/h}dv$$
$$\leqq \varepsilon(h^{-3/2}/2\sqrt{\pi})\int_{-\infty}^{\infty}v^2 e^{-v^2/h}dv = \varepsilon/4.$$

次に,
$$|\{x(u+v)+x(u-v)-2x(u)\}-v^2 x''(u)|$$
$$\leqq v^2(4\|x\|/\delta^2+\|x''\|) \quad (|v|\geqq \delta)$$

より,
$$|I_3| \leqq (h^{-3/2}/2\sqrt{\pi})\int_{\delta}^{\infty}e^{-v^2/h}v^2 dv(4\|x\|/\delta^2+\|x''\|)$$
$$= (2\sqrt{\pi})^{-1}(4\|x\|/\delta^2+\|x''\|)\int_{\delta/\sqrt{h}}^{\infty}e^{-v^2}v^2 dv,$$

同様にして
$$|I_1| \leqq (2\sqrt{\pi})^{-1}(4\|x\|/\delta^2+\|x''\|)\int_{-\infty}^{-\delta/\sqrt{h}}e^{-v^2}v^2 dv.$$

これらの評価式から
$$\left\|A_h x - \frac{1}{4}x''\right\| = \sup_{-\infty<u<\infty}\left|[A_h x](u) - \frac{1}{4}x''(u)\right|$$
$$\leqq \varepsilon/4 + (2\sqrt{\pi})^{-1}(4\|x\|/\delta^2+\|x''\|)$$
$$\times \left[\int_{-\infty}^{-\delta/\sqrt{h}}e^{-v^2}v^2 dv + \int_{\delta/\sqrt{h}}^{\infty}e^{-v^2}v^2 dv\right];$$

よって $\displaystyle\limsup_{h\to 0+}\left\|A_h x - \frac{1}{4}x''\right\| \leqq \varepsilon/4$ となり, $\displaystyle\lim_{h\to 0+}\left\|A_h x - \frac{1}{4}x''\right\| = 0$ を得る. 結局, $x, x'' \in C[-\infty,\infty]$ ならば, $x \in D(A)$, かつ $Ax = \frac{1}{4}x''$. これと前述の $D(A) \subset \{x;$

$x, x'' \in C[-\infty, \infty]\}$ とから,(17.22) を得る.

注意 1°. 上の例で,$y'(u)$(ただし $y(u) = [R(1; A)x](u)$)は,

$$y'(u) = 2\int_0^\infty e^{-2v}[x(u+v) - x(u-v)]dv$$

と表わせる.

$$\lim_{u \to \pm\infty}[x(u+v) - x(u-v)] = 0 \ (v \in [0, \infty))$$

のゆえ,$y'(u) \to 0$ $(u \to \pm\infty)$(例えば,Lebesgue の収束定理を用いればよい).従って,y, y'' のみならず,y' も $C[-\infty, \infty]$ に属するわけである.これと前述の結果とから,$D(A) = \{x ; x, x'$ および $x'' \in C[-\infty, \infty]\}$.

2°. 上の例において $C[-\infty, \infty]$ を $L^p(-\infty, \infty)$,$1 \leq p \leq \infty$,で置き換えると,$D(A) = \{x \in L^p(-\infty, \infty); x(u), x'(u)$ が絶対連続,かつ x' および $x'' \in L^p(-\infty, \infty)\}$,$(Ax)(u) = \frac{1}{4}x''(u)$ $(a.e.u)$ を得る.

§18. (C_0) 半群の表現

補助定理 18.1. T を X から X への有界線形作用素とし,$A^h = h^{-1}(T-I)$ $(h > 0)$ とおく.もし

(18.1) $\qquad \|T^k\| \leq M\alpha^k$ $(k = 1, 2, \cdots)$

ここに,M, α は $M > 0$,$\alpha \geq 1$ なる定数,ならば

(i) $\|[\exp\{m(T-I)\}]x - T^m x\|$

$$\leq M\alpha^m e^{m(\alpha-1)}\{m^2(\alpha-1)^2+m(\alpha-1)+m\}^{1/2}$$
$$\times \|(T-I)x\| \quad (x \in X,\ m=1,2,\cdots)$$

(ii) $\|[\exp(tA^h)]x - T^{[t/h]}x\|$
$$\leq Me^{t(\alpha-1)/h}\left[\alpha^{t/h}\left\{ht^2\left(\frac{\alpha-1}{h}\right)^2 + ht\left(\frac{\alpha-1}{h}\right)\right.\right.$$
$$\left.\left.+t\right\}^{1/2} + \sqrt{h}\right]\sqrt{h}\|A^h x\| \quad (x \in X,\ t \geq 0),$$

ただし $[t/h]$ は t/h をこえない最大整数を表わす.

証明 (i) $\exp\{m(T-I)\} = e^{-m}\exp(mT) = e^{-m}\sum_{k=0}^{\infty}\dfrac{m^k T^k}{k!}$ (例 16.4 参照) のゆえ,
$$\exp\{m(T-I)\} - T^m = e^{-m}\sum_{k=0}^{\infty}\frac{m^k(T^k-T^m)}{k!}.$$

$k>m$ ならば, $T^k - T^m = \sum_{l=m}^{k-1}T^l(T-I)$ のゆえ,
$$\|T^k x - T^m x\| \leq M\left(\sum_{l=m}^{k-1}\alpha^l\right)\|(T-I)x\|$$
$$\leq M\alpha^k(k-m)\|(T-I)x\|.$$

$k<m$ ならば, $\|T^k x - T^m x\| \leq M\alpha^m(m-k)\|(T-I)x\|$.

よって
$$\|[\exp\{m(T-I)\}]x - T^m x\|$$
$$\leq M\alpha^m e^{-m}\sum_{k=0}^{\infty}\frac{|k-m|\alpha^k m^k}{k!}\|(T-I)x\|.$$

Schwarz の不等式を用いて
$$\sum_{k=0}^{\infty}\frac{|k-m|\alpha^k m^k}{k!}$$

$$\left(= \sum_{k=0}^{\infty} \left(\frac{\alpha^k m^k}{k!}\right)^{1/2} \left(\frac{|k-m|^2 \alpha^k m^k}{k!}\right)^{1/2} \right)$$

$$\leq e^{m\alpha/2} \left[\sum_{k=0}^{\infty} (k-m)^2 \frac{m^k \alpha^k}{k!}\right]^{1/2}$$

$$= e^{m\alpha} \{m^2(\alpha-1)^2 + m(\alpha-1) + m\}^{1/2}.$$

かくして (i) が示された.

(ii) $m=[t/h]$ ($\leq t/h$) として (i) を適用すると

$$\|[\exp\{[t/h](T-I)\}]x - T^{[t/h]}x\|$$
$$\leq M\alpha^{t/h} e^{t(\alpha-1)/h} \left[t^2\left(\frac{\alpha-1}{h}\right)^2 + t\left(\frac{\alpha-1}{h}\right) + t/h\right]^{1/2}$$
$$\times \|(T-I)x\|$$
$$= M\alpha^{t/h} e^{t(\alpha-1)/h} \left[ht^2\left(\frac{\alpha-1}{h}\right)^2 + ht\left(\frac{\alpha-1}{h}\right) + t\right]^{1/2}$$
$$\times \sqrt{h}\|A^h x\|.$$

$\dfrac{d}{ds}\exp[sA^h] = [\exp(sA^h)]A^h$ [1]) を $s=[t/h]h$ から $s=t$ まで積分すると,

$$[\exp(tA^h)]x - [\exp\{[t/h](T-I)\}]x$$
$$= \int_{[t/h]h}^{t} [\exp(sA^h)]A^h x\, ds.$$

$$\|\exp(sA^h)\| = \left\|e^{-s/h}\exp\left(\frac{s}{h}T\right)\right\|$$

---

1) (16.11) 参照.

$$= e^{-s/h} \left\| \sum_{k=0}^{\infty} (s/h)^k T^k/k! \right\|$$

$$\leq M e^{-s/h} \sum_{k=0}^{\infty} \left(\alpha \frac{s}{h}\right)^k \Big/ k! = M e^{s(\alpha-1)/h}$$

であるから,

$$\|[\exp(tA^h)]x - [\exp\{[t/h](T-I)\}]x\|$$

$$\leq \int_{[t/h]h}^{t} \|\exp(sA^h)\| \|A^h x\| ds$$

$$\leq M h e^{t(\alpha-1)/h} \|A^h x\|.$$

これと上の評価式とから所要の不等式が得られる.

(証終)

定理 18.2. $\{T(t) ; t \geq 0\}$ が (C_0) 半群ならば,

(18.2) $\quad T(t)x = \lim_{h \to 0+} [\exp(tA_h)]x \quad (x \in X, \ t \geq 0)$

(18.3) $\quad T(t)x = \lim_{n \to \infty} [(1-t)I + tT(1/n)]^n x$

$$(x \in X, \ 0 \leq t \leq 1)$$

が成立する. さらに, (18.2) においては任意の有界区間上で一様収束, また (18.3) においては $[0,1]$ 上で一様収束している.

証明 $\omega > \omega_0 \, (= \lim_{t \to \infty} \log \|T(t)\|/t)$ なる $\omega \geq 0$ をとると, $\|T(t)\| \leq M e^{\omega t} \ (t \geq 0)$ を満足する定数 $M > 0$ が存在する (系 17.6). $\|T(h)^k\| = \|T(hk)\| \leq M(e^{\omega h})^k \ (h > 0, \ k = 1, 2, \cdots)$ のゆえ, $T = T(h)$, $\alpha = e^{\omega h}$ とおいて

補助定理 18.1（ii）を用いる．$A^h = h^{-1}(T(h)-I) = A_h$ に注意して，

(18.4) $\quad \|[\exp(tA_h)]x - T(h)^{[t/h]}x\|$
$$\leq g_h(t)\sqrt{h}\|A_h x\| \quad (x \in X),$$

ただし

$$g_h(t) = Me^{t(e^{\omega h}-1)/h}\left[e^{\omega t}\left\{ht^2\left(\frac{e^{\omega h}-1}{h}\right)^2\right.\right.$$
$$\left.\left.+ht\left(\frac{e^{\omega h}-1}{h}\right)+t\right\}^{1/2} + \sqrt{h}\right].$$

次に，

$\|T(h)^{[t/h]}x - T(t)x\|$
$= \|T([t/h]h)x - T([t/h]h)T(t-[t/h]h)x\|$
$\leq Me^{\omega t}\|T(t-[t/h]h)x - x\| \quad (x \in X).$

これと（18.4）より

$\|T(t)x - [\exp(tA^h)]x\| \leq g_h(t)\sqrt{h}\|A_h x\|$
$\qquad + Me^{\omega t}\|T(t-[t/h]h)x - x\| \quad (x \in X).$

$x \in D(A)$ ならば，$\|A_h x\| \to \|Ax\|$（$h \to 0+$）のゆえ，$h \to 0+$ のとき上式右辺の第1項は $t \in [0, \beta]$（$\beta > 0$）に関して一様に0に収束する（$g_h(t)$ が $0 < h \leq 1$, $0 \leq t \leq \beta$ 上で有界なることに注意），また第2項も $[0, \beta]$ 上で一様に0に収束している．かくして，(18.2) は各 $x \in D(A)$ に対して成立する．しかもその収束は任意の有界区間上で一様収束である．

$$\|\exp(tA_h)\| = e^{-t/h}\left\|\sum_{k=0}^{\infty}\frac{(t/h)^k T(kh)}{k!}\right\|$$

$$\leq M \exp\left(t \frac{e^{\omega h}-1}{h}\right)$$

$$\leq M_\beta \quad (0 < h \leq 1, \ 0 \leq t \leq \beta)$$

と $\overline{D(A)} = X$ (定理 17.4) により，(18.2) は各 $x \in X$ に対しても成立し，その収束は任意の有界区間上で一様収束である．

次に (18.3) を証明する． $s \in [0,1]$, $h > 0$ を任意にとり固定しておく． $T = (1-s)I + sT(h)$ とおくと，

$$T^k = \sum_{j=0}^{k} {}_k\mathrm{C}_j s^j (1-s)^{k-j} T(hj)$$

のゆえ，

$$\|T^k\| \leq \sum_{j=0}^{k} {}_k\mathrm{C}_j s^j (1-s)^{k-j} \|T(hj)\| \leq M(e^{\omega h})^k$$

$$(k = 1, 2, \cdots).$$

再び補助定理 18.1 (ii) ($\alpha = e^{\omega h}$) を用いて

$$\|[\exp(tA^h)]x - T^{[t/h]}x\|$$
$$\leq g_h(t)\sqrt{h} \|A^h x\| \quad (x \in X, \ t \geq 0).$$

$A^h = h^{-1}(T-I) = sh^{-1}(T(h)-I) = sA_h$ であるから，

$$\|[\exp(tsA_h)]x - [(1-s)I + sT(h)]^{[t/h]} x\|$$
$$\leq g_h(t)\sqrt{h} \|A_h x\| \quad (x \in X, \ t \geq 0);$$

とくに $t=1$ とおくと

(18.5) $\|[\exp(sA_h)]x - [(1-s)I + sT(h)]^{[1/h]} x\|$
$$\leq g_h(1)\sqrt{h} \|A_h x\| \quad (x \in X, \ 0 \leq s \leq 1, \ h > 0).$$

$x \in D(A)$ ならば， $g_h(1)\sqrt{h} \|A_h x\| \to 0$ ($h \to 0+$) のゆえ， $h \to 0+$ のとき (18.5) の左辺は $[0,1]$ 上で一様に

0 に収束している.
$$\|[(1-s)I+sT(h)]^{[1/h]}\| = \|T^{[1/h]}\|$$
$$\leq M(e^{\omega h})^{[1/h]} \leq Me^{\omega},$$
$$\|\exp[sA_h]\| \leq M\exp(h^{-1}(e^{\omega h}-1)),$$
$$\leq M' \quad (0 \leq s \leq 1, \ 0 \leq h \leq 1),$$

および $\overline{D(A)} = X$ より,$h \to 0+$ のとき,各 $x \in X$ に対して (18.5) の左辺は $[0,1]$ 上で一様に0に収束することが容易にわかる.これと (18.2) とから

$$T(t)x = \lim_{h \to 0+} [(1-t)I+tT(h)]^{[1/h]}x$$
$$(x \in X, \ 0 \leq t < 1),$$

ここで収束は $[0,1]$ 上で一様収束である. (証終)

例 18.1.(**Taylor**(テイラー)**の定理の一般化**) 例 16.1 において与えられた $C[0,\infty]$ 上の (C_0) 半群 $\{T(t) ; t \geq 0\}$ に (18.2) を適用すると,各 $x \in C[0,\infty]$ に対し,

$$[T(t)x](u)$$
$$= \lim_{h \to 0+} [(\exp tA_h)x](u)$$
$$= \lim_{h \to 0+} \sum_{n=0}^{\infty} \frac{t^n}{n!}[(A_h)^n x](u) \quad (0 \leq t, u < \infty),$$

ここで収束は任意の有界区間上の t,および $[0,\infty)$ 上の u に関して一様収束している.

$$(A_h)^n = h^{-n}(T(h)-I)^n = h^{-n}\sum_{k=0}^{n} {}_nC_k(-1)^{n-k}T(kh)$$

のゆえ，

$$[(A_h)^n x](u) = h^{-n} \sum_{k=0}^{n} {}_n C_k (-1)^{n-k} x(u+kh)$$

$$(= \Delta_h^n x(u) \text{ とおく}).$$

よって

(18.6) $\quad x(u+t) = \lim_{h \to 0+} \sum_{n=0}^{\infty} \frac{t^n}{n!} \Delta_h^n x(u)$

$$(0 \leq t, u < \infty),$$

ここで収束は任意の有界区間上の t，および $[0, \infty)$ 上の u について一様収束である．

もし $x(u)$ が n 次の導関数をもつならば，$\Delta_h^n x(u) \to x^{(n)}(u)$ $(h \to 0+)$ である．従って (18.6) は Taylor の定理の一般化と考えられる．

例 18.2.（Bernstein（ベルンスタイン）の定理） 例 16.1 において与えられた $C[0, \infty]$ 上の (C_0) 半群 $\{T(t); t \geq 0\}$ に (18.3) を適用すると，各 $x \in C[0, \infty]$ に対し，

$$[T(t)x](u) = \lim_{n \to \infty} [\{(1-t)I + tT(1/n)\}^n x](u)$$

$$(0 \leq t \leq 1);$$

$$\{(1-t)I + tT(1/n)\}^n x = \sum_{k=0}^{n} {}_n C_k (1-t)^{n-k} t^k T(k/n) x$$

であるから，

(18.7)

$$x(u+t) = \lim_{n \to \infty} \sum_{k=0}^{n} {}_n C_k (1-t)^{n-k} t^k x(u+k/n)$$

$$(u \geq 0, \ 0 \leq t \leq 1),$$

§ 18. (C_0) 半群の表現

ここで収束は，u，および t に関して一様収束である．上式において $u=0$ とおくと，各 $x \in C[0, \infty]$ に対し，

(18.8) $\quad x(t) = \lim_{n \to \infty} \sum_{k=0}^{n} {}_n\mathrm{C}_k (1-t)^{n-k} t^k x(k/n)$

$$(0 \leq t \leq 1)$$

を得る．しかも収束は t について一様収束である．従って，$[0,1]$ 上の任意の連続関数 $x(t)$ が Bernstein 多項式 $\sum_{k=0}^{n} {}_n\mathrm{C}_k (1-t)^{n-k} t^k x(k/n)$ により一様に近似されたことになる．

次に，生成作用素，およびそのレゾルベントによる (C_0) 半群の表現定理を述べる．

定理 18.3. $\{T(t) ; t \geq 0\}$ を (C_0) 半群，A をその生成作用素とすると，各 $x \in X$ に対し，任意の有界区間上の t に関して一様に

(18.9) $\quad T(t)x = \lim_{\lambda \to \infty} [\exp(t\lambda A R(\lambda ; A))]x$

が成立する．

証明 $\omega > \omega_0$ なる $\omega \geq 0$ をとると，適当な定数 $M > 0$ が存在し，$\|T(t)\| \leq M e^{\omega t}$ $(t \geq 0)$，および $\|[R(\lambda ; A)]^n\| \leq M(\lambda - \omega)^{-n}$ $(\lambda > \omega, n \geq 0)$ が成立する（系 17.6，定理 17.8 参照）．

$$T_\lambda(t) = \exp(t \lambda A R(\lambda ; A)) \quad (t \geq 0, \ \lambda > \omega)$$

とおく．$AR(\lambda ; A) = \lambda R(\lambda ; A) - I$ であるから，

$$T_\lambda(t) = \exp(t \lambda^2 R(\lambda ; A) - t \lambda I)$$

$$= e^{-\lambda t} \exp(t\lambda^2 R(\lambda\,;\,A))$$
$$= e^{-\lambda t} \sum_{n=0}^{\infty} \frac{(t\lambda^2)^n (R(\lambda\,;\,A))^n}{n!}.$$

ゆえに

(18.10) $\|T_\lambda(t)\| \leq e^{-\lambda t} \sum_{n=0}^{\infty} \frac{(t\lambda^2)^n}{n!} \|(R(\lambda\,;\,A))^n\|$

$\leq M e^{-\lambda t} \sum_{n=0}^{\infty} \frac{1}{n!} [t\lambda^2/(\lambda-\omega)]^n$

$= M \exp[\omega t/(1-\lambda^{-1}\omega)].$

$\dfrac{d}{ds} T_\lambda(S) = T_\lambda(S)[\lambda AR(\lambda\,;\,A)]$, $\dfrac{d}{ds} T(s)x = T(s)Ax$
$(x \in D(A))$ で,かつ $AR(\lambda\,;\,A)$ $(= \lambda R(\lambda\,;\,A) - I)$ が $T(s)$ と可換であるから

$$\frac{d}{ds}[T_\lambda(t-s)T(s)x]$$
$$= T_\lambda(t-s)T(s)[Ax - \lambda AR(\lambda\,;\,A)x]$$
$$(x \in D(A),\ 0 \leq s \leq t).$$

これを $s=0$ から $s=t$ まで積分して

$T(t)x - T_\lambda(t)x$
$= \displaystyle\int_0^t T_\lambda(t-s)T(s)[Ax - \lambda AR(\lambda\,;\,A)x]ds$;

ゆえに

$\|T(t)x - T_\lambda(t)x\|$
$\leq \displaystyle\int_0^t \|T_\lambda(t-s)\|\|T(s)\|ds \cdot \|Ax - \lambda AR(\lambda\,;\,A)x\|$

$$\leqq M^2 \int_0^t \exp\left[\frac{\omega(t-s)}{1-\lambda^{-1}\omega}\right] e^{\omega s} ds \cdot \|Ax - \lambda AR(\lambda ; A)x\|$$

$$\leqq M^2 \exp[\omega t/(1-\lambda^{-1}\omega)] \cdot e^{\omega t} t \|Ax - \lambda AR(\lambda ; A)x\|$$

$$(x \in D(A),\ t \geqq 0).$$

$\lambda > 2\omega$ のとき, $\omega t/(1-\lambda^{-1}\omega) \leqq 2\omega t$ であるから,

(18.11) $\quad \sup_{0 \leqq t \leqq \beta} \|T(t)x - T_\lambda(t)x\|$

$$\leqq M^2 e^{3\omega\beta} \beta \|Ax - \lambda AR(\lambda ; A)x\|$$

$$(x \in D(A),\ \beta > 0).$$

ここで

(18.12) $\quad \lim_{\lambda \to \infty} \lambda R(\lambda ; A)y = y \quad (y \in X)$

なることに注意する. 実際, $y \in D(A)$ ならば
$\|\lambda R(\lambda ; A)y - y\| = \|R(\lambda ; A)Ay\|$

$$\leqq M(\lambda - \omega)^{-1} \|Ay\| \to 0 \ (\lambda \to \infty).$$

$\overline{D(A)} = X$ と $\|\lambda R(\lambda ; A)\| \leqq M\lambda/(\lambda - \omega) \leqq 2M$ ($\lambda > 2\omega$) とから, $\lim_{\lambda \to \infty} \lambda R(\lambda ; A)y = y$ ($y \in X$).

さて, $AR(\lambda ; A)x = R(\lambda ; A)Ax$ ($x \in D(A)$) のゆえ, (18.12) から $\lim_{\lambda \to \infty} \|Ax - \lambda AR(\lambda ; A)x\| = \lim_{\lambda \to \infty} \|Ax - \lambda R(\lambda ; A)Ax\| = 0$ ($x \in D(A)$). かくして, (18.11) より

(18.13) $\quad \lim_{\lambda \to \infty} \{\sup_{0 \leqq t \leqq \beta} \|T(t)x - T_\lambda(t)x\|\} = 0$

$$(x \in D(A),\ \beta > 0).$$

最後に, $\|T(t)\| \leqq Me^{\omega\beta}$, $\|T_\lambda(t)\| \leqq Me^{2\omega\beta}$ ($0 \leqq t \leqq$

β, $\lambda > 2\omega$), および $\overline{D(A)} = X$ より, (18.13) は $x \in X$ に対しても成立している. (証終)

定理 18.4. $\{T(t) ; t \geqq 0\}$ を (C_0) 半群, A をその生成作用素とすると, 各 $x \in X$ に対し, 任意の有界区間上の t について一様に

$$(18.14) \quad T(t)x = \lim_{n \to \infty} \left(I - \frac{t}{n} A\right)^{-n} x$$

が成立する.

証明 $\omega > \omega_0$ なる $\omega \geqq 0$ を 1 つとると, $\|[R(\lambda ; A)]^n\| \leqq M(\lambda - \omega)^{-n}$ ($\lambda > \omega$, $n \geqq 0$) なる如き定数 $M > 0$ が存在する (定理 17.8). $T = \lambda R(\lambda ; A)$, $\alpha = \lambda/(\lambda - \omega)$, $h = \lambda^{-1}$ として補助定理 18.1 (ii) を用いる.

$A^h = h^{-1}(T - I) = \lambda(\lambda R(\lambda ; A) - I) = \lambda A R(\lambda ; A)$ に注意して,

$$\|[\exp(t\lambda AR(\lambda ; A))]x - [\lambda R(\lambda ; A)]^{[\lambda t]} x\|$$

$$\leqq M \exp\left(\frac{\omega t}{1 - \omega/\lambda}\right) \bigg[(1 - \omega/\lambda)^{-\lambda t}$$

$$\times \left\{\frac{t^2}{\lambda}\left(\frac{\omega}{1 - \omega/\lambda}\right)^2 + \frac{t}{\lambda}\left(\frac{\omega}{1 - \omega/\lambda}\right) + t\right\}^{1/2}$$

$$+ \frac{1}{\sqrt{\lambda}} \bigg] \frac{1}{\sqrt{\lambda}} \|\lambda R(\lambda ; A) Ax\| \quad (x \in D(A)).$$

ここに $R(\lambda ; A) Ax = AR(\lambda ; A)x$ $(x \in D(A))$ を用いている. $\lambda \to \infty$ のとき $(1 - \omega/\lambda)^{-\lambda t} \leqq (1 - \omega/\lambda)^{-\lambda \beta} \to e^{\omega \beta}$ $(0 \leqq t \leqq \beta)$, $\|\lambda R(\lambda ; A) Ax\| \to \|Ax\|$ ((18.12) 参照) であるから, 各 $x \in D(A)$ に対し, 任意の有界区間上

の t について一様に

(18.15)
$$\lim_{\lambda \to \infty} \|[\exp(t\lambda AR(\lambda\,;A))]x - [\lambda R(\lambda\,;A)]^{[\lambda t]}x\| = 0.$$

これと (18.9) とから,各 $x \in D(A)$ に対し,任意の有界区間上の t について一様に

(18.16) $\quad T(t)x = \lim_{\lambda \to \infty} [\lambda R(\lambda\,;A)]^{[\lambda t]}x.$

$\|[\lambda R(\lambda\,;A)]^{[\lambda t]}\| \leq M\left(\dfrac{\lambda}{\lambda-\omega}\right)^{\lambda t} \leq M\left(1+\dfrac{2\omega}{\lambda}\right)^{\lambda t} \leq Me^{2\omega t}$ ($\lambda > 2\omega$) で,かつ $\overline{D(A)} = X$ であるから,各 $x \in X$ に対しても (18.16) が成立している.$\lambda R(\lambda\,;A) = \left(I - \dfrac{1}{\lambda}A\right)^{-1}$ であるから,(18.14) を得るためには,(18.16) において $\lambda = n/t$ とおけばよい. (証終)

§ 19. 半群の生成定理

19.1. 半群の生成定理

線形作用素 A が与えられたとき,必ずしも A は半群の生成作用素になるとは限らない.そこで,A が半群の生成作用素になるための条件を調べてみる.はじめに $(C_0)_u$ 半群について考察する.定理 17.1,および例 16.4 から容易に次の定理が得られる.

定理 19.1. 線形作用素 A が $(C_0)_u$ 半群 $\{T(t) ; t \geq 0\}$ の生成作用素であるための必要十分条件は，A が X からそれ自身への有界作用素であることである．そしてこのとき $T(t) = \exp(tA)$ $(t \geq 0)$．

次に，Hille（ヒレ）・吉田の定理として知られている (C_0) 半群の生成定理を述べる．

定理 19.2. 線形作用素 A が (C_0) 半群 $\{T(t) ; t \geq 0\}$ の生成作用素であるための必要十分条件は，

（ⅰ） A が閉作用素，かつ $D(A)$ が X において稠密，

（ⅱ） 定数 $M > 0$，ω（実数）が存在して $\{\lambda ; \lambda > \omega\} \subset \rho(A)$，かつ

$$\text{(19.1)} \quad \|[R(\lambda ; A)]^n\| \leq M(\lambda - \omega)^{-n} \quad (\lambda > \omega, \ n \geq 0)$$

なることである．そしてこのとき $\|T(t)\| \leq Me^{\omega t}$ $(t \geq 0)$，かつ各 $x \in X$ に対し，任意の有界区間上の t に関して一様に

$$\text{(19.2)} \quad T(t)x = \lim_{\lambda \to \infty} [\exp(t\lambda AR(\lambda ; A))]x$$
$$= \lim_{n \to \infty} \left(I - \frac{t}{n}A\right)^{-n} x.$$

証明 A が (C_0) 半群 $\{T(t) ; t \geq 0\}$ の生成作用素ならば，（ⅰ），および（ⅱ）が成立することは既に示した（定理 17.4，定理 17.8 参照）．逆に，A が（ⅰ），および（ⅱ）を満足すると仮定する．$\{\lambda ; \lambda > \omega\} \subset \rho(A)$，かつ A が閉作用素のゆえ

(19.3) $\begin{cases} (\lambda - A)R(\lambda\,;\,A)x = x \ (x \in X, \ \lambda > \omega), \\ R(\lambda\,;\,A)(\lambda - A)x = x \ (x \in D(A), \ \lambda > \omega). \end{cases}$

仮定 (19.1) から $\|R(\lambda\,;\,A)\| \leq M(\lambda - \omega)^{-1} \ (\lambda > \omega)$. ゆえに, $\lambda \to \infty$ のとき

$$\|\lambda R(\lambda\,;\,A)x - x\| = \|R(\lambda\,;\,A)Ax\|$$
$$\leq M(\lambda - \omega)^{-1}\|Ax\| \to 0$$
$$(x \in D(A)).$$

これと $\overline{D(A)} = X$, および $\|\lambda R(\lambda\,;\,A)\| \leq M\dfrac{\lambda}{\lambda - \omega} \leq 2M \ (\lambda > 2|\omega|)$ とから,

(19.4) $\quad \lim_{\lambda \to \infty} \lambda R(\lambda\,;\,A)x = x \ (x \in X).$

$AR(\lambda\,;\,A) = \lambda R(\lambda\,;\,A) - I \in B(X)$ に注意して, 作用素 $T_\lambda(t) \ (t \geq 0, \ \lambda > \omega)$ を次のように定義する.

(19.5) $\ T_\lambda(t) = \exp(t\lambda AR(\lambda\,;\,A))$
$$= e^{-\lambda t}\exp(t\lambda^2 R(\lambda\,;\,A))$$
$$= e^{-\lambda t}\sum_{n=0}^\infty \frac{(t\lambda^2)^n}{n!}[R(\lambda\,;\,A)]^n.$$

各 $\lambda > \omega$ に対して $\{T_\lambda(t)\,;\,t \geq 0\}$ は $(C_0)_u$ 半群である. また, (19.1) より

(19.6) $\ \|T_\lambda(t)\| \leq Me^{-\lambda t}\sum_{n=0}^\infty \dfrac{(t\lambda^2)^n}{n!}(\lambda - \omega)^{-n}$
$$= M\exp[\omega t/(1 - \omega\lambda^{-1})]$$
$$(t \geq 0, \ \lambda > \omega, \ \lambda \neq 0)$$

とくに $\|T_\lambda(t)\| \leq M\exp[|\omega|t/(1 - |\omega|\lambda^{-1})] \leq Me^{2|\omega|t}$ $(t \geq 0, \ \lambda > 2|\omega|)$.

さて，$\lim_{\lambda \to \infty} T_\lambda(t)x$ $(t \geq 0, \ x \in X)$ が存在することを証明する．$dT_\lambda(s)/ds = T_\lambda(s)[\lambda AR(\lambda ; A)]$，かつ $AR(\mu ; A)$ $(= \mu R(\mu ; A) - I)$ が $T_\lambda(s)$ と可換[1]なことから

$$\frac{d}{ds}[T_\mu(t-s)T_\lambda(s)x] = T_\mu(t-s)T_\lambda(s)[\lambda AR(\lambda ; A)x$$
$$- \mu AR(\mu ; A)x] \ (0 \leq s \leq t, \ x \in X).$$

これを $s=0$ から $s=t$ まで積分して

$$T_\lambda(t)x - T_\mu(t)x = \int_0^t T_\mu(t-s)T_\lambda(s)[\lambda AR(\lambda ; A)x$$
$$- \mu AR(\mu ; A)x]ds;$$

ゆえに

$$\|T_\lambda(t)x - T_\mu(t)x\|$$
$$\leq \int_0^t \|T_\mu(t-s)\|\|T_\lambda(s)\|ds$$
$$\cdot \|\lambda AR(\lambda ; A)x - \mu AR(\mu ; A)x\|$$
$$\leq M^2 \int_0^t e^{2|\omega|(t-s)}e^{2|\omega|s}ds$$
$$\cdot \|\lambda AR(\lambda ; A)x - \mu AR(\mu ; A)x\|$$

---

[1] レゾルベント方程式
$$R(\mu ; A) - R(\lambda ; A) = -(\mu - \lambda)R(\mu ; A)R(\lambda ; A)$$
により，
$$R(\mu ; A)R(\lambda ; A) = R(\lambda ; A)R(\mu ; A)$$
であるから．

$$= M^2 e^{2|\omega|t} t \|\lambda AR(\lambda\,;A)x - \mu AR(\mu\,;A)x\|$$

$$(\lambda, \mu > 2|\omega|,\ t \geqq 0,\ x \in X).$$

(19.4) より $\lim_{\lambda \to \infty} \lambda AR(\lambda\,;A)x = \lim_{\lambda \to \infty} \lambda R(\lambda\,;A)Ax = Ax\ (x \in D(A))$ のゆえ,各 $x \in D(A)$,$\beta > 0$ に対して

(19.7) $$\sup_{0 \leqq t \leqq \beta} \|T_\lambda(t)x - T_\mu(t)x\|$$

$$(\leqq M^2 e^{2|\omega|\beta} \beta \|\lambda AR(\lambda\,;A)x - \mu AR(\mu\,;A)x\|)$$

$$\to 0\ (\lambda, \mu \to \infty).$$

$\|T_\lambda(t)\| \leqq M e^{2|\omega|\beta}\ (0 \leqq t \leqq \beta,\ \lambda > 2|\omega|)$,$\overline{D(A)} = X$ であるから,任意の $x \in X$ に対して (19.7) が成立する.よって,各 $x \in X$ に対し,任意の有界区間上の t に関して一様に $\lim_{\lambda \to \infty} T_\lambda(t)x$ が存在する.そこで

(19.8) $$T(t)x = \lim_{\lambda \to \infty} T_\lambda(t)x$$

$$(= \lim_{\lambda \to \infty} [\exp(t\lambda AR(\lambda\,;A))]x)$$

$$(t \geqq 0,\ x \in X)$$

とおくと,(19.6) から $\|T(t)\| \leqq \liminf_{\lambda \to \infty} \|T_\lambda(t)\| \leqq M e^{\omega t}$ $(t \geqq 0)$.そして $\{T(t)\,;\,t \geqq 0\}$ は (C_0) 半群である.実際,$T_\lambda(t+s) = T_\lambda(t)T_\lambda(s)$ から $T(t+s) = T(t)T(s)$ が求まる;次に,各 λ に対し,$T_\lambda(t)x$ が $[0, \infty)$ 上で強連続のゆえ,その(任意有界区間上の)一様極限である $T(t)x$ は $[0, \infty)$ 上で強連続となるからである.

最後に,A が $\{T(t)\,;\,t \geqq 0\}$ の生成作用素であることを示す.

$$T_\lambda(t)x - x = \int_0^t (d/ds)T_\lambda(s)x\,ds$$
$$= \int_0^t T_\lambda(s)[\lambda AR(\lambda\,;A)x]ds$$
$$= \int_0^t T_\lambda(s)[\lambda R(\lambda\,;A)Ax]ds$$
$$(t \geqq 0,\ x \in D(A)).$$

$[0,t]$ 上で一様に $\lim_{\lambda\to\infty} T_\lambda(s)[\lambda R(\lambda\,;A)Ax] = T(s)Ax$ である[1]から，上式において $\lambda\to\infty$ とすると

(19.9)

$$T(t)x - x = \int_0^t T(s)Ax\,ds\ (t \geqq 0,\ x \in D(A)).$$

ゆえに，$A_h x = h^{-1}(T(h)x - x) = h^{-1}\int_0^h T(s)Ax\,ds \to Ax\ (x \in D(A))\ (h \to 0+)$. いま $\{T(t)\,;t \geqq 0\}$ の生成作用素を $\widetilde{A}$ とすると，上のことから $D(A) \subset D(\widetilde{A})$, $Ax = \widetilde{A}x\ (x \in D(A))$. 十分大なる $\lambda\ (>\omega)$ をとると，$\lambda \in \rho(\widetilde{A})$ (定理 17.7 参照)，そしてこれから $(\lambda - \widetilde{A})[D(\widetilde{A})] = X$. 一方，$(\lambda - \widetilde{A})[D(A)] = (\lambda - A)[D(A)] = X$. 従って $D(A) = D(\widetilde{A})\ (= R(\lambda\,:\widetilde{A})[X])$ となり，$A = \widetilde{A}$.

---

[1] $\qquad \|T_\lambda(s)[\lambda R(\lambda\,;A)Ax] - T(s)Ax\|$
$\qquad\qquad \leqq \|T_\lambda(s)[\lambda R(\lambda\,;A)Ax - Ax]\|$
$\qquad\qquad\quad + \|T_\lambda(s)Ax - T(s)Ax\|$
$\qquad\qquad \leqq Me^{2|\omega|s}\|\lambda R(\lambda\,;A)Ax - Ax\|$
$\qquad\qquad\quad + \|T_\lambda(s)Ax - T(s)Ax\|$

から得られる．

A が $\{T(t); t \geq 0\}$ の生成作用素であることが示されたから,（19.2）の $T(t)x = \lim_{n \to \infty} \left(I - \dfrac{t}{n}A\right)^{-n} x$ は定理 18.4 から求まる. (証終)

注意 上の証明においては, 所要の半群を $T(t)x = \lim_{\lambda \to \infty} [\exp(t\lambda AR(\lambda;A))]x$ により構成したが, この代わりに $T(t)x = \lim_{n \to \infty} \left(I - \dfrac{t}{n}A\right)^{-n} x$ をもって半群を構成することもできる.

系 19.3.（Hille・吉田の定理） 線形作用素 A が, $\|T(t)\| \leq e^{\omega t}$ $(t \geq 0)$ を満たす (C_0) 半群 $\{T(t); t \geq 0\}$ の生成作用素であるための必要十分条件は,

 (i) A が閉作用素, かつ $D(A)$ が X において稠密,
 (ii) $\{\lambda; \lambda > \omega\} \subset \rho(A)$, かつ $\|R(\lambda;A)\| \leq (\lambda - \omega)^{-1}$ $(\lambda > \omega)$,

なることである.

証明 A が（i）,（ii）を満足すると仮定する.

$\|[R(\lambda;A)]^n\| \leq \|R(\lambda;A)\|^n \leq (\lambda - \omega)^{-n}$ $(\lambda > \omega, n \geq 0)$ であるから, $M = 1$ として（19.1）が成立する. 従って, 定理 19.2 により, A は (C_0) 半群 $\{T(t); t \geq 0\}$ の生成作用素で, しかも $\|T(t)\| \leq e^{\omega t}$ $(t \geq 0)$. 逆に, A が $\|T(t)\| \leq e^{\omega t}$ $(t \geq 0)$ なる如き (C_0) 半群 $\{T(t); t \geq 0\}$ の生成作用素とする. $\omega_0 = \lim_{t \to \infty} (\log \|T(t)\|/t) \leq \omega$ のゆえ, 定理 17.7 から, $\{\lambda; \lambda > \omega\} \subset \rho(A)$, かつ $R(\lambda;A)x = \displaystyle\int_0^\infty e^{-\lambda t} T(t)x\, dt$ $(x \in X, \lambda > \omega)$. $\|R(\lambda;A)x\|$

$$\leq \int_0^\infty e^{-\lambda t}\|T(t)\|dt\|x\| \leq \int_0^\infty e^{-(\lambda-\omega)t}dt\|x\| = (\lambda-\omega)^{-1}\|x\|$$ $(x\in X,\ \lambda>\omega)$, 即ち $\|R(\lambda\,;A)\| \leq (\lambda-\omega)^{-1}$ $(\lambda>\omega)$. 従って (ii) が得られた. (i) は明らか.

(証終)

19.2. 群の生成定理

定義 19.1. X からそれ自身への有界線形作用素の族 $\{T(t)\,;-\infty<t<\infty\}$ が **(C_0) 群**であるとは,次の $(a_1), (a_2)$ が満足されていることである:

(a_1) $T(0)=I$,
$T(t+s)=T(t)T(s)$ $(-\infty<t,s<\infty)$.

(a_2) 各 $x\in X$ に対し,$T(t)x$ は $(-\infty,\infty)$ 上で強連続である.

(C_0) 群 $\{T(t)\,;-\infty<t<\infty\}$ の生成作用素 A を,半群の場合と同様に (17.2) によって定義する.群の性質から

$$\lim_{h\to 0+}\frac{T(-h)x-x}{-h} = \lim_{h\to 0+}T(-h)\left[\frac{T(h)x-x}{h}\right]$$
$$= Ax\ (x\in D(A)).$$

従ってこの場合には,$D(A)=\{x\in X\,;\lim_{h\to 0}h^{-1}(T(h)x-x)$ が存在する $\}$ で,かつ $Ax=\lim_{h\to 0}h^{-1}(T(h)x-x)$ $(x\in D(A))$ である.

定理 19.2 から容易に次の (C_0) 群の生成定理が得られる.

定理 19.4. 線形作用素 A が (C_0) 群の生成作用素であるための必要十分条件は,

(ⅰ) A が閉作用素, かつ $D(A)$ が X において稠密,

(ⅱ) 定数 $M > 0$, $\omega \geq 0$ が存在して $\{\lambda$ (実数); $|\lambda| > \omega\} \subset \rho(A)$, かつ

$$\text{(19.10)} \quad \|[R(\lambda\,;A)]^n\| \leq M(|\lambda|-\omega)^{-n}$$
$$(|\lambda| > \omega,\ \lambda \text{ は実数}; n \geq 0),$$

なることである.

証明 $\{T(t)\,;\, -\infty < t < \infty\}$ を (C_0) 群とし, A をその生成作用素とする. $\{T(t)\,;\, t \geq 0\}$ が (C_0) 半群であるから, (ⅰ) は明らか. 次に, (ⅱ) を示す. そのため $S(t) = T(-t)$ $(t \geq 0)$ とおく. $\{S(t)\,;\, t \geq 0\}$, $\{T(t)\,;\, t \geq 0\}$ はともに (C_0) 半群で, それぞれ生成作用素 $-A$, A をもつ. よって定理 19.2 により, 定数 $M_i > 0$, ω_i (実数) $(i = 1, 2)$ が存在して

$$\text{(19.11)} \quad \begin{cases} \{\lambda\,;\, \lambda > \omega_1\} \subset \rho(A), \\ \|[R(\lambda\,;A)]^n\| \leq M_1(\lambda-\omega_1)^{-n} \\ \qquad (\lambda > \omega_1,\ n \geq 0), \end{cases}$$

$$\text{(19.12)} \quad \begin{cases} \{\lambda\,;\, \lambda > \omega_2\} \subset \rho(-A), \\ \|[R(\lambda\,;-A)]^n\| \leq M_2(\lambda-\omega_2)^{-n} \\ \qquad (\lambda > \omega_2,\ n \geq 0). \end{cases}$$

$M = \max(M_1, M_2)$, $\omega = \max(\omega_1, \omega_2)$ とおく. このとき, $\omega \geq 0$ であることに注意する. (実際, $\|T(t)\| \leq M_1 e^{\omega_1 t} \leq M_1 e^{\omega t}$, $\|S(t)\| \leq M_2 e^{\omega_2 t} \leq M_2 e^{\omega t}$ のゆえ, $1 = \|I\| = \|T(t)S(t)\| \leq \|T(t)\|\|S(t)\| \leq M_1 M_2 e^{2\omega t}$ $(t \geq 0)$. もし

$\omega<0$ ならば, $M_1M_2e^{2\omega t}\to 0$ $(t\to\infty)$ となり矛盾である.) そして $\{\lambda;\lambda>\omega\}\subset\rho(A)\cap\rho(-A)$, $\|[R(\lambda;\pm A)]^n\|\leq M(\lambda-\omega)^{-n}$ $(\lambda>\omega,\ n\geq 0)$.

さて, $\lambda\in\rho(-A) \rightleftarrows -\lambda\in\rho(A)$, しかもこのとき $R(\lambda;-A)=-R(-\lambda;A)$ であるから,(ii)が成立する.

逆に,(i),および(ii)を仮定する.定理 19.2 により,A,$-A$ は,それぞれ (C_0) 半群 $\{T_+(t);t\geq 0\}$,$\{T_-(t);t\geq 0\}$ の生成作用素である.$x\in D(A)$ ならば, $T_+(s)T_-(s)x$ は $[0,\infty)$ 上で強微分可能で,しかも

$(d/ds)T_+(s)T_-(s)x$
$= [T_+(s)A]T_-(s)x+T_+(s)[-AT_-(s)x]$
$= 0\ (s\geq 0).$

これを $[0,t]$ 上で積分して $T_+(t)T_-(t)x=x$ $(t\geq 0,\ x\in D(A))$. $\overline{D(A)}=X$,$T_+(t)T_-(t)\in B(X)$ であるから,$T_+(t)T_-(t)x=x$ $(t\geq 0,\ x\in X)$,即ち $T_+(t)T_-(t)=I$ $(t\geq 0)$. 同様にして $T_-(t)T_+(t)=I$ $(t\geq 0)$. よって $T_-(t)=[T_+(t)]^{-1}$ $(t\geq 0)$. さて

$$T(t)=\begin{cases}T_+(t) & (t\geq 0)\\ T_-(-t) & (t<0)\end{cases}$$

とおくと,$\{T(t);-\infty<t<\infty\}$ は (C_0) 群で,A はその生成作用素である. (証終)

系 19.5. 線形作用素 A が,$\|T(t)\|\leq e^{\omega|t|}$ $(-\infty<t<\infty)$,ただし $\omega\geq 0$,なる如き (C_0) 群 $\{T(t);-\infty<t<\infty\}$ の生成作用素であるための必要十分条件は,

(ⅰ) A が閉作用素,かつ $D(A)$ が X において稠密,

(ⅱ) $\{\lambda\ (実数)\,;\,|\lambda|>\omega\}\subset\rho(A)$, かつ $\|R(\lambda\,;A)\|\leqq(|\lambda|-\omega)^{-1}$ ($|\lambda|>\omega$, λ は実数),

なることである.

証明 系 19.3 と定理 19.4 から容易にわかる.

§20. 抽象的 Cauchy 問題

通常の Cauchy 問題 (初期値問題) の抽象化として,次の問題を考える.

抽象的 Cauchy 問題 A を $D(A)\subset X$, $R(A)\subset X$ なる線形作用素とする. $x\in X$ が与えられたとき,次の (ⅰ)〜(ⅲ) を満足するような関数 $y(t)=y(t\,;x):[0,\infty)\to X$ を求めよ:

(ⅰ) $y(t)$ は $[0,\infty)$ 上で強連続微分可能,即ち $y(t)$ は $[0,\infty)$ 上で微分可能で,かつ $y'(t)$ $(=dy(t)/dt)$ が $[0,\infty)$ 上で強連続である.

(ⅱ) $y(t)\in D(A)$, $y'(t)=A[y(t)]$ $(t>0)$.

(ⅲ) $y(0)=y(0\,;x)=x$.

これを作用素 A に対する**抽象的 Cauchy 問題** (略して ACP とかく), また x をこの ACP の**初期値**といい,上の (ⅰ)〜(ⅲ) を満足する関数 $y(t)$ のことを,作用素 A に対する $(ACP\,;x)$ の**解**と呼ぶ.

通常の Cauchy 問題は,上において X が関数空間,A

が微分作用素の場合と考えられる.

A が閉作用素の場合には,作用素 A に対する (ACP ; x) の解 $y(t)=y(t\,;x)$ はつねに

(ⅱ′)　$y(t) \in D(A),\ y'(t) = A[y(t)]\ (t \geq 0)$

を満足することに注意する.なぜならば,$y(t) \in D(A)$ $(t>0)$,$y(t) \to y(0) = x$,$A[y(t)] = y'(t) \to y'(0)$ $(t \to 0+)$ のゆえ,A が閉作用素ということから $y(0) \in D(A)$,$y'(0) = A[y(0)]$ が得られるからである.

さて,A を閉作用素とする.$y(t) = y(t\,;x)$ を作用素 A に対する (ACP ; x) の解とすると (ⅱ′) より次を得る:

$$y'(s) = A[y(s)]\ (s \geq 0)$$

$t \geq 0$ とし,上式を $[0,t]$ 上で積分すると

$$y(t) - y(0) = \int_0^t y'(s)ds = \int_0^t A[y(s)]ds\,;$$

A が閉作用素なことから $\int_0^t A[y(s)]ds = A\left[\int_0^t y(s)ds\right]$ (定理 14.8 (ⅱ) 参照),また $y(0) = x$ であるから

(20.1)　$y(t) = A\left[\displaystyle\int_0^t y(s)ds\right] + x\ (t \geq 0)$

が成り立つ.逆に,$y(t) : [0,\infty) \to X$ が強連続微分可能で (20.1) を満足すれば,$y(0) = x$,かつ $y(t) \in D(A)$,$y'(t) = A[y(t)]\ (t \geq 0)$ が成り立つので (ここにも A が閉作用素なことを用いる),$y(t)$ は作用素 A に対する (ACP ; x) の解である.

抽象的 Cauchy 問題,それの積分版である積分方程式

(20.1),および (C_0) 半群の間の関係を調べてみる.

定理 20.1 作用素 A が (C_0) 半群 $\{T(t); t \geqq 0\}$ の生成作用素ならば,次の(ⅰ),(ⅱ)が成り立つ.

(ⅰ) 各 $x \in D(A)$ に対し,$T(t)x$ は作用素 A に対する (ACP;x) の1つ,かつ唯1つの解である.

(ⅱ) 各 $x \in X$ に対し,$T(t)x$ は $[0, \infty)$ 上で強連続で積分方程式 (20.1) を満足する1つ,かつ唯1つの関数である.

証明 (ⅰ) $x \in D(A)$ とする.定理 17.3 から
$$dT(t)x/dt = A[T(t)x] = T(t)[Ax] \quad (t \geqq 0).$$
$T(0)x = x$,かつ $T(t)[Ax]$ $(= dT(t)x/dt)$ が $[0, \infty)$ 上で強連続であるから,$T(t)x$ は A に対する (ACP;x) の解である.次に解の一意性を示すため,$y(t;x)$ を A に対する (ACP;x) の解とし
$$Y(t) = T(t)x - y(t;x) \quad (t \geqq 0)$$
とおく.$Y(t)$ は $[0, \infty)$ 上で強連続微分可能,$Y(0) = 0$ でかつ $Y(t) \in D(A)$,$dY(t)/dt = A[Y(t)]$ $(t \geqq 0)$ を満足する.従って $t \geqq 0$ を任意に与えたとき(固定しておく),$s \ (\in [0, t])$ の関数 $T(t-s)[Y(s)]$ は $[0, t]$ 上で強連続微分可能で
$$\frac{d}{ds}T(t-s)[Y(s)]$$
$$= T(t-s)\Big(\frac{dY(s)}{ds} - A[Y(s)]\Big)$$
$$= 0 \ (0 \leqq s \leqq t).$$

これを $[0, t]$ 上で積分すると $Y(t) = 0$, 即ち $y(t ; x) = T(t)x$ $(t \geq 0)$ を得る.

（ⅱ）$x \in X$ とする. 定理 17.4 の証明からわかるように, 各 $t > 0$ に対して

$$\int_0^t T(s)x\,ds \ (= tv(t, x)) \in D(A),$$
$$A\left[\int_0^t T(s)x\,ds\right] = T(t)x - x$$

が成り立つ. 上の式は $t = 0$ のときにも成り立つから, $y(t) \equiv T(t)x$ は（20.1）を満足する $[0, \infty)$ 上の強連続関数である. 一意性を示すため, $z(t) : [0, \infty) \to X$ が強連続で,（20.1）即ち $z(t) = A\left[\int_0^t z(s)ds\right] + x$ $(t \geq 0)$ を満足するものとする. いま

$$Z(t) = \int_0^t (y(s) - z(s))ds \ (t \geq 0)$$

とおくと, $Z(t)$ は $[0, \infty)$ 上で強連続微分可能, $Z(0) = 0$ で,

$Z'(t) = y(t) - z(t)$
$\quad = A\left[\int_0^t (y(s) - z(s))ds\right] = A[Z(t)] \ (t \geq 0),$

即ち $Z(t)$ は作用素 A に対する (ACP ; 0) の解である. 従って（ⅰ）より $Z(t) \equiv T(t)0 \equiv 0$ となり, $y(t) - z(t) = Z'(t) = 0$, 即ち $z(t) = y(t)$ $(= T(t)x)$ $(t \geq 0)$ を得る.

(証終)

じつは次の定理が成り立つ.

定理 20.2. 次の $(a_1), (a_2), (a_3)$ は互いに同値である:

(a_1) A は (C_0) 半群の生成作用素である.

(a_2) A は $D(A) \subset X$, $R(A) \subset X$ なる閉作用素で $\rho(A) \neq \emptyset$ である. さらに各 $x \in D(A)$ に対し, A に対する $(\text{ACP}; x)$ は 1 つ, かつ唯 1 つの解をもつ.

(a_3) A は $D(A) \subset X$, $R(A) \subset X$ なる閉作用素である. さらに各 $x \in X$ に対し, 積分方程式 (20.1) を満足する強連続関数 $y(t): [0, \infty) \to X$ が 1 つ, かつ唯 1 つ存在する.

証明 $(a_1) \Rightarrow (a_2) \Rightarrow (a_3) \Rightarrow (a_1)$ の順で証明する. はじめに, 定理 17.7 と定理 20.1 の (i) より "$(a_1) \Rightarrow (a_2)$" を得る. 次に "$(a_2) \Rightarrow (a_3)$" を示すため, (a_2) が成り立つとする. 従って $\lambda \in \rho(A)$ なる数 λ が存在する. さて $x \in X$ を任意に与える. すると, $R(\lambda; A)x \in D(A)$ であるから, (a_2) により作用素 A に対する $(\text{ACP}; R(\lambda; A)x)$ は 1 つ, かつ唯 1 つの解 $y(t; R(\lambda; A)x)$ をもつ. そこで

$$y(t) = (\lambda I - A) y(t; R(\lambda; A)x) \quad (t \geq 0)$$

とおく. $y(t; R(\lambda; A)x)$ が $[0, \infty)$ 上で強連続微分可能で $y'(t; R(\lambda; A)x) = A[y(t; R(\lambda; A)x)]$ $(t \geq 0)$, $y(0; R(\lambda; A)x) = R(\lambda; A)x$ なことより, $y(t): [0, \infty) \to X$ は強連続で

$$y(t\,;\,R(\lambda\,;\,A)x) - R(\lambda\,;\,A)x$$
$$\left(= \int_0^t y'(s\,;\,R(\lambda\,;\,A)x)ds\right)$$
$$= \int_0^t A[y(s\,;\,R(\lambda\,;\,A)x)]ds$$
$$= A\left[\int_0^t y(s\,;\,R(\lambda\,;\,A)x)ds\right] \quad (t \geq 0)$$

(ここに A が閉作用素なことを用いている)

である. 従って

$$\int_0^t y(s)ds = \lambda \int_0^t y(s\,;\,R(\lambda\,;\,A)x)ds$$
$$- \int_0^t A[y(s\,;\,R(\lambda\,;\,A)x)]ds$$
$$= \lambda \int_0^t y(s\,;\,R(\lambda\,;\,A)x)ds$$
$$- y(t\,;\,R(\lambda\,;\,A)x) + R(\lambda\,;\,A)x \in D(A),$$
$$A\left[\int_0^t y(s)ds\right] = \lambda A\left[\int_0^t y(s\,;\,R(\lambda\,;\,A)x)ds\right]$$
$$- A[y(t\,;\,R(\lambda\,;\,A)x)] + AR(\lambda\,;\,A)x$$
$$= \lambda y(t\,;\,R(\lambda\,;\,A)x) - \lambda R(\lambda\,;\,A)x$$
$$- A[y(t\,;\,R(\lambda\,;\,A)x)] + AR(\lambda\,;\,A)x$$
$$= (\lambda I - A)y(t\,;\,R(\lambda\,;\,A)x)$$
$$- (\lambda I - A)R(\lambda\,;\,A)x$$
$$= y(t) - x \quad (t \geq 0)$$

を得る.よって $y(t):[0,\infty)\to X$ は積分方程式 (20.1) を満たす強連続関数である.このような関数が唯1つであることを示すため,$z(t):[0,\infty)\to X$ を (20.1) を満たす強連続関数とし,$Z(t)=\int_0^t(y(s)-z(s))ds$ $(t\geq 0)$ とおく.すると定理 20.1(ii)の証明におけると同様にして $Z(t)$ は作用素 A に対する (ACP;0) の解である.また恒等的に値 0 $(\in D(A))$ をもつ $[0,\infty)$ 上の関数は作用素 A に対する (ACP;0) の解であるから,解の一意性 (仮定) より $Z(t)=0$ $(t\geq 0)$ でなければならない.よって $y(t)-z(t)=Z'(t)=0$,即ち $z(t)=y(t)$ $(t\geq 0)$ を得る.

最後に "$(a_3)\Rightarrow(a_1)$" を証明する.仮定 (a_3) より,各 $x\in X$ に対して積分方程式 (20.1) を満足する強連続関数 $y(t):[0,\infty)\to X$ が唯1つ存在する.この関数 $y(t)$ は x に依存して定まるから,これを明示するためにこれからは $y(t;x)$ で表わすことにする.

さて,各 $t\geq 0$ に対して作用素 $T(t):X\to X$ を

(20.2) $T(t)x=y(t;x)$ $(x\in X)$

により定義する.$x_i\in X$ $(i=1,2)$ とし,$y(t)=y(t;x_1)+y(t;x_2)$ $(t\geq 0)$ とおくと,$y(t):[0,\infty)\to X$ は強連続関数で

$$y(t)=A\left[\int_0^t y(s)ds\right]+(x_1+x_2) \ (t\geq 0)$$

を得る.従って $y(t)=y(t;x_1+x_2)$,即ち $y(t;x_1)+$

$y(t\,;x_2) = y(t\,;x_1+x_2)$ $(t \geq 0)$ を得,

$$T(t)(x_1+x_2) = T(t)x_1 + T(t)x_2 \quad (x_1, x_2 \in X,\ t \geq 0)$$

が成り立つ. 同様にして

$$T(t)(\alpha x) = \alpha T(t)x \quad (x \in X,\ \alpha \in \Phi,\ t \geq 0)$$

が成り立つ. よって各 $t \geq 0$ に対して $T(t)$ は $X \to X$ なる線形作用素である. さらに, 後に示すように次が得られる:

(20.3) $\begin{cases} \text{各 } t \geq 0 \text{ に対し, } T(t) \text{ は有界線形作用素,} \\ \text{即ち } T(t) \in B(X). \end{cases}$

また定義より, $T(0) = I$, 各 $x \in X$ に対して $T(t)x$ は $[0, \infty)$ 上で強連続である. さらに

(20.4) $\quad T(t+s) = T(t)T(s) \quad (t, s \geq 0)$

が成り立つ. 実際, $x \in X$ および $s \geq 0$ を任意に与え (固定しておく),

$$y(t) = T(t+s)x \ (= y(t+s\,;x)) \quad (t \geq 0)$$

とおく. すると $y(t): [0, \infty) \to X$ は強連続関数で

$$\begin{aligned}
y(t) &= y(t+s\,;x) - y(s\,;x) + y(s\,;x) \\
&= A\left[\int_0^{t+s} y(r\,;x)dr\right] \\
&\quad - A\left[\int_0^s y(r\,;x)dr\right] + y(s\,;x) \\
&= A\left[\int_s^{t+s} y(r\,;x)dr\right] + y(s\,;x) \\
&= A\left[\int_0^t y(r+s\,;x)dr\right] + y(s\,;x)
\end{aligned}$$

$$= A\Bigl[\int_0^t y(r)dr\Bigr] + y(s\,;\,x)\ (t \geqq 0).$$

よって $y(t) = y(t\,;\,y(s\,;\,x))$ $(t \geqq 0)$, 即ち $T(t+s)x = T(t)[y(s\,;\,x)] = T(t)[T(s)x]$ $(x \in X,\ t, s \geqq 0)$ を得, (20.4) が成り立つ. 以上より $\{T(t)\,;\,t \geqq 0\}$ は (C_0) 半群である.

次に, A がこの (C_0) 半群 $\{T(t)\,;\,t \geqq 0\}$ の生成作用素であることを示す. $x \in D(A)$ を任意に与え（固定しておく),

$$y(t) = \int_0^t y(s\,;\,Ax)ds + x\ \left(= \int_0^t T(s)Ax\,ds + x\right)$$
$$(t \geqq 0)$$

とおく.

$$y(s\,;\,Ax) = A\Bigl[\int_0^s y(r\,;\,Ax)dr\Bigr] + Ax\ (s \geqq 0)$$

であるから

$$y(t) = \int_0^t \left(A\Bigl[\int_0^s y(r\,;\,Ax)dr\Bigr] + Ax\right)ds + x$$
$$= A\Bigl[\int_0^t \left(\int_0^s y(r\,;\,Ax)dr + x\right)ds\Bigr] + x$$
$$= A\Bigl[\int_0^t y(s)ds\Bigr] + x\ (t \geqq 0),$$

即ち $y(t)$ は方程式 (20.1) を満足する. よって $y(t) = y(t\,;\,x) = T(t)x$ $(t \geqq 0)$, 即ち

(20.5) $\quad T(t)x = \int_0^t T(s)Ax\,ds + x$

$$(x \in D(A),\ t \geq 0)$$

を得る．これより

$$\lim_{t \to 0+}(T(t)x - x)/t = \lim_{t \to 0+}(1/t)\int_0^t T(s)Ax\,ds$$

$$= Ax\ (x \in D(A)).$$

従って，$\{T(t)\,;\,t \geq 0\}$ の生成作用素を B とすると

$$D(A) \subset D(B),\ Ax = Bx\ (x \in D(A))$$

である．一方，$y(t\,;\,x) = A\left[\int_0^t y(s\,;\,x)ds\right] + x$ $(x \in X,\ t \geq 0)$ のゆえ，$T(t)$ の定義より

(20.6) $\quad T(t)x = A\left[\int_0^t T(s)x\,ds\right] + x$

$$(x \in X,\ t \geq 0).$$

ゆえに各 $x \in D(B)$ に対して

$$Bx = \lim_{t \to 0+}(T(t)x - x)/t$$

$$= \lim_{t \to 0+} A\left[(1/t)\int_0^t T(s)x\,ds\right].$$

また $\lim_{t \to 0+}(1/t)\int_0^t T(s)x\,ds = x$ であるから，A が閉作用素なことより $x \in D(A)$ で $Bx = Ax$，即ち

$$D(B) \subset D(A),\ Bx = Ax\ (x \in D(B))$$

が得られる．よって $B = A$ を得，A は (C_0) 半群 $\{T(t)\,;\,t \geq 0\}$ の生成作用素である．以上により (20.3) が示されれば定理 20.2 の証明は完結する．そこで最後に

(20.3) の証明 正数 T を任意に与え固定しておく. $[0,T] \to X$ なる強連続関数全体の空間を $C([0,T];X)$ で表わす. $C([0,T];X)$ は通常の線形演算とノルム $\|\|u\|\| = \max_{0 \leq t \leq T} \|u(t)\|$ $(u \in C([0,T];X))$ により1つの Banach 空間を作る. さて, 作用素 $U: X \to C([0,T];X)$ を次のように定義する:

(20.7) $\quad Ux = T(\cdot)x|_{[0,T]} \ (= y(\cdot\,;x)|_{[0,T]})$
$$(x \in X).$$

ここに $T(\cdot)x|_{[0,T]}$ は $T(t)x \ (t \geq 0)$ で t を $[0,T]$ に制限したものを表わす. すると U は線形作用素である.

さて, U が閉作用素であることを示そう. そのため, $\lim_{n\to\infty} \|x_n - x\| = 0$, かつ, $\lim_{n\to\infty} \|\|Ux_n - \widetilde{y}\|\| = \lim_{n\to\infty} (\max_{0 \leq t \leq T} \|y(t\,;x_n) - \widetilde{y}(t)\|) = 0$ とする. (このとき $\widetilde{y} = Ux$ が得られれば, 定義により U は閉作用素である.) すると次が成り立つ:

$$\lim_{n\to\infty} \int_0^t y(r\,;x_n)dr = \int_0^t \widetilde{y}(r)dr, \text{ かつ}$$

$$\lim_{n\to\infty} A\left[\int_0^t y(r\,;x_n)dr\right] = \lim_{n\to\infty}(y(t\,;x_n) - x_n)$$
$$= \widetilde{y}(t) - x \ (0 \leq t \leq T).$$

A が X における閉作用素なことから

(20.8) $\displaystyle\int_0^t \widetilde{y}(r)dr \in D(A),$

$$\widetilde{y}(t) = A\left[\int_0^t \widetilde{y}(r)dr\right] + x \ (0 \leq t \leq T)$$

を得る.さて関数 $\widetilde{y}\ (\in C([0,T];X))$ を次のようにして $[0,\infty)$ 上の関数 y に拡張する:
$$y(t) = \begin{cases} \widetilde{y}(t) & (0 \leq t \leq T) \\ y(t-T\,;\,\widetilde{y}(T)) & (T < t). \end{cases}$$
明らかに y は $[0,\infty) \to X$ なる強連続関数で,かつ方程式 (20.1) を満足する.(実際,$0 \leq t \leq T$ のときは,(20.8) より $y(t)$ は (20.1) を満たす.次に $T < t$ のときは,$y(t) = y(t-T\,;\,\widetilde{y}(T)) = A\left[\int_0^{t-T} y(r\,;\,\widetilde{y}(T))dr\right]$
$+ \widetilde{y}(T) = A\left[\int_0^{t-T} y(r+T)dr\right] + A\left[\int_0^T y(r)dr\right] + x =$
$A\left[\int_0^t y(r)dr\right] + x$ を得,(20.1) が満たされる.) 従って $y(t) = y(t\,;\,x)\ (t \geq 0)$ となり,$\widetilde{y}(t) = y(t\,;\,x) = T(t)x\ (0 \leq t \leq T)$,即ち $\widetilde{y} = Ux$ が得られた.よって作用素 $U : X \to C([0,T];X)$ は閉作用素である.

U は Banach 空間 X 全体で定義され Banach 空間 $C([0,T];X)$ の中に値をもつ閉作用素であることが示されたから,閉グラフ定理(定理 4.9)により,U は $X \to C([0,T];X)$ なる有界線形作用素である.従ってこの作用素 U のノルムを $\|\|U\|\|$ で表わすと

$$\|T(t)x\| \leq \max_{0 \leq s \leq T} \|T(s)x\|$$
$$= \|\|Ux\|\| \leq \|\|U\|\|\|x\|\quad (x \in X,\ 0 \leq t \leq T)$$
を得る.よって $0 \leq t \leq T$ なる各 t に対して $T(t) \in B(X)$

である.$T(>0)$ は任意であるから (20.3) が示された. (証終)

第7章の問題

1. 半群 $\{T(t); t>0\}$ が一様連続であるための必要十分条件は,$T(t)$ が一様可測なことであることを証明せよ.

2. $1 \leqq p \leqq \infty$ とし,$T(t): L^p(0,\infty) \to L^p(0,\infty)$ を
$$[T(t)x](u) = x(t+u) \quad (x \in L^p(0,\infty))$$
により定義すると $\{T(t): t \geqq 0\}$ は半群である.次の (i),(ii) を示せ.

(i) $p=\infty$ のとき $\{T(t); t \geqq 0\}$ は強連続半群ではない.

(ii) $1 \leqq p < \infty$ のとき $\|T(t)\|=1$,$\|T(t+h)-T(t)\|=2$ $(t+h>0,\ t>0,\ h \neq 0)$ が成立する(例16.2).

3. $1 \leqq p < \infty$ とする.$L^p(-\infty,\infty)$ 上の作用素 $T(t)$ $(t \geqq 0)$ を
$$[T(t)x](u) = (\pi t)^{-1/2} \int_{-\infty}^{\infty} e^{-v^2/t} x(u+v) dv \quad (t>0),$$
$T(0)=I$ により定義する.$\{T(t); t \geqq 0\}$ は (C_0) 半群で,$\|T(t)\| \leqq 1$ $(t \geqq 0)$ なることを証明せよ(例16.3).

4. $\{T(t); t \geqq 0\}$ が (C_0) 半群のとき,$w\text{-}\lim_{h \to 0+} h^{-1}[T(h)x-x]=y$ ならば $\lim_{h \to 0+} h^{-1}[T(h)x-x]=y$ であることを示せ.

5. $1 \leqq p < \infty$ のとき,問題2における半群の生成作用素を求めよ.

6. 問題3における半群の生成作用素を求めよ.

7. $\{T(t); t \geqq 0\}$ を (C_0) 半群とし,A をその生成作用素とする.任意の自然数 n と $x \in D(A^n)$ に対して次の (i)~(iii) が成立することを証明せよ.

(i) $\displaystyle T(t)x = \sum_{k=0}^{n-1} \frac{t^k}{k!} A^k x$
$\displaystyle \qquad\qquad + \frac{1}{(n-1)!} \int_0^t (t-s)^{n-1} T(s) A^n x \, ds.$

(ii) $\displaystyle \lim_{t\to 0+} t^{-n} \left[T(t)x - \sum_{k=0}^{n-1} \frac{t^k}{k!} A^k x \right] = \frac{A^n x}{n!}.$

(iii) $\displaystyle \lim_{\lambda \to \infty} \lambda^{n+1} \left[R(\lambda\,;A)x - \sum_{k=0}^{n-1} \frac{A^k x}{\lambda^{k+1}} \right] = A^n x.$

8. $\{T(t)\,;\,-\infty < t < \infty\}$ は (C_0) 群で, $\|T(t)\| \leq M$ $(t \in (-\infty,\infty))$ とする. A が $\{T(t)\,;\,-\infty < t < \infty\}$ の生成作用素ならば, A^2 は (C_0) 半群を生成する (即ち A^2 は或る (C_0) 半群の生成作用素である) ことを証明せよ.

9. $x \in X$ (Banach 空間) に対して $F_x = \{x^* \in X^*\,;\,x^*(x) = \|x\|^2 = \|x^*\|^2\}$ とおく (Hahn-Banach の定理 (系 6.5) から $F_x \neq \emptyset$ である). $D(A) \subset X$, $R(A) \subset X$ なる線形作用素 A が**消散的**であるとは, 任意の $x \in D(A)$ に対して
$$\mathrm{Re}\, x^*(Ax) \leq 0$$
を満足する $x^* \in F_x$ が存在することである. A が消散的な作用素ならば, 次の (i), および (ii) が成立することを示せ.

(i) 任意の $\lambda > 0$ に対し, $(\lambda - A)^{-1}$ が存在して
$$\|(\lambda - A)^{-1} y\| \leq \lambda^{-1} \|y\| \quad (y \in R(\lambda - A)).$$

(ii) 或る $\lambda_0 > 0$ に対して $R(\lambda_0 - A) = X$ ならば, $|\lambda - \lambda_0| < \lambda_0$ を満足する任意の λ に対して $R(\lambda - A) = X$.

10. 線形作用素 A が $\|T(t)\| \leq 1$ $(t \geq 0)$ なる (C_0) 半群 $\{T(t)\,;\,t \geq 0\}$ を生成するための必要十分条件は, A が消散的, $\overline{D(A)} = X$ で, かつ或る $\lambda_0 > 0$ に対して $R(\lambda_0 - A) = X$ となることである. (ヒント. 前問から系 19.3 の条件 (i), (ii) ($\omega = 0$) を導く.)

11. A は $\overline{D(A)} = X$ なる閉線形作用素とする. A および A^*

が共に消散的ならば，A は $\|T(t)\| \leq 1$ $(t \geq 0)$ なる (C_0) 半群 $\{T(t) ; t \geq 0\}$ の生成作用素であることを証明せよ．（ヒント．前問を用いる．）

12. $\{T_A(t) ; t \geq 0\}, \{T_B(t) ; t \geq 0\}$ は $\|T_A(t)\| \leq 1$, $\|T_B(t)\| \leq 1$ を満たす (C_0) 半群とする．$\{T_A(t) ; t \geq 0\}$ の生成作用素を A，$\{T_B(t) ; t \geq 0\}$ の生成作用素を B とする．$D(B) \supset D(A)$，かつ
$$\|Bx\| \leq a\|Ax\| + b\|x\| \quad (x \in D(A))$$
を満足する定数 $0 \leq a < 1/2$, $0 \leq b$ が存在すれば，$A+B$ は $\|T(t)\| \leq 1$ を満たす (C_0) 半群 $\{T(t) ; t \geq 0\}$ を生成することを証明せよ．（ヒント．問題 10 を用いる．）

13. $x', x'' \in C[-\infty, \infty]$ なる各 $x \in C[-\infty, \infty]$ に対し，Cauchy 問題
$$\begin{cases} \dfrac{\partial x(u,t)}{\partial t} = \dfrac{1}{4}\dfrac{\partial^2 x(u,t)}{\partial u^2} + c\dfrac{\partial x(u,t)}{\partial u} \\ \qquad\qquad (t \geq 0, \ -\infty < u < \infty) \\ \lim_{t \to 0+} x(u,t) = x(u) \ (-\infty < u < \infty) \end{cases}$$
（ただし c は定数）が解をもつことを示せ．（ヒント．$A = \dfrac{1}{4}d^2/du^2$, $B = c\dfrac{d}{du}$, $X = C[-\infty, \infty]$ とおいて前問を用いる．）

付　録

Ascoli-Arzelà の定理　$C[a,b]$ の部分集合 E が点列コンパクトであるための必要十分条件は，E が（$C[a,b]$ における）有界集合で，かつ E が同程度一様連続な関数族であることである．

証明　（必要性）E を点列コンパクトな集合とする．E が有界集合であることは明らか（系 11.1 の証明（脚註）参照）．次に，E が同程度一様連続でないとすると，$|x_n(t_n) - x_n(t'_n)| \geq \varepsilon_0$, $|t_n - t'_n| < 1/n$ なる $\varepsilon_0 > 0$, $\{t_n\}, \{t'_n\} \subset [a,b]$, $\{x_n\} \subset E$ が存在する．E は点列コンパクトであるから，$\|x_{n_i} - x\|\ (= \max_{a \leq t \leq b} |x_{n_i}(t) - x(t)|) \to 0\ (i \to \infty)$ を満足する（$\{x_n\}$ の）部分列 $\{x_{n_i}\}$ と $x \in C[a,b]$ が存在する．ところで

$$\begin{aligned}
\varepsilon_0 &\leq |x_{n_i}(t_{n_i}) - x_{n_i}(t'_{n_i})| \\
&\leq |x_{n_i}(t_{n_i}) - x(t_{n_i})| + |x(t_{n_i}) - x(t'_{n_i})| \\
&\quad + |x(t'_{n_i}) - x_{n_i}(t'_{n_i})| \\
&\leq 2\|x_{n_i} - x\| + |x(t_{n_i}) - x(t'_{n_i})| \to 0\ (i \to \infty)
\end{aligned}$$

となり，矛盾である．ゆえに，E は同程度一様連続な関数族である．

（十分性）　E が有界集合で，かつ同程度一様連続な

関数族とする.従って,定数 $M > 0$ が存在して,$\|x\|$ $(= \max_{a \leq t \leq b} |x(t)|) \leq M$ $(x \in E)$. $R_0 = \{r_1, r_2, \cdots, r_k, \cdots\}$ を $[a, b]$ に属する有理数全体の集合とする.$\{x_n\}$ を E の任意の点列とする.$|x_n(r_1)| \leq \|x_n\| \leq M$ $(n = 1, 2, \cdots)$ であるから,$\{x_n(r_1)\}$ は収束部分列 $\{x_{n,1}(r_1)\}$ を含む.次に,$\{x_{n,1}(r_2)\}$ は有界数列であるから,収束部分列 $\{x_{n,2}(r_2)\}$ を含む.これを続けて,

(a) $\{x_{n,1}\} \subset \{x_n\}$, $\{x_{n,k+1} ; n = 1, 2, \cdots\} \subset \{x_{n,k} ; n = 1, 2, \cdots\}$ $(k = 1, 2, \cdots)$,

(b) 各 k に対し,$\{x_{n,k}(r_k) ; n = 1, 2, \cdots\}$ は収束する,

を満足する $\{x_{n,k}\}$ を選ぶことができる.いま点列 $\{x_{n,n}\}$ を考えると,

(1) すべての k に対し,$\{x_{n,n}(r_k) ; n = 1, 2, \cdots\}$ は収束する.

$\varepsilon > 0$ を任意に与える.E が同程度一様連続な関数族であるから,適当に $\delta > 0$ を選んで,

(2) $t, t' \in [a, b]$,$|t - t'| < \delta$ ならば
$$|x_n(t) - x_n(t')| < \varepsilon/3 \quad (n = 1, 2, \cdots)$$

であるようにできる.R_0 が $[a, b]$ において稠密で,かつ $[a, b]$ がコンパクトであるから,$[a, b]$ は有限個の開区間 $(r_k - \delta, r_k + \delta)$ $(k = 1, 2, \cdots, l)$ によっておおわれる,即ち

(3) $\quad\quad [a, b] \subset \bigcup_{k=1}^{l} (r_k - \delta, r_k + \delta)$.

(1) から,各 k に対し,適当に自然数 $n(k)$ を選んで,

(4) $|x_{n,n}(r_k) - x_{m,m}(r_k)| < \varepsilon/3$ $(n, m \geq n(k))$
とできる. $n_0 = \max(n(1), n(2), \cdots, n(l))$ とおく. さて,
(3) より, 任意の $t \in [a, b]$ に対し, $|t - r_k| < \delta$ なる如き r_k, $1 \leq k \leq l$, が選べる. 従って, (2) と (4) とにより, $n, m \geq n_0$ ならば

$$\begin{aligned}|x_{n,n}(t) - x_{m,m}(t)| &\leq |x_{n,n}(t) - x_{n,n}(r_k)| \\ &\quad + |x_{n,n}(r_k) - x_{m,m}(r_k)| \\ &\quad + |x_{m,m}(r_k) - x_{m,m}(t)| \\ &< \varepsilon/3 + \varepsilon/3 + \varepsilon/3 = \varepsilon,\end{aligned}$$

即ち $\|x_{n,n} - x_{m,m}\| \leq \varepsilon$ $(n, m \geq n_0)$. よって $\{x_{n,n}\}$ は $C[a,b]$ における Cauchy 列である. $C[a,b]$ が完備であるから, $\{x_{n,n}\}$ は $C[a,b]$ の或る点に収束している. かくして, E の任意の点列 $\{x_n\}$ は $C[a,b]$ の点に収束する部分列 $\{x_{n,n}\}$ をもつことが示された. ゆえに E は点列コンパクトである. (証終)

問題の略解

第1章の問題

1. (i) X_λ ($\lambda \in \Lambda$) を X の線形部分空間とすると, $0 \in X_\lambda$ ($\lambda \in \Lambda$) であるから $0 \in \bigcap_{\lambda \in \Lambda} X_\lambda$ となり, $\bigcap_{\lambda \in \Lambda} X_\lambda \neq \emptyset$. $x_i \in \bigcap_{\lambda \in \Lambda} X_\lambda$, $\alpha_i \in \Phi$ ($i=1,2$) ならば, 各 X_λ が線形部分空間なることから $\alpha_1 x_1 + \alpha_2 x_2 \in X_\lambda$ ($\lambda \in \Lambda$). ゆえに $\alpha_1 x_1 + \alpha_2 x_2 \in \bigcap_{\lambda \in \Lambda} X_\lambda$. (ii) 必要性: $X_1 \not\subset X_2$ かつ $X_2 \not\subset X_1$ とすると, $x_1 \in X_1, x_1 \notin X_2, x_2 \in X_2, x_2 \notin X_1$ となるような x_1, x_2 が選べる. $x_1, x_2 \in X_1 \cup X_2$ であるが, $x_1 + x_2 \notin X_1 \cup X_2$ である. 実際, $x_1 + x_2 \in X_1$ ならば $x_2 = (x_1 + x_2) - x_1 \in X_1$ となり $x_2 \notin X_1$ に反する. よって $x_1 + x_2 \notin X_1$. 同様にして $x_1 + x_2 \notin X_2$. ゆえに $X_1 \cup X_2$ は線形部分空間でない. 十分性は明らか.

2. (i) S を含む線形部分空間全体の族を $\mathfrak{M}$ とする. $M = \bigcap \{L; L \in \mathfrak{M}\}$. なぜならば, $L \in \mathfrak{M}$ とすると "S の任意有限個の元の一次結合" $\in L$ であるから $M \subset L$, ゆえに $M \subset \bigcap \{L; L \in \mathfrak{M}\}$. $M \in \mathfrak{M}$ であるから $M = \bigcap \{L; L \in \mathfrak{M}\}$. (ii) $X_1 + X_2 \equiv \{x_1 + x_2; x_1 \in X_1, x_2 \in X_2\}$ は $X_1 \cup X_2$ を含む線形部分空間であるから $X = X_1 + X_2$. よって任意の $x \in X$ は $x = x_1 + x_2$ (ただし $x_1 \in X_1$, $x_2 \in X_2$) と表わせる. $x = x_1 + x_2 = x_1' + x_2'$ ($x_1' \in X_1$, $x_2' \in X_2$) ならば $x_1 - x_1' = x_2' - x_2 \in X_1 \cap X_2 = \{0\}$. よって $x_1 = x_1'$, $x_2 = x_2'$.

3. $e_k = (0, \cdots, \overset{(k)}{1}, 0, \cdots, 0)$ とおくと $\{e_1, e_2, \cdots, e_n\}$ は一次独立で, V^n のいかなる $n+1$ 個の元も一次独立でないから V^n は n 次元である. 次に, $x_n(t) = t^n$ ($n = 0, 1, 2, \cdots$) とおくと

$\{x_0, x_1, \cdots, x_{n-1}\}$ $(n \geq 1)$ は一次独立のゆえ,例 1.2 における空間は無限次元である.

4. $\dfrac{1}{n}\sum_{k=1}^{n} x_k - x = \dfrac{1}{n}\sum_{k=1}^{n}(x_k - x)$ のゆえ $\left\|\dfrac{1}{n}\sum_{k=1}^{n} x_k - x\right\| = \left\|\dfrac{1}{n}\sum_{k=1}^{n}(x_k - x)\right\| \leq \dfrac{1}{n}\sum_{k=1}^{n}\|x_k - x\|$. $\|x_n - x\| \to 0$ であるから $\dfrac{1}{n}\sum_{k=1}^{n}\|x_k - x\| \to 0$ $(n \to \infty)$.

5. S を含む閉線形部分空間全体の族を $\mathfrak{M}$ とすると $M = \bigcap\{L \, ; \, L \in \mathfrak{M}\}$ である.

6. 必要性:$x_n \in X_0$, $\lim_{n \to \infty} x_n = x$ とする. $\{x_n\}$ は X_0 における Cauchy 点列であるから,X_0 が完備であることから $\lim_{n \to \infty} x_n = x'$ なる点 $x' \in X_0$ が存在する. よって $x = x' \in X_0$ となり,X_0 は閉集合である. 十分性:$\{x_n\}$ が X_0 における Cauchy 点列ならば,$\{x_n\}$ は X における Cauchy 点列でもある. X は完備であるから $\lim_{n \to \infty} x_n = x$ となる点 $x \in X$ が存在する. $x_n \in X_0$ で,X_0 は閉集合のゆえ $x = \lim_{n \to \infty} x_n \in X_0$.

P は $C[0, 1]$ において閉集合ではない. 実際,$x_0(t) = t$ $(0 \leq t \leq 1/2)$, $= 1 - t$ $(1/2 \leq t \leq 1)$ とおくと $x_0 \in C[0, 1]$ であるが,$x_0 \notin P$ である($x_0(t)$ は $t = 1/2$ において微分可能でないから). かつ Weierstrass の定理から $x_0(t)$ は $[0, 1]$ 上で多項式により一様に近似される. 従って P は閉集合ではない. ゆえに P は完備でない.

7. 必要性:$s_n = \sum_{k=1}^{n} x_k$ とおく. $\|s_m - s_n\| = \left\|\sum_{k=n+1}^{m} x_k\right\| \leq \sum_{k=n+1}^{m}\|x_k\| \to 0$ $(m > n \to \infty)$. X が完備であるから $\{s_n\}$ は X の或る点に収束する, 即ち級数 $\sum_{n=1}^{\infty} x_n$ は収束する. 十分性:$\{x_n\}$ を Cauchy 点列とする. このとき $\|x_{n_{k+1}} - x_{n_k}\| < 1/2^k$ $(k = 1, 2, \cdots)$ を満足する $\{x_n\}$ の部分列 $\{x_{n_k}\}$ が選べる. $\|x_{n_1}\| + \sum_{k=1}^{\infty}\|x_{n_{k+1}} - x_{n_k}\| < \infty$ のゆえ $x_{n_1} + \sum_{k=1}^{\infty}(x_{n_{k+1}} - $

$x_{n_k}) = \lim_{l \to \infty} x_{n_l} = x$ となる $x \in X$ が存在する.よって $\lim_{n \to \infty} x_n = x$.

8. ノルム空間であることは明らか. $x_n = \{\xi_k^{(n)} ; k = 1, 2, \cdots\}$ とおき,$\{x_n\}$ を (l^∞) の Cauchy 点列とする.任意の $\varepsilon > 0$ に対し,$\sup_k |\xi_k^{(n)} - \xi_k^{(m)}| (= \|x_n - x_m\|) < \varepsilon$ $(n, m \geqq n_0)$ なる n_0 が存在する.各 k に対して $\{\xi_k^{(n)} ; n = 1, 2, \cdots\}$ は Cauchy 数列であるから収束する.$\xi_k = \lim_{n \to \infty} \xi_k^{(n)}$ $(k = 1, 2, \cdots)$ とおくと $|\xi_k - \xi_k^{(m)}| \leqq \varepsilon$ $(m \geqq n_0 ; k = 1, 2, \cdots)$.ゆえに,$x = \{\xi_k\} \in (l^\infty), \|x - x_m\| = \sup_k |\xi_k - \xi_k^{(m)}| \leqq \varepsilon$ $(m \geqq n_0)$,即ち $\|x_m - x\| \to 0$ $(m \to \infty)$.

9. 完備性を示す.$\{x_n\}$ を $C[-\infty, \infty]$ における Cauchy 点列とする.$C[a, b]$ の場合(例 2.5 参照)と同様にして,$\{x_n(t)\}$ は $(-\infty, \infty)$ 上の連続関数 $x(t)$ に一様収束していることがわかる.従って $x(t) \in C[-\infty, \infty]$,即ち $\lim_{t \to \pm\infty} x(t)$ が存在して有限であることを示せばよい.$\varepsilon > 0$ に対して適当に $n_0 = n_0(\varepsilon)$ を選んで $|x(t) - x_{n_0}(t)| < \varepsilon/2$ $(t \in (-\infty, \infty))$ とできる.$|x(t) - x(s)| \leqq |x(t) - x_{n_0}(t)| + |x_{n_0}(t) - x_{n_0}(s)| + |x_{n_0}(s) - x(s)| < \varepsilon + |x_{n_0}(t) - x_{n_0}(s)|$,$\lim_{t, s \to \infty} |x_{n_0}(t) - x_{n_0}(s)| = 0$ であるから,$\varlimsup_{t, s \to \infty} |x(t) - x(s)| \leqq \varepsilon$,即ち $\lim_{t \to \infty} x(t)$ が存在して有限.同様に $\lim_{t \to -\infty} x(t)$ も存在して有限である.

10. $x(t)y(t) = 0, \|x\| = \|y\| = 1$ を満たす x, y に対して $\|x + y\|^2 + \|x - y\|^2 \neq 2\|x\|^2 + 2\|y\|^2$.実際,$A = \{t \in [a, b] ; x(t) \neq 0\}, B[a, b] \setminus A$ とおくと,$|x(t) \pm y(t)| = |x(t)|$ $(t \in A), = |y(t)|$ $(t \in B)$.ゆえに,$x, y \in C[a, b]$ のとき $\|x \pm y\| = 1$.また $x, y \in L^p(a, b)$ $(p \neq 2)$ のとき $\|x \pm y\| = 2^{1/p}$ であるから.

11. (i) $0 \leqq \left(x - \sum_{n=1}^k (x, x_n) x_n, x - \sum_{n=1}^k (x, x_n) x_n \right) = \|x\|^2$

$-\sum_{n=1}^{k}|(x,x_n)|^2$ であるから $\sum_{n=1}^{k}|(x,x_n)|^2 \leqq \|x\|^2$ $(k=1,2,\cdots)$.

(ii) $s_n = \sum_{k=1}^{n} c_k x_k$ とおくと $\|s_m - s_n\|^2 = \left\|\sum_{k=n+1}^{m} c_k x_k\right\|^2 = \sum_{k=n+1}^{m}|c_k|^2 \to 0$ $(m,n \to \infty)$. よって $\sum_{k=1}^{\infty} c_k x_k$ は収束する. $x = \lim_{n\to\infty} s_n$ であるから $(x, x_k) = \lim_{n\to\infty}(s_n, x_k) = c_k$ $(k=1,2,\cdots)$.

12. (i) $\Rightarrow$ (ii): 或る x に対して (ii) が成立しないとする. $x' = \sum_{n=1}^{\infty}(x,x_n)x_n$ とおく (前問により右辺の級数は収束している) と $x \neq x'$. $(x', x_n) = (x, x_n)$ $(n=1,2,\cdots)$ のゆえ $(x'-x, x_n) = 0$ $(n=1,2,\cdots)$. 従って $x_1, x_2, \cdots$ に $x'-x$ ($\neq 0$) をつけ加えた集合は S を含み, しかも S と異なる直交系である. これは $S = \{x_1, x_2, \cdots\}$ が完全系であることに反する. (ii) $\Rightarrow$ (iii): $\left\|\sum_{n=1}^{k}(x,x_n)x_n\right\|^2 = \sum_{n=1}^{k}|(x,x_n)|^2$ であるから $k \to \infty$ として (iii) を得る. (iii) $\Rightarrow$ (i): $(x, x_n) = 0$ $(n=1,2,\cdots)$ ならば $\|x\|^2 \left(= \sum_{n=1}^{\infty}|(x,x_n)|^2\right) = 0$. 即ち $x = 0$. よって $S = \{x_1, x_2, \cdots\}$ は完全系である.

第 2 章の問題

1. T が線形作用素であるから $\{x; Tx=0\}$ は線形部分空間である. $Tx_n = 0$, $\lim_{n\to\infty} x_n = x$ ならば, T の連続性から $Tx = \lim_{n\to\infty} Tx_n = 0$. よって $\{x; Tx=0\}$ は閉集合.

2. $M = \sup_{\|x\|=1} \|Tx\|$ とおくと $\|Tx\|/\|x\| = \|T(x/\|x\|)\| \leqq M$ $(x \neq 0)$. ゆえに $\|T\| = \sup_{x \neq 0} \|Tx\|/\|x\| \leqq \sup_{\|x\|=1} \|Tx\| \leqq \sup_{\|x\| \leqq 1} \|Tx\| \leqq \|T\|$.

3. T^{-1} が存在して有界ならば, $\|x\| = \|T^{-1}Tx\| \leqq M\|Tx\|$ $(x \in X)$ なる定数 $M > 0$ が存在する. $c = 1/M$ とおくと $c\|x\| \leqq \|Tx\|$ $(x \in X)$. 逆に, このような定数 $c > 0$ が存在すれば,

T^{-1} は存在して $\|T^{-1}y\| \leq \dfrac{1}{c}\|y\|$ $(y \in R(T))$.

4. (i) $\|(T_1 + T_2)x\| \leq \|T_1x\| + \|T_2x\| \leq (\|T_1\| + \|T_2\|)\|x\|$ $(x \in X)$ であるから, $T_1 + T_2 \in B(X, Y)$, かつ $\|T_1 + T_2\| \leq \|T_1\| + \|T_2\|$. $\|\alpha T_1\| = \sup_{\|x\|\leq 1}\|(\alpha T_1)x\| = |\alpha|\sup_{\|x\|\leq 1}\|T_1x\| = |\alpha|\|T_1\|$. (ii) $\|(ST)x\| \leq \|S\|\|Tx\| \leq \|S\|\|T\|\|x\|$ $(x \in X)$ のゆえ $ST \in B(X, Y)$, かつ $\|ST\| \leq \|S\|\|T\|$.

5. $\|\|T_n\| - \|T\|\| \leq \|T_n - T\| \to 0$ $(n \to \infty)$ のゆえ $\lim_{n\to\infty}\|T_n\| = \|T\|$. よって $\|T_nx_n - Tx\| \leq \|T_n(x_n - x)\| + \|(T_n - T)x\| \leq \|T_n\|\|x_n - x\| + \|T_n - T\|\|x\| \to 0$ $(n \to \infty)$.

6. (i) $M = \sup_{1\leq i,j<\infty}|\alpha_{ij}|$ $(<\infty)$ とおく. $|\eta_i| = \left|\sum_{j=1}^{\infty}\alpha_{ij}\xi_j\right| \leq M\sum_{j=1}^{\infty}|\xi_j| = M\|x\|$ であるから $\|Tx\| = \|y\| = \sup_{1\leq i<\infty}|\eta_i| \leq M\|x\|$ $(x = \{\xi_i\} \in (l))$. (ii) $M = \underset{s,t\in(a,b)}{\operatorname{ess\,sup}}|K(s,t)|$ $(<\infty)$ とおくと $|y(s)| \leq \int_a^b|K(s,t)||x(t)|dt \leq M\int_a^b|x(t)|dt = M\|x\|$. ゆえに $\|Tx\| = \|y\| = \underset{s\in(a,b)}{\operatorname{ess\,sup}}|y(s)| \leq M\|x\|$ $(x \in L(a,b))$.

7. (a) X がノルム空間であることは明らか. $x_n(t) = \sum_{k=0}^{n}t^k/k!$ とおくと, $x_n \in X$, $\|x_n - x_m\| = \max_{m+1\leq k\leq n}1/k! = 1/(m+1)! \to 0$ $(n \geq m \to \infty)$. よって $\{x_n\}$ は X における Cauchy 点列である. しかし $\{x_n\}$ は (X の元に) 収束しない. (b) (i) $|T_nx| \leq \sum_{k=0}^{n}|a_k| \leq (n+1)\|x\|$ $(x = \sum_{k=0}^{l}a_kt^k)$ であるから T_n は有界作用素である. (ii) $x(t) = \sum_{k=0}^{l_x}a_kt^k$ に対して $|T_nx| \leq \sum_{k=0}^{n}|a_k| \leq (l_x + 1)\|x\|$ $(n \geq 1)$. (iii) $x_n(t) = 1 + t + \cdots + t^{n-1}$ とすると $\|x_n\| = 1$, $|T_nx_n| = n$. よって $n = |T_nx_n| \leq \|T_n\|$.

8. $\lim_{t\to s}T(t)x = T(s)x$ のゆえ $\lim_{t\to s}\|T(t)x\| = \|T(s)x\|$. よ

って各 $x \in X$ に対して $\|T(t)x\|$ は有界閉区間 $[a,b]$ において連続な実数値関数, 従って最大値 M_x をもつ. 即ち $\sup\limits_{t \in [a,b]} \|T(t)x\| = M_x < \infty$ $(x \in X)$. 一様有界性の定理 (定理 4.1) により $\sup\limits_{t \in [a,b]} \|T(t)\| < \infty$.

9. $X \times Y$ が完備であることを示す. $\{[x_n, y_n]\}$ を $X \times Y$ における Cauchy 点列とすると $\|[x_n, y_n] - [x_m, y_m]\| = \|[x_n - x_m, y_n - y_m]\| = \|x_n - x_m\| + \|y_n - y_m\| \to 0 \ (n, m \to \infty)$. 従って $\{x_n\}, \{y_n\}$ はそれぞれ X, Y における Cauchy 点列である. X, Y は完備であるから $\lim\limits_{n \to \infty} x_n = x$, $\lim\limits_{n \to \infty} y_n = y$ なる $x \in X$, $y \in Y$ が存在する. $\|[x_n, y_n] - [x, y]\| = \|x_n - x\| + \|y_n - y\| \to 0 \ (n \to \infty)$ となるゆえ $X \times Y$ は完備である.

10. (i) $x_n \in D(T_1 + T_2) = D(T_1)$, $\lim\limits_{n \to \infty} x_n = x$, $\lim\limits_{n \to \infty} (T_1 + T_2)x_n = y$ とする. $T_2 \in B(X, Y)$ であるから $\lim\limits_{n \to \infty} T_2 x_n = T_2 x$, ゆえに $\lim\limits_{n \to \infty} T_1 x_n = y - T_2 x$. T_1 は閉作用素のゆえ $x \in D(T_1) = D(T_1 + T_2)$, かつ $T_1 x = y - T_2 x$, 即ち $y = (T_1 + T_2)x$. (ii) 例 4.1 における閉作用素 $T = d/dt$ を考える. $T_1 = T$, $T_2 = -T$ は共に閉作用素で, それらの定義域 D ($[a,b]$ で定義された 1 回連続微分可能な関数全体) は $C[a,b]$ において稠密である. このとき $T_1 + T_2$ は定義域 D をもつ零作用素で, 閉作用素ではない. (一般に, ノルム空間 X において稠密な定義域 $D(T)$ をもつ有界線形作用素 T が閉作用素となるための必要十分条件は, $D(T) = X$ となることである.)

11. $R(T)$ が閉集合であることを示す. $Tx_n = y_n \to y$ $(n \to \infty)$ ならば, $\|x_n - x_m\| = \|T^{-1}(y_n - y_m)\| \leq \|T^{-1}\| \|y_n - y_m\| \to 0$ $(n, m \to \infty)$. X は完備であるから $\lim\limits_{n \to \infty} x_n = x$ なる点 $x \in X$ が存在する. T が閉作用素ということから $x \in D(T)$, かつ $y = Tx$.

12. $x_i = y_i + z_i$ (ただし $y_i \in Y$, $z_i \in Z$) とすると $x_1 +$

$x_2 = (y_1 + y_2) + (z_1 + z_2)$ で,$y_1 + y_2 \in Y$, $z_1 + z_2 \in Z$; しかもこのような表現の一意性から $P(x_1 + x_2) = y_1 + y_2 = Px_1 + Px_2$. 同様に $P(\alpha x) = \alpha Px$ $(x \in X, \alpha \in \Phi)$. よって P は X 全体で定義された線形作用素である. 次に P が閉作用素であることを示す. $x_n \to x$, $Px_n = y_n \to y$ $(n \to \infty)$ とすると,$z_n = x_n - y_n \to x - y \in Z$, $y \in Y$ かつ $x = y + (x - y)$. ゆえに $y = Px$ が得られ,P は閉作用素である. Y は1つの Banach 空間と考えられるから,P は Banach 空間 X 全体から Banach 空間 Y への閉作用素,従って閉グラフ定理により P は有界線形作用素である.

13. V は X 全体から Y への線形作用素である. V が閉作用素であることが示されれば,閉グラフ定理から V は有界となる. V が閉作用素であることを示すため,$x_n \to x$, かつ $Vx_n = y_n \to y$ $(n \to \infty)$ とする. $Tx_n = Uy_n$ であるから $Tx = Uy$. ゆえに $y = Vx$ となり,V は閉作用素である.

第3章の問題

1. 任意の自然数 n, $x \in X$ に対して $f(nx) = f(x + \cdots + x) = nf(x)$. ここで $x = y/n$ とおくと $f(y) = nf(y/n)$,即ち $f(y/n) = \dfrac{1}{n} f(y)$. さらに $y = mz$ (m は自然数,$z \in X$) とおくと $f\left(\dfrac{m}{n}z\right) = \dfrac{1}{n}f(mz) = \dfrac{m}{n}f(z)$. $0 = f(0) = f\left(\dfrac{m}{n}z - \dfrac{m}{n}z\right) = f\left(\dfrac{m}{n}z\right) + f\left(-\dfrac{m}{n}z\right)$ であるから $f\left(-\dfrac{m}{n}z\right) = -f\left(\dfrac{m}{n}z\right) = -\dfrac{m}{n}f(z)$. 結局,任意の有理数 r, $x \in X$ に対して $f(rx) = rf(x)$. 任意の実数 α に対し,$r_n \to \alpha$ $(n \to \infty)$ なる有理数列 $\{r_n\}$ を選ぶ. $f(r_n x) = r_n f(x) \to \alpha f(x)$ $(n \to \infty)$. 一方,$\|r_n x - \alpha x\| = |r_n - \alpha| \|x\| \to 0$ であるから $f(r_n x)$

$\to f(\alpha x)$ $(n \to \infty)$. ゆえに $f(\alpha x) = \alpha f(x)$.

2. $x_1 = \{\xi_n^{(1)}\} \in (c)$, $x_2 = \{\xi_n^{(2)}\} \in (c)$, $\alpha_i \in \Phi$ とする. $\lim_{n\to\infty}(\alpha_1 \xi_n^{(1)} + \alpha_2 \xi_n^{(2)}) = \alpha_1 \lim_{n\to\infty} \xi_n^{(1)} + \alpha_2 \lim_{n\to\infty} \xi_n^{(2)}$ から $f(\alpha_1 x_1 + \alpha_2 x_2) = \alpha_1 f(x_1) + \alpha_2 f(x_2)$. $|f(x)| = \lim_{n\to\infty} |\xi_n| \leq \sup_{n\geq 1} |\xi_n| = \|x\|$ $(x = \{\xi_n\} \in (c))$.

3. $e_k = (0, \cdots, 0, \overset{(k)}{1}, 0, \cdots, 0)$ $(k = 1, 2, \cdots, n)$ とし, $f(e_k) = \alpha_k$ とおく. 任意の $x = (\xi_1, \xi_2, \cdots, \xi_n) = \xi_1 e_1 + \xi_2 e_2 + \cdots + \xi_n e_n$ に対して $f(x) = \xi_1 f(e_1) + \xi_2 f(e_2) + \cdots + \xi_n f(e_n) = \sum_{k=1}^{n} \xi_k \alpha_k$. $\sum_{k=1}^{n} \xi_k \alpha_k = \sum_{k=1}^{n} \xi_k \alpha'_k$ $(x = (\xi_1, \xi_2, \cdots, \xi_n) \in R^n)$ とすると $\alpha_k = \alpha'_k$ $(k = 1, 2, \cdots, n)$.

4. $M = \{\alpha x_0 ; \alpha \in (-\infty, \infty)\}$ とし, M 上の線形汎関数 f を $f(\alpha x_0) = \alpha p(x_0)$ によって定義する. このとき $f(\alpha x_0) \leq p(\alpha x_0)$ が成立する. (実際, $\alpha \geq 0$ のときは明らか. $\alpha < 0$ のとき, $0 = p(0) = p(\alpha x_0 + (-\alpha)x_0) \leq p(\alpha x_0) + p((-\alpha)x_0) = p(\alpha x_0) + (-\alpha)p(x_0)$ であるから $f(\alpha x_0) = \alpha p(x_0) \leq p(\alpha x_0)$.) 従って Hahn-Banach の定理 (定理 6.1) を用いればよい.

5. $\inf_{n\geq 1} \xi_n \leq L(x) \leq \sup_{n\geq 1} \xi_n$ $(x = \{\xi_n\} \in (l^\infty))$ を示せば十分である. なぜなら, これが成立していれば $\inf_{n\geq 1} \xi_n = \inf_{n\geq 2} \xi_{n+1} \leq L(\sigma(x)) \leq \sup_{n\geq 1} \xi_{n+1} = \sup_{n\geq 2} \xi_n$. $L(\sigma(x)) = L(x)$ であるから $\inf_{n\geq 2} \xi_n \leq L(x) \leq \sup_{n\geq 2} \xi_n$. これを続けて任意の自然数 k に対し, $\inf_{n\geq k} \xi_n \leq L(x) \leq \sup_{n\geq k} \xi_n$. $k \to \infty$ とすると $\lim_{n\to\infty}\inf \xi_n \leq L(x) \leq \lim_{n\to\infty}\sup \xi_n$ $(x = \{\xi_n\} \in (l^\infty))$. さて $\inf_{n\geq 1} \xi_n \leq L(x) \leq \sup_{n\geq 1} \xi_n$ を示す. $\varepsilon > 0$ とし, $\inf_{n\geq 1} \xi_n \leq \xi_{n_0} < \inf_{n\geq 1} \xi_n + \varepsilon$ を満たす自然数 n_0 を選ぶ. $\xi_n + \varepsilon - \xi_{n_0} > 0$ $(n = 1, 2, \cdots)$ であるから, (a), (c) と L の線形性とにより $0 \leq L(x + (\varepsilon - \xi_{n_0})x_0) = L(x) + (\varepsilon - \xi_{n_0})L(x_0) = L(x) + \varepsilon - \xi_{n_0}$. ゆえに $\inf_{n\geq 1} \xi_n \leq \xi_{n_0}$

$\leq L(x) + \varepsilon$. 即ち $\inf_{n\geq 1} \xi_n \leq L(x)$. $-L(x) = L(-x) \geq \inf_{n\geq 1}(-\xi_n) = -\sup_{n\geq 1} \xi_n$ であるから $L(x) \leq \sup_{n\geq 1} \xi_n$.

6. $f(x) = \lim_{n\to\infty} \xi_n$ $(x = \{\xi_n\} \in (c))$ とおく. f は (l^∞) の線形部分空間 (c) 上の (有界) 線形汎関数である. $p(x) = \lim\sup_{n\to\infty} \frac{1}{n} \sum_{k=1}^{n} \xi_k$ $(x = \{\xi_n\} \in (l^\infty))$ とおくと, $p(x_1 + x_2) \leq p(x_1) + p(x_2)$, $p(\alpha x) = \alpha p(x)$ $(\alpha \geq 0)$ で, かつ $f(x) = p(x)$ $(x \in (c))$. よって Hahn-Banach の定理から $L(x) = f(x)$ $(x \in (c))$, $L(x) \leq p(x)$ $(x \in (l^\infty))$ を満たす (l^∞) 上の線形汎関数 L が存在する. $-L(x) = L(-x) \leq p(-x) = -\lim\inf_{n\to\infty} \frac{1}{n} \sum_{k=1}^{n} \xi_k$ であるから $L(x) \geq \lim\inf_{n\to\infty} \frac{1}{n} \sum_{k=1}^{n} \xi_k$ $(x = \{\xi_n\} \in (l^\infty))$. ゆえに $\xi_n \geq 0$ $(n = 1, 2, \cdots)$ ならば $L(x) \geq 0$. $L(x_0) = f(x_0) = 1$. $\lim\inf_{n\to\infty} \frac{\xi_1 - \xi_{n+1}}{n} \leq L(x - \sigma(x)) \leq p(x - \sigma(x)) = \lim\sup_{n\to\infty} \frac{\xi_1 - \xi_{n+1}}{n}$. $\lim_{n\to\infty} \frac{\xi_1 - \xi_{n+1}}{n} = 0$ のゆえ $L(x) = L(\sigma(x))$ $(x = \{\xi_n\} \in (l^\infty))$.

7. 十分性: $\{x_1, x_2, \cdots, x_k, \cdots\}$ から生成される線形部分空間を M とする. 任意の $x \in M$ は $x = \sum_{k=1}^{n} \beta_k x_k$ と表わせる. この x が $x = \sum_{i=1}^{m} \beta'_i x_i$ とも表わせたとし $n \geq m$ とする. $\beta'_i = 0$ $(i = m+1, \cdots, n)$ とすると $0 = \sum_{k=1}^{n} (\beta_k - \beta'_k) x_k$. ゆえに $\left|\sum_{k=1}^{n} \alpha_k(\beta_k - \beta'_k)\right| \leq \gamma \left\|\sum_{k=1}^{n} (\beta_k - \beta'_k) x_k\right\| = 0$, 従って $\sum_{k=1}^{n} \alpha_k \beta_k = \sum_{i=1}^{m} \alpha_i \beta'_i$. これより $f(x) = \sum_{k=1}^{n} \alpha_k \beta_k$ とおくと, $f(x)$ は x の $(x_1, x_2, \cdots$ の一次結合としての) 表わし方には無関係に定まる. f は M 上の線形汎関数で, かつ $|f(x)| \leq \gamma\|x\|$ $(x \in M)$ であるから定理 6.2 を用いればよい. 必要性は明らか.

第4章の問題

1. $x_0^* \in X_0^*$ とする. Hahn-Banach の定理（定理 6.2）から $x^*(x) = x_0^*(x)$ $(x \in X_0)$, $\|x^*\| = \|x_0^*\|$ なる $x^* \in X^*$ が存在する. しかもこのような x^* はただ1つである. なぜなら, $x^*(x) = x_0^*(x) = z^*(x)$ $(x \in X_0)$, $z^* \in X^*$ ならば $x^*(x) = z^*(x)$ $(x \in X_0 \subset X)$ であるから. よって X_0^* と X^* とはノルム空間として同型, 即ち $X_0^* = X^*$.

2. $\|Jx_n - x^{**}\| \to 0$ ならば $\|x_n - x_m\| = \|Jx_n - Jx_m\| \to 0$ $(n, m \to \infty)$. X は完備のゆえ $\{x_n\}$ は収束する. $x = \lim_{n\to\infty} x_n$ とおくと $\|Jx_n - Jx\| \to 0$ $(n \to \infty)$. よって $x^{**} = Jx \in R(J)$.

3. $X^{2k*} = X^{2l*}$ $(1 \leq k < l)$ ならば, $X \subset X^{**} \subset X^{4*} \subset \cdots$ であるから $X^{2k*} = X^{2(k+1)*}$ となり, X^{2k*} は回帰的である. よって $X^{(2k-1)*}$ も回帰的となる（系 7.7）. 再び系 7.7 から $X^{(2k-2)*}$ も回帰的, これを続けてゆくと X は回帰的である.

4. （ⅰ）$\{x_n\}$ を弱 Cauchy 点列とする. $\sup_n |(Jx_n)x^*| = \sup_n |x^*(x_n)| < \infty$ $(x^* \in X^*)$ であるから, $\|x_n\| = \|Jx_n\|$ $(n = 1, 2, \cdots)$ は有界. X は回帰的のゆえ, 定理 7.13 から $w\text{-}\lim_{n_i \to \infty} x_{n_i} = x$ なる $x \in X$ と $\{x_n\}$ の部分列 $\{x_{n_i}\}$ が存在する. $\{x^*(x_n)\}$ が Cauchy 数列で, かつ $\lim_{n_i \to \infty} x^*(x_{n_i}) = x^*(x)$ であるから $\lim_{n \to \infty} x^*(x_n) = x^*(x)$ $(x^* \in X^*)$. （ⅱ）$x^{(k)} = \{\xi_n^{(k)}; n = 1, 2, \cdots\}$, $\xi_n^{(k)} = (-1)^{n-1}(1 + 1/2^k)^{-n}$ とおく. $\lim_{n \to \infty} \xi_n^{(k)} = 0$ $(k = 1, 2, \cdots)$ のゆえ $x^{(k)} \in (c)$ $(k = 1, 2, \cdots)$. 任意の $x^* = \{\eta_0, \eta_1, \eta_2, \cdots\} \in (l) = (c)^*$ に対して $x^*(x^{(k)}) = \sum_{n=1}^{\infty} \xi_n^{(k)} \eta_n = \sum_{n=1}^{\infty} (-1)^{n-1}(1 + 1/2^k)^{-n} \eta_n$, $x^*(x^{(k)}) - x^*(x^{(l)}) \to 0$ $(k, l \to \infty)$. ゆえに $\{x^{(k)}\}$ は弱 Cauchy 点列である. し

かし弱極限をもたない．実際，弱極限 $x = \{\xi_n\} \in (c)$ をもつとすると $x^*(x) = \lim_{k \to \infty} x^*(x^{(k)})$ $(x^* \in (c)^* = (l))$．$x^* = x_n^* = \{0, \cdots, 0, \overset{(n+1)}{1}, 0, \cdots\}$ とおくと $\xi_n = x_n^*(x) = \lim_{k \to \infty} x_n^*(x^{(k)}) = \lim_{k \to \infty} (-1)^{n-1}(1+1/2^k)^{-n} = (-1)^{n-1}$ $(n = 1, 2, \cdots)$．これは $\lim_{n \to \infty} \xi_n$ が存在することに反する．

5. 必要性：定理 7.9 から (i) が得られる．$\Gamma = X^*$ として (ii) が成立する．十分性：Γ から生成される線形部分空間を $\widetilde{\Gamma}$ とする．$\lim_{n \to \infty} x^*(x_n) = x^*(x)$ $(x^* \in \widetilde{\Gamma})$ である．$\widetilde{\Gamma}$ が X^* において稠密であるから，任意の $x^* \in X^*$ に対して $\|x_k^* - x^*\| \to 0$ $(k \to \infty)$ なる $\widetilde{\Gamma}$ の点列 $\{x_k^*\}$ が選べる．$|x^*(x_n) - x^*(x)| \leqq |(x^* - x_k^*)(x_n)| + |x_k^*(x_n) - x_k^*(x)| + |(x_k^* - x^*)(x)| \leqq \|x^* - x_k^*\|(M + \|x\|) + |x_k^*(x_n) - x_k^*(x)|$（ただし $M = \sup_{n \geqq 1} \|x_n\| < \infty$）より，$\limsup_{n \to \infty} |x^*(x_n) - x^*(x)| \leqq \|x^* - x_k^*\|(M + \|x\|) \to 0$ $(k \to \infty)$．ゆえに $\lim_{n \to \infty} x^*(x_n) = x^*(x)$ $(x^* \in X^*)$．

6. (i) 有限個の ξ_n のみが異なるような有理数列 $\{\xi_n\}$ の全体は可算集合で，しかも (c) において稠密である．(ii) $(l^p)^* = (l^q)$ であるから $(l^p)^{**} = (l^q)^* = (l^p)$，ただし $1/p + 1/q = 1$．(iii) はじめに (l) が回帰的でないことを示す．もし $(l)^{**} = (l)$ とすると $(l^\infty)^* = (l)$．(l) は可分のゆえ (l^∞) も可分である（定理 7.3）．これは矛盾である．従って (l) は回帰的でない．系 7.7 から (l^∞) $(= (l)^*)$ も回帰的でない．$(c)^* = (l)$ であるから (c) も回帰的でない．

7. (i) 有理係数をもつ多項式の全体 $\mathscr{P}$ は可算集合で，Weierstrass の定理により $\mathscr{P}$ は $C[a, b]$ において稠密である．次に $L^p(a, b)$ を考える．(a, b) が有界区間のときは，$C[a, b]$ が $L^p(a, b)$ において稠密なことから，$\mathscr{P}$ は $L^p(a, b)$ において稠密な可算集合である．(a, b) が無限区間のときは，自然数 n に対して $I_n(t) = 1$ $(t \in (a, b) \cap [-n, n])$，$= 0$ $(t \in (a, b) \setminus [-n, n])$

とし, $X_n = \{x(t)I_n(t) ; x \in L^p(a,b)\}$ とおくと, $\bigcup_{n=1}^{\infty} X_n$ は $L^p(a,b)$ で稠密である. $X_n = L^p((a,b) \cap [-n,n])$ と考えられるから, X_n は稠密な可算部分集合 D_n を含む. $\bigcup_{n=1}^{\infty} D_n$ は可算集合で $L^p(a,b)$ において稠密である. (ii) はじめに次のことを示す."X が可分なノルム空間ならば, その任意の異なる2元の差のノルムが1より小でないような (X の) 部分集合 X_0 は可算部分である". 実際, $\{x_n\}$ を X で稠密な可算集合とする. 各 $x \in X_0$ に対し, $\|x - x_n\| < 1/3$ なる自然数 n が対応する. $u \in X_0$, $u \neq x$, $\|u - x_m\| < 1/3$ ならば, $1 \leq \|x - u\| \leq \|x - x_n\| + \|x_n - x_m\| + \|x_m - u\| < 2/3 + \|x_n - x_m\|$ であるから $1/3 \leq \|x_n - x_m\|$, ゆえに $n \neq m$. 従って X_0 は自然数全体の集合の或る部分集合と1対1に対応する, よって X_0 は可算集合である. これを用いて $L^\infty(a,b)$ が可分でないことを導く. $s \in (a,b)$ とし $x_s(t) = 1$ $(t \in (a,s))$, $= 0$ $(t \in [s,b))$ とおく. $s \neq s'$ ならば $\|x_s - x_{s'}\| = 1$. $\{x_s(\cdot) ; s \in (a,b)\}$ $(\subset L^\infty(a,b))$ が可算集合でないから $L^\infty(a,b)$ は可分でない. (iii) $1/p + 1/q = 1$ とすると $(L^p(a,b))^{**} = (L^q(a,b))^* = L^p(a,b)$. (iv) はじめに $C[a,b]$ が回帰的でないことを示す. $a < t_0 < b$ とし, $(C[a,b])^* = NBV[a,b]$ 上の線形汎関数 F を $F(v) = v(t_0) - v(t_0 - 0)$ $(v \in NBV[a,b])$ により定義する. $|F(v)| \leq V(v) = \|v\|$ であるから F は有界線形汎関数, 即ち $F \in (NBV[a,b])^* = (C[a,b])^{**}$. かつ $F \neq 0$ である. $(v_0(t) = 0$ $(a \leq t < t_0)$, $= 1$ $(t_0 \leq t \leq b)$ なる $v_0 \in NBV[a,b]$ に対して $F(v_0) = 1 \neq 0$.) もし $C[a,b]$ が回帰的ならば, $x_0 \in C[a,b]$ が存在して $F(v) = \int_a^b x_0(t) dv(t)$ $(v \in NBV[a,b])$. $F \neq 0$ であるから $x_0 \neq 0$. $v_1(t) = \int_a^t x_0(s) ds \in NBV[a,b]$ は $[a,b]$ 上で連続のゆえ $F(v_1) = 0$. 一方 $F(v_1) = \int_a^b (x_0(t))^2 dt > 0$.

よって $C[a,b]$ は回帰的でない.次に,$(L(a,b))^{**} = (L^\infty(a, b))^* = L(a,b)$ ならば,$L(a,b)$ が可分であることから $L^\infty(a,b)$ が可分となる(定理 7.3).これは(ii)に反する.ゆえに $(L(a, b))^{**} \neq L(a,b)$,即ち $L(a,b)$ は回帰的でない.従って系 7.7 により $L^\infty(a,b)$ ($=(L(a,b))^*$)も回帰的でない.

8.(i)$x \in M$ ならば $(x,y) = 0$ ($y \in M^\perp$),ゆえに $x \in M^{\perp\perp}$.(ii)$(x,x) = 0$ であるから $x = 0$.(iii)$y_n \in M^\perp$,$\lim_{n \to \infty} y_n = y$ とする.$(x, y_n) = 0$ ($x \in M$)のゆえ,$n \to \infty$ とすると $(x, y) = 0$ ($x \in M$).ゆえに $y \in M^\perp$.

9.(ii)$Px \in M$ のゆえ $P^2 x = P(Px) = Px$ ($x \in X$).(iii)$x, y \in X$ に対し,$Px, Py \in M$,$x - Px, y - Py \in M^\perp$ であるから $(Px, y - Py) = (Px, y) - (Px, Py) = 0$,$(x - Px, Py) = (x, Py) - (Px, Py) = 0$.ゆえに $(Px, y) = (Px, Py) = (x, Py)$,即ち $P^* = P$.(i)$\|x\|^2 = \|Px\|^2 + \|(I - P)x\|^2 \geq \|Px\|^2$ ($x \in X$)であるから $\|P\| \leq 1$.$0 \neq x \in M$ のとき $\|x\| = \|Px\| \leq \|P\| \|x\|$,よって $1 \leq \|P\|$.

10. $Py = 0$ ならば $y \in M^\perp$ である(実際,$(Px, y) = (x, P^* y) = (x, Py) = 0$ ($x \in X$)であるから).$P(x - Px) = Px - P^2 x = Px - Px = 0$ ($x \in X$)のゆえ $x - Px \in M^\perp$ ($x \in X$).$Px \in M \subset M^{\perp\perp}$ のゆえ,$x \in M^{\perp\perp}$ ならば $x - Px \in M^{\perp\perp}$.$x - Px \in M^\perp$ であるから $x - Px \in M^\perp \cap (M^\perp)^\perp = \{0\}$,即ち $x \in M^{\perp\perp}$ ならば $x = Px \in M$.ゆえに $M^{\perp\perp} \subset M$ となり $M = M^{\perp\perp}$.$M^{\perp\perp}$ が閉集合であるから M は閉線形部分空間である.任意の $x \in X$ に対して $x = Px + (x - Px)$,$Px \in M$,$x - Px \in M^\perp$ であるから,P は X から M の上への射影作用素である.

11.(i)T は 1 対 1 であるから,各 $x^* \in X^*$ に対し,$Y_1 = T[X]$ ($= R(T)$)上の線形汎関数 y_1^* が $y_1^*(Tx) = x^*(x)$ ($x \in$

X) によって定義される. $\|y_1^*\|$ ($=\sup\{|y_1^*(y_1)|\,;\,y_1\in Y_1,$ $\|y_1\|\leq 1\}$) $=\sup\{|x^*(x)|\,;\,\|Tx\|\leq 1\}=\sup\limits_{\|x\|\leq 1}|x^*(x)|=\|x^*\|$ であるから,Hahn-Banach の定理(定理 6.2)により $y^*(y_1)=y_1^*(y_1)$ $(y_1\in Y_1)$, $\|y^*\|(=\|y_1^*\|)=\|x^*\|$ を満足する $y^*\in Y^*$ が存在する. $(T^*y^*)(x)=y^*(Tx)=y_1^*(Tx)=x^*(x)$ $(x\in X)$ のゆえ $x^*=T^*y^*$. (ⅱ)$\|T\|=1$ のゆえ $\|T^{**}\|=\|T^*\|=\|T\|=1$(定理 9.2). 従って $\|T^{**}x^{**}\|\leq\|x^{**}\|$. 一方,(ⅰ)から,任意の $x^{**}\in X^{**}$ に対して $\|T^{**}x^{**}\|=\sup\limits_{\|y^*\|\leq 1}|(T^{**}x^{**})(y^*)|=\sup\limits_{\|y^*\|\leq 1}|x^{**}(T^*y^*)|\geq\sup\limits_{\|x^*\|\leq 1}|x^{**}(x^*)|=\|x^{**}\|$.

12. 十分性:$T^*y^*=0$ ならば $y^*(Tx)=(T^*y^*)(x)=0$ $(x\in D(T))$, ゆえに $y^*(y)=0$ $(y\in\overline{R(T)}=Y)$ となり $y^*=0$. よって $(T^*)^{-1}$ が存在する. 必要性:$y_0\notin\overline{R(T)}$ なる $y_0\in Y$ が存在したとする. 系 6.4 により,$y_0^*(y_0)=1$, $y_0^*(y)=0$ $(y\in\overline{R(T)})$ を満たす $y_0^*\in Y^*$ が選べる. $y_0^*(Tx)=0$ $(x\in D(T))$ であるから $y_0^*\in D(T^*)$, $T^*y_0^*=0$. ゆえに $y_0^*=0$. これは $y_0^*(y_0)=1$ に反する.

13. $D(T^{-1})=R(T)$ は Y で稠密のゆえ $(T^{-1})^*$ が存在する. また前問より $(T^*)^{-1}$ も存在する. $y\in R(T)$, $y^*\in D(T^*)$ ならば $y^*(y)=y^*(T[T^{-1}y])=(T^*y^*)[T^{-1}y]$. よって $R(T^*)\subset D((T^{-1})^*)$. $(T^{-1})^*T^*y^*=y^*$ $(y^*\in D(T^*))$. ゆえに $(T^{-1})^*\supset(T^*)^{-1}$. 次に,$x^*(x)=x^*(T^{-1}Tx)=[(T^{-1})^*x^*](Tx)$ $(x\in D(T)$, $x^*\in D((T^{-1})^*))$ から $(T^{-1})^*x^*\in D(T^*)$, $T^*[(T^{-1})^*x^*]=x^*$ $(x^*\in D((T^{-1})^*))$. ゆえに $D((T^*)^{-1})=R(T^*)\supset D((T^{-1})^*)$;これと $(T^{-1})^*\supset(T^*)^{-1}$ とから $(T^{-1})^*=(T^*)^{-1}$.

第 5 章の問題

1. T は有界である. $(\lambda I - T)x = 0$, 即ち $(\lambda - t)x(t) \equiv 0$ ならば $x(t) \equiv 0$ となり $x = 0$. よって任意の複素数 λ に対して $(\lambda I - T)^{-1}$ が存在するから $\sigma_p(T) = \emptyset$. $\lambda \notin [0,1]$ ならば $\{(\lambda I - T)^{-1}x\}(t) = (\lambda - t)^{-1}x(t)$ であるから $\|(\lambda I - T)^{-1}x\| \leq M_\lambda \|x\|$ $(x \in C[0,1])$, ただし $M_\lambda^{-1} = \min_{0 \leq t \leq 1}|\lambda - t|$. ゆえに $[0,1]^c \subset \rho(T)$, 即ち $\sigma(T) \subset [0,1]$. $\lambda \in [0,1]$ ならば $R(\lambda I - T) \subset \{x \in C[0,1] ; x(\lambda) = 0\}$. 右辺の集合は $C[0,1]$ で稠密でないから $\lambda \in \sigma_r(T)$. ゆえに $\sigma_r(T) = [0,1]$, $\sigma_c(T) = \emptyset$.

2. $n = 1$ のとき真であることは明らか. $1 \leq k \leq n$ のとき真とする. $x \in D(T^{n+1}) \rightleftarrows x \in D(T^n)$ かつ $T^n x \in D(T)$. $D(T^n) = R(\lambda_0 ; T)^n[X]$ であるから $R(\lambda_0 ; T)^{n+1}[X] = R(\lambda_0 ; T)^n[R(\lambda_0 ; T)X] \subset R(\lambda_0 ; T)^n[X] = D(T^n)$, $T^n R(\lambda_0 ; T)^{n+1}[X] = R(\lambda_0 ; T)[TR(\lambda_0 ; T)]^n[X] \subset D(T)$. ゆえに $R(\lambda_0 ; T)^{n+1}[X] \subset D(T^{n+1})$. 次に, $x \in D(T^n)$ かつ $T^n x \in D(T)$ ならば, $x = R(\lambda_0 ; T)^n y$ なる $y \in X$ が選べる. $T^k x \in D(T)$ $(0 \leq k \leq n)$ より $y = (\lambda_0 I - T)^n x \in D(T) = R(\lambda_0 ; T)[X]$. ゆえに $y = R(\lambda_0 ; T)z$ と表わせる. 従って $x = R(\lambda_0 ; T)^{n+1} z \in R(\lambda_0 ; T)^{n+1}[X]$, 即ち $D(T^{n+1}) \subset R(\lambda_0 ; T)^{n+1}[X]$.

3. $\lambda I - S = [I - (S - T)R(\lambda ; T)](\lambda I - T)$. $\|(S - T)R(\lambda ; T)\| < 1$ であるから $[I - (S - T)R(\lambda ; T)]^{-1} = \sum_{n=0}^{\infty}[(S - T)R(\lambda ; T)]^n \in B(X)$ (定理 3.8). ゆえに $(\lambda I - S)^{-1} = (\lambda I - T)^{-1}[I - (S - T)R(\lambda ; T)]^{-1} = R(\lambda ; T)\sum_{n=0}^{\infty}[(S - T)R(\lambda ; T)]^n$.

4. 定理 10.5 (i) から, $|\lambda| > \|T\|$ ならば $\|R(\lambda ; T)\| \leq \dfrac{1}{|\lambda|}\sum_{n=0}^{\infty}\left(\dfrac{\|T\|}{|\lambda|}\right)^n = (|\lambda| - \|T\|)^{-1}$. ゆえに $\lim_{|\lambda| \to \infty}\|R(\lambda ; T)\| =$

0. 各 $f \in (B(X))^*$ に対して $f(R(\lambda;T))$ は $\rho(T)$ の各点において微分可能である（定理 10.5 (iii)）. よって $f(R(\lambda;T))$ は $\rho(T)$ で正則な関数である. もし $\sigma(T) = \emptyset$ とすると $f(R(\lambda;T))$ は複素平面全体で正則で，かつ $\lim_{|\lambda| \to \infty} f(R(\lambda;T)) = 0$. Liouville（リュウヴィル）の定理より，$f(R(\lambda;T))$ は定数値関数となり $f(R(\lambda;T)) \equiv 0$. $f \in (B(X))^*$ は任意のゆえ $R(\lambda;T) \equiv 0$. 従って $x \neq 0$ に対し，$R(\lambda;T)x = 0$；$0 = (\lambda I - T)R(\lambda;T)x = x$ であるから矛盾.

5. $p(t) = \sum_{i=0}^{n} \alpha_i t^i$ $(\alpha_n \neq 0)$ とする. μ を固定しておいて $p(t) - \mu = 0$ の根を $\beta_1, \beta_2, \cdots, \beta_n$ とすると $p(T) - \mu I = \alpha_n (T - \beta_1 I) \cdots (T - \beta_n I)$. もし $\beta_k \in \rho(T)$ $(k = 1, \cdots, n)$ ならば $(p(T) - \mu I)^{-1} = \alpha_n^{-1} (T - \beta_n I)^{-1} \cdots (T - \beta_1 I)^{-1} \in B(X)$ となり $\mu \in \rho(p(T))$. ゆえに $\mu \in \sigma(p(T))$ ならば $\beta_k \in \sigma(T)$ となるような β_k が存在する. $p(\beta_k) = \mu$ であるから $\sigma(p(T)) \subset p(\sigma(T))$. 次に逆向きの包含関係を示す. $\beta_1 \in \sigma(T)$ とし $\mu = p(\beta_1)$ とおく. $p(t) - \mu = 0$ の根を $\beta_1, \beta_2, \cdots, \beta_n$ とすると，$p(T) - \mu I = \alpha_n(T - \beta_1 I) \cdots (T - \beta_n I)$. $(T - \beta_1 I)^{-1}$ が存在すれば $R(T - \beta_1 I) \neq X$, よって $R(p(T) - \mu I) \neq X$ となり $p(\beta_1) = \mu \in \sigma(p(T))$. もし $(T - \beta_1 I)^{-1}$ が存在しないならば $(T - \beta_1 I)x_0 = 0$ なる $x_0 \neq 0$ が選べる. $(p(T) - \mu I)x_0 = \alpha_n(T - \beta_2 I) \cdots (T - \beta_n I)(T - \beta_1 I)x_0 = 0$ であるから $p(\beta_1) = \mu \in \sigma(p(T))$. ゆえに $p(\sigma(T)) \subset \sigma(p(T))$.

6. $z \in X \setminus E$ なる z をとると，E が閉集合であるから $d = \text{dis}(z, E) > 0$. $d = \lim_{n \to \infty} \|z - x_n\|$ となるような点列 $\{x_n\} \subset E$ を選ぶ. $\{x_n\}$ は有界であるから収束部分列 $\{x_{n_i}\}$ を含む（問題 8 参照）. $x' = \lim_{i \to \infty} x_{n_i}$ とおくと $x' \in E$, かつ $d = \|z - x'\|$. $x_0 = (z - x')/d$ とおくと $\|x_0\| = 1$ で，しかも $1 = \|x_0\| \geq \text{dis}(x_0, E) = \inf_{x \in E} \frac{1}{d} \|z - (x' + dx)\| \geq 1$.

7. (ⅰ) は容易にわかる. (ⅱ) $x_0 \in X$, $\|x_0\|(=\max_{0 \leq t \leq 1}|x_0(t)|)$ $=1$ ならば $\left|\int_0^1 x_0(t)dt\right| = \varepsilon_0 < 1$ ($x_0(0)=0$, $-1 \leq x_0(t) \leq 1$ であるから). $\mathrm{dis}(x_0, E) \geq 1$ とすると $\|x_0 - x\| \geq 1$ ($x \in E$). そして $\|y\|=1$ なる $y \in X$ に対して $\left|\int_0^1 y(t)dt\right| \leq \left|\int_0^1 x_0(t)dt\right|$ $= \varepsilon_0$. (実際, $y \in E$ のときは明らか. $y \notin E$ ならば, $x_0 - \dfrac{\int_0^1 x_0(t)dt}{\int_0^1 y(t)dt} y \in E$ であるから $1 \leq \left\| x_0 - \left(x_0 - \dfrac{\int_0^1 x_0(t)dt}{\int_0^1 y(t)dt} y\right)\right\|$ $= \left|\int_0^1 x_0(t)dt \Big/ \int_0^1 y(t)dt\right|$.) ところで $\varepsilon_0 < \left|\int_0^1 y(t)dt\right|$, かつ $\|y\|=1$ を満足する y が存在するから矛盾.

8. X を n 次元空間とする. $n=0$ のときは自明のゆえ $n \geq 1$ とする. 一次独立な n 個の元 $e_1, e_2, \cdots, e_n$ が存在し, 各 $x \in X$ は $x = \xi_1 e_1 + \xi_2 e_2 + \cdots + \xi_n e_n$ と表わせる. $e_1, \cdots, e_{k-1}, e_{k+1}, \cdots, e_n$ から生成される線形部分空間を X_k とすると, $e_k^*(e_k) = 1$, $e_k^*(x) = 0$ ($x \in X_k$) なる $e_k^* \in X^*$ ($k=1, 2, \cdots, n$) が選べる. $\{x_l\}$ を X の有界点列とし, $x_l = \xi_1^{(l)} e_1 + \cdots + \xi_n^{(l)} e_n$ とおく. ($\|x_l\| \leq M$ とする.) $\xi_k^{(l)} = e_k^*(x_l)$ のゆえ $|\xi_k^{(l)}| \leq \|e_k^*\| \cdot \|x_l\| \leq M\|e_k^*\|$ ($k=1, 2, \cdots, n$; $l=1, 2, \cdots$). 各 k ($=1, 2, \cdots, n$) に対して $\{\xi_k^{(l)}; l=1, 2, \cdots\}$ は有界数列であるから, 収束部分列 $\{\xi_k^{(l')}\}$ ($k=1, 2, \cdots, n$) が選べる. $\lim_{l' \to \infty} \xi_k^{(l')} = \xi_k$ ($k=1, 2, \cdots, n$) とおくと $x_{l'} = \xi_1^{(l')} e_1 + \xi_2^{(l')} e_2 + \cdots + \xi_n^{(l')} e_n \to \xi_1 e_1 + \xi_2 e_2 + \cdots + \xi_n e_n \in X$.

9. $\{\lambda; \lambda \in \sigma(T), |\lambda| \geq 1/n\}$ ($n=1, 2, \cdots$) は無限集合でない. 実際, 或る自然数 n_0 に対して $\{\lambda; \lambda \in \sigma(T), |\lambda| \geq 1/n_0\}$ が無限集合ならば $|\lambda_k| \geq 1/n_0$, $\lambda_k \neq \lambda_l$ ($k \neq l$) なる $\{\lambda_k\} \subset \sigma(T)$ が選べる. 各 λ_k は T の固有値であるから $\lambda_k \to 0$ (定

理 12.4). これは $|\lambda_k| \geq 1/n_0$ に反する. 従って $\sigma(T)\setminus\{0\} = \bigcup_{n=1}^{\infty}\{\lambda\,;\,\lambda \in \sigma(T),\ |\lambda| \geq 1/n\}$ は有限集合か, または無限可算集合である. 後者の場合には定理 12.4 から $\sigma(T)$ は 0 を集積点としてもつ. (ii) $0 \notin \sigma(T)$, 即ち $0 \in \rho(T)$ ならば $T^{-1} \in B(X)$. よって $I = T^{-1}T$ は完全連続作用素である (定理 11.7 (ii)). これは系 11.4 に反する.

10. (i) T は $C[a,b]$ からそれ自身への有界線形作用素である. $C[a,b]$ の有界集合 S の T による像 $T[S]$ は有界集合で, しかも同程度一様連続な関数族であるから, Ascoli-Arzela の定理により $T[S]$ は点列コンパクトである. (ii) $\lambda \neq 0$ とする. $\lambda x = Tx$, 即ち $\lambda x(s) = \int_a^s K(s,t)x(t)dt$ $(a \leq s \leq b)$ ならば $x(s) \equiv 0$ である. 実際, $M = \max_{a \leq s,t \leq b} |K(s,t)|$ とおくと $|\lambda x(s)| \leq M\|x\|(s-a)$, 即ち $|x(s)| \leq M\|x\|(s-a)/|\lambda|$ $(a \leq s \leq b)$. ゆえに $|\lambda x(s)| \leq M\int_a^s |x(t)|dt \leq (M^2\|x\|/|\lambda|)\cdot \int_a^s (t-a)dt = (M^2\|x\|/|\lambda|)(s-a)^2/2!$, $|x(s)| \leq \left[\dfrac{M}{|\lambda|}(s-a)\right]^2 \|x\|/2!$. これを続けて $|x(s)| \leq \|x\|\left[\dfrac{M}{|\lambda|}(s-a)\right]^n \big/ n!$ $(a \leq s \leq b,\ n = 1,2,\cdots)$. ゆえに $x(s) \equiv 0$, 即ち $x = 0$. 従って定理 12.9 により, 任意の $y \in C[a,b]$ に対して $y = \lambda x - Tx$ は 1 つ, かつただ 1 つの解 $x \in C[a,b]$ をもつ.

第 6 章の問題

1. 各 $x^* \in X^*$ に対して $x^*(x(s))$ が可測関数であるから, $\sum_{k=1}^n I_{A_k}(s)x_k^*$ (I_{A_k} は可測集合 A_k の特性関数) なる形で表わされる $\varphi(s)$ に対して $\varphi(s)x(s)$ は可測関数となる. $\varphi(s)$ が単純関数ならば, $\varphi(s) = x_n^*$ $(s \in A_n)$ であるような x_n^* $(n = 1,2,\cdots)$, および $S = \bigcup_{n=1}^{\infty} A_n$ なる互いに素な可測集合列 $\{A_n\}$

が存在する. $\varphi_n(s) = \varphi(s)$ $(s \in \bigcup_{k=1}^{n} A_k)$, $= 0$ $(s \in \bigcup_{k=n+1}^{\infty} A_k)$ とおくと $\lim_{n \to \infty} \|\varphi_n(s) - \varphi(s)\| = 0$ $(s \in S)$, ゆえに $\varphi(s)x(s) = \lim_{n \to \infty} \varphi_n(s)x(s)$ $(s \in S)$. $\varphi_n(s)x(s)$ が可測であるからその極限関数 $\varphi(s)x(s)$ も可測関数である. 次に $\varphi(s)$ が強可測ならば, $\lim_{n \to \infty} \|\varphi_n(s) - \varphi(s)\| = 0$ $(a.e.s)$ を満たす単純関数列 $\{\varphi_n\}$ が選べる. $\varphi_n(s)x(s)$ が可測関数のゆえ $\varphi(s)x(s) = \lim_{n \to \infty} \varphi_n(s)x(s)$ は可測関数である.

2. (i) $|x^*[x(s)]| \leq \|x^*\|\|x(s)\|$ で, $\|x(s)\|$ が S 上で可積分であるから $x^*[x(s)]$ は S 上で可積分である. かつ $\int_S x^*[x(s)]ds = \sum_{n=1}^{\infty} x^*(x_n)\mu(A_n) = x^*\left[\sum_{n=1}^{\infty} x_n\mu(A_n)\right]$. (ii) $\sum_{m=1}^{\infty} \|y_m\|\mu(B_m) = \int_S \|x(s)\|d\mu < \infty$ であるから $\sum_{m=1}^{\infty} y_m \cdot \mu(B_m)$ は収束する. また $\int_S x^*[x(s)]d\mu = \sum_{m=1}^{\infty} x^*(y_m)\mu(B_m) = x^*\left[\sum_{m=1}^{\infty} y_m\mu(B_m)\right]$. これと (i) とから $x^*\left[\sum_{n=1}^{\infty} x_n\mu(A_n)\right] = x^*\left[\sum_{m=1}^{\infty} y_m\mu(B_m)\right]$ $(x^* \in X^*)$. ゆえに $\sum_{n=1}^{\infty} x_n\mu(A_n) = \sum_{m=1}^{\infty} y_m\mu(B_m)$. (iii) Bochner 積分の定義 (14.1) と (i) から明らか.

3. $x_1(s) + x_2(s)$, $\alpha x_1(s)$ が単純関数で, かつ $\|x_1(s) + x_2(s)\| \leq \|x_1(s)\| + \|x_2(s)\|$, $\|\alpha x_1(s)\| = |\alpha|\|x_1(s)\|$ であるから, $x_1(s) + x_2(s)$, $\alpha x_1(s)$ は S 上で Bochner 可積分である. $x^* \in X^*$ に対して $x^*\left(\int_S [x_1(s)+x_2(s)]d\mu\right) = \int_S x^*(x_1(s))d\mu + \int_S x^*(x_2(s))d\mu = x^*\left\{\int_S x_1(s)d\mu + \int_S x_2(s)d\mu\right\}$. ゆえに $\int_S [x_1(s)+x_2(s)]d\mu = \int_S x_1(s)d\mu + \int_S x_2(s)d\mu$.

4. $i = 1, 2$ とする. $\lim_{n \to \infty} x_{i,n}(s) = x_i(s)$ $(a.e.s)$,

$\lim_{n\to\infty} \int_S \|x_i(s) - x_{i,n}(s)\| d\mu = 0$ を満足する Bochner 可積分単純関数列 $\{x_{i,n}(s)\}$ が選ぶことができて, かつ $\int_S x_i(s) d\mu = \lim_{n\to\infty} \int_S x_{i,n}(s) d\mu$. 前問より $\alpha_1 x_{1,n}(s) + \alpha_2 x_{2,n}(s)$ は S 上で Bochner 可積分な単純関数で, $\int_S [\alpha_1 x_{1,n}(s) + \alpha_2 x_{2,n}(s)] d\mu = \alpha_1 \int_S x_{1,n}(s) d\mu + \alpha_2 \int_S x_{2,n}(s) d\mu$. $\lim_{n\to\infty} [\alpha_1 x_{1,n}(s) + \alpha_2 x_{2,n}(s)] = \alpha_1 x_1(s) + \alpha_2 x_2(s)$ $(a.e.s)$, $\int_S \|[\alpha_1 x_1(s) + \alpha_2 x_2(s)] - [\alpha_1 x_{1,n}(s) + \alpha_2 x_{2,n}(s)]\| d\mu \leq |\alpha_1| \int_S \|x_1(s) - x_{1,n}(s)\| d\mu + |\alpha_2| \int_S \|x_2(s) - x_{2,n}(s)\| d\mu \to 0$ $(n \to \infty)$ のゆえ, $\alpha_1 x_1(s) + \alpha_2 x_2(s)$ は S 上で Bochner 可積分で, かつ $\int_S [\alpha_1 x_1(s) + \alpha_2 x_2(s)] d\mu = \lim_{n\to\infty} \int_S [\alpha_1 x_{1,n}(s) + \alpha_2 x_{2,n}(s)] d\mu$
$= \lim_{n\to\infty} \left[\alpha_1 \int_S x_{1,n}(s) d\mu + \alpha_2 \int_S x_{2,n}(s) d\mu \right] = \alpha_1 \int_S x_1(s) d\mu + \alpha_2 \int_S x_2(s) d\mu$.

5. $\{B_l\}$ を $\{A_0, A_1, A_2, \cdots\}$ の細分割とする. $s'_l \in B_l$ を任意に選び, $x_\varepsilon(s) = x(s'_l)$ $(s \in B_l)$ により単純関数 $x_\varepsilon(s)$ を定義する. この $x_\varepsilon(s)$ に対して (14.6) および $\|x(s) - x_\varepsilon(s)\| = 0$ $(s \in A_0)$ が成立することを示せばよい. (実際, このとき $\int_S \|x(s) - x_\varepsilon(s)\| d\mu = \int_{\bigcup_{k=2}^\infty A_k} \|x(s) - x_\varepsilon(s)\| d\mu = \int_{\bigcup_{n=1}^\infty (S_n \setminus N_n)} \|x(s) - x_\varepsilon(s)\| d\mu \leq 2\varepsilon$ である.) A_0 の定め方から $x(s) = 0$ $(s \in A_0)$, ゆえに $x_\varepsilon(s) = 0$ $(s \in A_0)$, $\|x(s) - x_\varepsilon(s)\| = 0$ $(s \in A_0)$. 次に, $s \in S_n \setminus N_n$ ならば, 適当な $k \geq 2$ が存在して $s \in A_k \subset S_n \setminus N_n$. また $s \in B_{k_i} \subset A_k$ なる i が存在する. $x_\varepsilon(s) = x(s'_{k_i})$, $x_{\varepsilon,n}(s) = x_{\varepsilon,n}(s'_{k_i})$ ($x_{\varepsilon,n}$ は A_k 上で一定であることに注意) であるから, $\|x_\varepsilon(s) - x(s)\| \leq \|x(s'_{k_i}) - $

$x_{\varepsilon,n}(s'_{k_i})\| + \|x_{\varepsilon,n}(s) - x(s)\| < 2^{-(n-1)}\varepsilon/(1+\mu(S_n))$ ($\|x_{\varepsilon,n}(s) - x(s)\| < 2^{-n}\varepsilon/(1+\mu(S_n))$ ($s \in S_n \setminus N_n$) であることに注意). よって (14.6) を得る.

6. $\lim_{n\to\infty} x_n(s) = x(s)$ $(a.e.\ s)$, $\lim_{n\to\infty} \int_S \|x_n(s) - x(s)\| d\mu = 0$ なる Bochner 可積分単純関数列 $\{x_n(s)\}$ が選べて $\int_S x(s) d\mu = \lim_{n\to\infty} \int_S x_n(s) d\mu$. $\lim_{n\to\infty} T[x_n(s)] = T[x(s)]$ $(a.e.\ s)$, $\int_S \|T[x_n(s)] - T[x(s)]\| d\mu \le \|T\| \int_S \|x_n(s) - x(s)\| d\mu \to 0$ $(n\to\infty)$ で, かつ $T[x_n(s)]$ が S 上で Bochner 可積分単純関数であるから, $T[x(s)]$ は S 上で Bochner 可積分で, かつ $\int_S T[x(s)] d\mu = \lim_{n\to\infty} \int_S T[x_n(s)] d\mu$. $\int_S T[x_n(s)] d\mu = T\left[\int_S x_n(s) d\mu\right] \to T\left[\int_S x(s) d\mu\right]$ $(n\to\infty)$ のゆえ, $\int_S T[x(s)] d\mu = T\left[\int_S x(s) d\mu\right]$.

7. (i) Δ と異なる $[a,b]$ の分割 $\Delta' : a = s'_0 < s'_1 < \cdots < s'_m = b$ を考え, 和 $S(\Delta') = \sum_{j=1}^m x(\tau'_j)(s'_j - s'_{j-1})$ (ただし $s'_{j-1} \le \tau'_j \le s'_j$) を作る. Δ の分点と Δ' の分点とを合わせたものを分点とする分割を $\Delta'' : a = s''_0 < s''_1 < \cdots < s''_l = b$ とし, $S(\Delta'') = \sum_{k=1}^l x(\tau''_k)(s''_k - s''_{k-1})$ (ただし $s''_{k-1} \le \tau''_k \le s''_k$) を作る. 分割 Δ における 1 つの区間 $[s_{i-1}, s_i]$ は分割 Δ'' においてはいくつかの小区間に分割される, それを $s_{i-1} = s''_{k(i-1)} < s''_{k(i-1)+1} < \cdots < s''_{k(i)} = s_i$ とする. このとき, $\left\| x(\tau_i)(s_i - s_{i-1}) - \sum_{k=k(i-1)+1}^{k(i)} x(\tau''_k)(s''_k - s''_{k-1}) \right\| = \left\| \sum_{k=k(i-1)+1}^{k(i)} (x(\tau_i) - x(\tau''_k))(s''_k - s''_{k-1}) \right\| \le \sum_{k=k(i-1)+1}^{k(i)} \|x(\tau_i) - x(\tau''_k)\|(s''_k - s''_{k-1}) \le \omega(\delta(\Delta))(s_i - s_{i-1})$, ここに $\omega(\delta(\Delta)) = \sup\{\|x(\tau) - $

$x(\tau'')\| ; \tau, \tau'' \in [a,b], \ |\tau - \tau''| \leq \delta(\Delta)\}$. ゆえに $\|S(\Delta) - S(\Delta'')\| \leq \omega(\delta(\Delta))(b-a)$. 同様にして $\|S(\Delta') - S(\Delta'')\| \leq \omega(\delta\Delta'))(b-a)$. 従って $\|S(\Delta) - S(\Delta')\| \leq [\omega(\delta(\Delta)) + \omega(\delta(\Delta'))](b-a)$. いま $[a,b]$ を n 等分して得られる分割を $\Delta : a = \sigma_0 < \sigma_1 < \cdots < \sigma_n = b$ とし,$S_n = \sum_{i=1}^{n} x(\sigma_i)(\sigma_i - \sigma_{i-1})$ とおく.上で示した評価より $\|S_n - S_m\| \leq \left[\omega\left(\dfrac{b-a}{n}\right) + \omega\left(\dfrac{b-a}{m}\right)\right](b-a)$. $x(s)$ は $[a,b]$ 上で一様に強連続であるから $\lim_{h\to 0+}\omega(h) = 0$. それゆえ $\lim_{n,m\to\infty}\|S_n - S_m\| = 0$, 即ち $\{S_n\}$ は Cauchy 点列である.X が Banach 空間であるから, $\{S_n\}$ は収束する.そこで $x_0 = \lim_{n\to\infty} S_n$ とおく.さて $\varepsilon > 0$ に対して,$\delta > 0$ を $\omega(\delta) < \varepsilon/(b-a)$ であるようにとっておけば,$\delta(\Delta) < \delta$ ならば $\|S(\Delta) - x_0\| \leq \|S(\Delta) - S_n\| + \|S_n - x_0\| \leq \left[\omega(\delta(\Delta)) + \omega\left(\dfrac{b-a}{n}\right)\right](b-a) + \|S_n - x_0\|$. $n \to \infty$ とすれば,$\|S(\Delta) - x_0\| \leq \omega(\delta(\Delta))(b-a) \leq \omega(\delta)(b-a) < \varepsilon$ $(\delta(\Delta) < \delta)$. (ii) (i) からわかるように

$$(R)\int_a^b x^*[x(s)]ds = x^*\left[(R)\int_a^b x(s)ds\right] \ (x^* \in X^*).$$

$(R)\int_a^b x^*[x(s)]ds = \int_a^b x^*[x(s)]ds$ (左辺は Riemann 積分,右辺は Lebesgue 積分を表わす)であるから $x^*\left[\int_a^b x(s)ds\right] = \int_a^b x^*[x(s)]ds = x^*\left[(R)\int_a^b x(s)ds\right] \ (x^* \in X^*)$. 従って $(R)\int_a^b x(s)ds = \int_a^b x(s)ds$.

8. 十分大なる $a > 0$ を選ぶと,$x(s) = 0$ $(s \notin [-a,a])$. ゆえに $|h| < a$ ならば $\int_{-\infty}^{\infty}\|x(s+h) - x(s)\|ds = \int_{-2a}^{2a}\|x(s+h) - x(s)\|ds$. 任意の $\varepsilon > 0$ に対し,$\delta = \delta(\varepsilon) > 0$ を適当に

選んで，$|h| < \delta$ ならば $\|x(s+h) - x(s)\| < \varepsilon/4a$ $(s \in [-2a, 2a])$ とできる．よって $|h| < \min(\delta, a)$ ならば $\int_{-\infty}^{\infty} \|x(s+h) - x(s)\| ds = \int_{-2a}^{2a} \|x(s+h) - x(s)\| ds \leq \varepsilon$.

9. $[D_w y](s) = x(s)$ $(a.e.s)$ であるから，零集合 N_0 $(\subset [a, b])$ が存在し，$s \in [a, b] \backslash N_0$ ならば $\lim_{h \to 0} x^*[y(s+h) - y(s)]/h = x^*[x(s)]$ $(x^* \in X^*)$．$N = \{a + kh_n \, ; \, 0 \leq k \leq n, n = 1, 2, \cdots\} \cap N_0$ とおくと，N は零集合である．$s \in [a, b] \backslash N$ とする．各 n に対し，$s \in (a + (k_n - 1)h_n, a + k_n h_n)$ なる自然数 k_n $(\leq n)$ が存在する．$x_n(s) = [y(a + k_n h_n) - y(a + (k_n - 1)h_n)]/h_n = \dfrac{(a + h_n k_n) - s}{h_n} \cdot \dfrac{y(a + h_n k_n) - y(s)}{(a + h_n k_n) - s} + \dfrac{s - [a + (k_n - 1)h_n]}{h_n} \cdot \dfrac{y(s) - y(a + (k_n - 1)h_n)}{s - [a + (k_n - 1)h_n]}$ であるから，

$x^*[x_n(s)] - x^*[x(s)]$

$= \dfrac{(a + h_n k_n) - s}{h_n} \left\{ \dfrac{x^*[y(a + h_n k_n) - y(s)]}{(a + h_n k_n) - s} - x^*[x(s)] \right\}$

$+ \dfrac{s - [a + (k_n - 1)h_n]}{h_n}$

$\times \left\{ \dfrac{x^*[y(s) - y(a + (k_n - 1)h_n)]}{s - [a + (k_n - 1)h_n]} - x^*[x(s)] \right\}$

$(x^* \in X^*)$.

ゆえに，$|x^*[x_n(s)] - x^*[x(s)]| \leq \left| \dfrac{x^*[y(a + h_n k_n) - y(s)]}{(a + h_n k_n) - s} - x^*[x(s)] \right| + \left| \dfrac{x^*[y(s) - y(a + (k_n - 1)h_n)]}{s - [a + (k_n - 1)h_n]} - x^*[x(s)] \right| \to 0$ $(x^* \in X^*)$，$n \to \infty$.

10.（i）例 2.7（空間 $L^\infty(a, b)$）の場合と同様．（ii）問題 1 によって $\varphi(s)x(s)$ は可測関数である．さらに $|\varphi(s)x(s)| \leq$

$\|\varphi(s)\|\|x(s)\| \leq (\operatorname*{ess\,sup}_{0 \leq s \leq 1}\|\varphi(s)\|)\|x(s)\| \in L[0,1]$ であるから, $\varphi(s)x(s) \in L[0,1]$. 明らかに F は線形汎関数で, $|F(x(\cdot))| \leq \int_0^1 \|\varphi(s)\|\|x(s)\|ds \leq (\operatorname*{ess\,sup}_{0 \leq s \leq 1}\|\varphi(s)\|)\int_0^1 \|x(s)\|\cdot ds$ より $\|F\| \leq \operatorname*{ess\,sup}_{0 \leq s \leq 1}\|\varphi(s)\|$. (iii) $I_A(s)$ を集合 A の特性関数とし, $\psi(t)x = F(I_{[0,t]}(\cdot)x)$ ($x \in X$, $t \in [0,1]$) とおく. 各 t に対し, $\psi(t)$ は X 上の線形汎関数で, $|\psi(t)x| \leq |F| \cdot \int_0^1 \|I_{[0,t]}(s)x\|ds \leq \|F\|\|x\|$ ($x \in X$), ゆえに $\psi(t) \in X^*$. $|\psi(b)x - \psi(a)x| = |F(I_{(a,b)}(\cdot)x)| \leq \|F\|(b-a)\|x\|$ ($x \in X$) であるから, $\|\psi(b) - \psi(a)\| \leq \|F\|(b-a)$ ($0 \leq a \leq b \leq 1$). 従って $\psi(s): [0,1] \to X^*$ は強絶対連続である. X^* は X とともに回帰的であるから, 系 15.10 により, $\psi(t) = \int_0^t \varphi(s)ds$ ($t \in [0,1]$) となるような $\varphi(s) \in L([0,1]; X^*)$ が存在する ($\psi(0) = 0$ に注意). $\left\|\int_a^b \varphi(s)ds\right\| = \|\psi(b) - \psi(a)\| \leq \|F\|(b-a)$ ($0 \leq a \leq b \leq 1$) であるから, $\|\varphi(s)\| \leq \|F\|$ (a. e.), 即ち $\operatorname*{ess\,sup}_{0 \leq s \leq 1}\|\varphi(s)\| \leq \|F\|$. $F(I_{[0,t]}(\cdot)x) = \psi(t)x = \int_0^t \varphi(s)xds = \int_0^1 \varphi(s)I_{[0,t]}(s)xds$ のゆえ, $x(s) = I_{[a,b]}(s)x$ に対して $F(x(\cdot)) = \int_0^1 \varphi(s)x(s)ds$; 従ってこの式は $\sum_{i=1}^n I_{[a_i, b_i]}(s)x_i$ なる形で表わされる関数に対しても成立する. このような形で表わされる関数の全体は $L([0,1]; X)$ において稠密であるから, 任意の $x(\cdot) \in L([0,1]; X)$ に対して $F(x(\cdot)) = \int_0^1 \varphi(s)x(s)ds$. また, このような $\varphi(s)$ が一意的に定まることは明らかである. $\|F\| \leq \operatorname*{ess\,sup}_{0 \leq s \leq 1}\|\varphi(s)\|$ ((ii) による) のゆえ $\|F\| = \operatorname*{ess\,sup}_{0 \leq s \leq 1}\|\varphi(s)\|$.

第7章の問題

1. 必要性:任意の $x \in X$, $x^* \in X^*$ に対して $x^*[T(t)x]$ が連続であるから, $T(t):(0,\infty) \to B(X)$ は弱可測である. $E = \{T(r); r > 0,$ 有理数$\}$ は可算集合で, $B(X)$ におけるノルム (即ち作用素のノルム) の意味で E は $\{T(t); t > 0\}$ において稠密である. 換言すれば $T(t)$ は可分値的である. よって定理13.7 (ii) から $T(t)$ は一様可測である. 十分性:$T(t)$ は強可測となるから, 定理16.2 (i) の証明におけると同様にして $\|T(t)\|$ は任意の区間 $[a,b]$ $(0 < a < b < \infty)$ 上で有界. 定理16.2 (i) の証明の残りの部分で x を省いてやればよい.

2. (i) $t_0 > 0$ とし, $x_0(u) = 1$ $(0 < u \leq 2t_0)$, $= 0$ $(2t_0 < u)$ とおく. $\|T(t_0+h)x_0 - T(t_0)x_0\| = \underset{0 < u < \infty}{\text{ess sup}} |x_0(t_0 + h + u) - x_0(t_0 + u)| = 1$ $(h \neq 0,\ t_0 + h > 0)$. (ii) $\|T(t)\| \leq 1$ は明らか. $t_0 > 0$ に対して $x_0(u) = 1$ $(t_0 \leq u \leq t_0+1)$, $= 0$ $(u \notin [t_0, t_0+1])$ とおくと, $\|x_0\| = \left(\int_0^\infty |x_0(u)|^p\,du\right)^{1/p} = 1$, かつ $\|T(t_0)x_0\| = 1$. よって $\|T(t_0)\| \geq 1$. はじめの不等式と合せて $\|T(t)\| = 1$ $(t > 0)$. 次に $t + h > 0$ なる $t > 0$, $h \neq 0$ を任意に選び固定しておく. 自然数 n に対し, $x_n(u) = 1$ $(2k|h| + t < u \leq (2k+1)|h| + t; k = 0, 1, 2, \cdots, n-1)$, $= -1$ $((2k+1)|h| + t < u \leq (2k+2)|h| + t; k = 0, 1, 2, \cdots, n-1)$, $= 0$ (残りの u に対して) とおく. $\|x_n\| = \left(\int_0^\infty |x_n(u)|^p\,du\right)^{1/p} = \left(\int_t^{t+2n|h|} 1\,du\right)^{1/p} = (2n|h|)^{1/p}$. $x_n(u+t) = 1$ $(2k|h| < u \leq (2k+1)|h|; k = 0, 1, \cdots, n-1)$, $= -1$ $((2k+1)|h| < u \leq (2k+2)|h|; k = 0, 1, \cdots, n-1)$, $= 0$ $(2n|h| < u)$ であるから, $|x_n(u+t+h) - x_n(u+t)| = 2$ $(|h| < u \leq (2n-1)|h|)$. ゆえに $\|T(t+h)x_n - T(t)x_n\| = $

$$\left(\int_0^\infty |x_n(u+t+h)-x_n(u+t)|^p\,du\right)^{1/p} \geq \left(\int_{|h|}^{(2n-1)|h|} 2^p\,du\right)^{1/p}$$
$= 2[(2n-2)|h|]^{1/p}$, 従って $\|T(t+h)-T(t)\|(2n|h|)^{1/p} =$
$\|T(t+h)-T(t)\|\,\|x_n\| \geq 2[(2n-2)|h|]^{1/p}$, $\|T(t+h)-T(t)\| \geq 2(1-1/n)^{1/p} \to 2\ (n\to\infty)$. これより $\|T(t+h)-T(t)\| \geq 2$.

3. $1 < p < \infty$, $1/p + 1/q = 1$ とし, $t > 0$ とする.

$$\left|\int_{-\infty}^\infty e^{-v^2/t} x(u+v)dv\right|^p$$
$$= \left|\int_{-\infty}^\infty e^{-(v^2/t)(1/q)} e^{-(v^2/t)(1/p)} x(u+v)dv\right|^p$$
$$\leq \left[\int_{-\infty}^\infty e^{-v^2/t}\,dv\right]^{p/q} \int_{-\infty}^\infty e^{-v^2/t} |x(u+v)|^p\,dv$$

であるから,

$$\|T(t)x\| = \left(\int_{-\infty}^\infty |[T(t)x](u)|^p\,du\right)^{1/p}$$
$$\leq (\pi t)^{-1/2} \left[\int_{-\infty}^\infty e^{-v^2/t}\,dv\right]^{1/q}$$
$$\times \left\{\int_{-\infty}^\infty e^{-v^2/t}\,dv \int_{-\infty}^\infty |x(u+v)|^p\,du\right\}^{1/p}$$
$$= (\pi t)^{-1/2} \int_{-\infty}^\infty e^{-v^2/t}\,dv\,\|x\| = \|x\|$$

$$(x \in L^p(-\infty, \infty)).$$

よって $T(t)$ は $L^p(-\infty, \infty)$ からそれ自身への有界線形作用素で, $\|T(t)\| \leq 1$. $[T(t)x](u) - x(u) = (\pi t)^{-1/2} \int_{-\infty}^\infty e^{-v^2/t} [x(u+v) - x(u)]dv$ のゆえ, 上と同様の計算から

$$\|T(t)x - x\|$$
$$\leq (\pi t)^{-1/2} \left[\int_{-\infty}^{\infty} e^{-v^2/t} dv \right]^{1/q}$$
$$\times \left\{ \int_{-\infty}^{\infty} e^{-v^2/t} dv \int_{-\infty}^{\infty} |x(u+v) - x(u)|^p du \right\}^{1/p}$$
$$= \frac{1}{\sqrt{\pi}} \left[\int_{-\infty}^{\infty} e^{-v^2} dv \right]^{1/q}$$
$$\times \left\{ \int_{-\infty}^{\infty} e^{-v^2} dv \int_{-\infty}^{\infty} |x(u+\sqrt{t}v) - x(u)|^p du \right\}^{1/p}.$$

$\int_{-\infty}^{\infty} |x(u+\sqrt{t}v) - x(u)|^p du \to 0 \ (t \to 0)$, $\int_{-\infty}^{\infty} |x(u+\sqrt{t}v) - x(u)|^p du \leq (2\|x\|)^p$ であるから, Lebesgue の収束定理より $\lim_{t \to 0+} \|T(t)x - x\| = 0 \ (x \in L^p(-\infty, \infty))$. $T(t+s) = T(t)T(s)$ は (16.6) から求まる. $p = 1$ のときはもっと簡単である.

4. $A_h x = h^{-1}[T(h)x - x]$ とおく.
$$\int_0^t T(s) A_h x ds = h^{-1} \int_0^t [T(s+h)x - T(s)x] ds$$
$$= h^{-1} \int_t^{t+h} T(s)x ds - h^{-1} \int_0^h T(s)x ds$$

のゆえ,
$$x^* \left[h^{-1} \int_t^{t+h} T(s)x ds - h^{-1} \int_0^h T(s)x ds \right]$$
$$= \int_0^t x^*[T(s) A_h x] ds \quad (x^* \in X^*, \ t > 0).$$

$\lim_{h \to 0+} x^*[T(s) A_h x] = x^*[T(s)y]$, $|x^*[T(s) A_h x]| \leq \|x^*\| \cdot \|T(s)\| \|A_h x\| \leq M \|x^*\| \ (0 < s, h \leq 1)$ のゆえ, 収束定理によ

り $x^*[T(t)x-x] = \int_0^t x^*[T(s)y]ds = x^*\left[\int_0^t T(s)yds\right]$ ($x^* \in X^*$). ゆえに $T(t)x - x = \int_0^t T(s)yds$, $t^{-1}[T(t)x-x] = t^{-1}\int_0^t T(s)yds \to y$ $(t \to 0+)$.

5. A を生成作用素とし, $x \in D(A)$ とする. $\int_0^\infty |h^{-1}[x(u+h)-x(u)]-(Ax)(u)|^p du = \int_0^\infty |[A_h x](u) - (Ax)(u)|^p du \to 0$ $(h \to 0+)$ のゆえ, $h^{-1}\int_\beta^{\beta+h} x(u)du - h^{-1}\int_\alpha^{\alpha+h} x(u)du = \int_\alpha^\beta h^{-1}[x(u+h)-x(u)]du \to \int_\alpha^\beta (Ax)(u)du$ $(h \to 0+)$ が任意の $\alpha, \beta \in (0, \infty)$ に対して成立する. $\lim_{h\to 0} h^{-1}\int_\gamma^{\gamma+h} x(u)du = x(\gamma)$ $(a.e. \gamma)$ であるから, $\lim_{h\to 0} h^{-1}\int_\alpha^{\alpha+h} x(u)du = x(\alpha)$ なる α を選ぶと $x(\beta) - x(\alpha) = \int_\alpha^\beta (Ax)(u)du$ $(a.e. \beta)$, 即ち $x(u) = \int_\alpha^u (Ax)(s)ds + x(\alpha)$ $(a.e.u)$. そこで $x(u) \equiv \int_\alpha^u (Ax)(s)ds + x(\alpha)$ とおく (このように定義した $x(u)$ はもとの $x(u)$ と同じものと考えられる) と, $x(u)$ は絶対連続, $x'(u) = (Ax)(u)$ $(a.e.u)$, かつ $x'(u) \in L^p(0,\infty)$. 以上により $D(A) \subset \{x(u) \in L^p(0,\infty); x(u)$ が絶対連続, $x'(u) \in L^p(0,\infty)\}$, $[Ax](u) = x'(u)$ $(a.e.u)$, ただし $x(u) \in D(A)$.

逆に, $x(u)$ が絶対連続で, $x(u), x'(u) \in L^p(0,\infty)$ ならば, $h^{-1}[x(u+h)-x(u)] = h^{-1}\int_0^h x'(u+s)ds$ より $\|h^{-1}[T(h)x - x] - x'\| = \left[\int_0^\infty \left|h^{-1}\int_0^h x'(u+s)ds - x'(u)\right|^p du\right]^{1/p} \leq \left[h^{-1}\int_0^h \left(\int_0^\infty |x'(u+s)-x'(u)|^p du\right)ds\right]^{1/p} \to 0$ $(h \to 0+)$, 即ち $x \in D(A)$. かくして $D(A) = \{x(u) \in L^p(0,\infty); x(u)$ が

絶対連続, $x'(u) \in L^p(0, \infty)\}$, $(Ax)(u) = x'(u)$ $(a.e.u)$.

6. A を生成作用素とする. 例 17.2 におけると同様にして $D(A) \subset \{x(u) \in L^p(-\infty, \infty) ; x(u), x'(u)$ が絶対連続, かつ $x'(u)$ および $x''(u) \in L^p(-\infty, \infty)\}$ (例 17.2 におけるごとく $y(u) = [R(1;A)x](u)$ とおくと,

$$y'(u) = 2\left(e^{2u}\int_u^\infty e^{-2v}x(v)dv - e^{-2u}\int_{-\infty}^u e^{2v}x(v)dv\right).$$

$|y'(u)| \leq 2\int_{-\infty}^\infty e^{-2|u-v|}|x(v)|dv$ より $\left[\int_{-\infty}^\infty |y'(u)|^p du\right]^{1/p}$
$\leq 2\left[\int_{-\infty}^\infty |x(v)|^p dv\right]^{1/p}$ が得られる.) 次に, $x(u), x'(u)$ が絶対連続で, かつ $x''(u) \in L^p(-\infty, \infty)$ なる $x(u) \in L^p(-\infty, \infty)$ をとると, 例 17.2 におけると同様にして $h^{-1}[T(h)x - x](u) - \frac{1}{4}x''(u) = \frac{h^{-3/2}}{2\sqrt{\pi}}\int_{-\infty}^\infty e^{-v^2/h}[\{x(u+v) + x(u-v) - 2x(u)\} - v^2 x''(u)]dv$. $g(u, v) = \{x(u+v) + x(u-v) - 2x(u)\}/v^2 - x''(u) = v^{-2}\int_0^v\left[\int_{-w}^w (x''(u+\tau) - x''(u))d\tau\right]dw$ $(u \in (-\infty, \infty), v \neq 0)$, $g(u, 0) = 0$ $(u \in (-\infty, \infty))$ とおくと, $h^{-1} \cdot [T(h)x - x](u) - \frac{1}{4}x''(u) = \frac{h^{-3/2}}{2\sqrt{\pi}}\int_{-\infty}^\infty v^2 e^{-v^2/h}g(u, v)dv$. さて $\|g(\cdot, v)\| = \left[\int_{-\infty}^\infty |g(u, v)|^p du\right]^{1/p}$ が $(-\infty, \infty)$ で有界, かつ $\lim_{v \to 0}\|g(\cdot, v)\| = 0$ であることを示す. 実際, $v > 0$ のとき $\|g(\cdot, v)\| \leq \left[v^{-2}\int_0^v dw\int_{-w}^w d\tau\int_{-\infty}^\infty |x''(u+\tau) - x''(u)|^p du\right]^{1/p}$ である. ($p = 1$ のときは積分順序の交換, また $p > 1$ の場合は Hölder の不等式を 2 回用いてから積分順序の交換を行なえばよい.) 任意の $\varepsilon > 0$ に対し, $\delta > 0$ を選んで, $|v| < \delta$ な

らば $\int_{-\infty}^{\infty} |x''(u+v) - x''(u)|^p du < \varepsilon^p$ とできる. ゆえに $0 < v < \delta$ ならば $\|g(\cdot, v)\| \leq \varepsilon$. $g(u, -v) = g(u, v)$ であるから $\lim_{v \to 0} \|g(\cdot, v)\| = 0$. 次に, $\|g(\cdot, v)\| \leq 4\|x(\cdot)\|/v^2 + \|x''(\cdot)\|$ $(v \neq 0)$ より $\|g(\cdot, v)\|$ は $(-\infty, \infty)$ で有界. $\left\| h^{-1}[T(h)x - x] - \frac{1}{4}x'' \right\| = \frac{h^{-3/2}}{2\sqrt{\pi}} \left[\int_{-\infty}^{\infty} \left| \int_{-\infty}^{\infty} (v^2 e^{-v^2/h})^{1/q} (v^2 e^{-v^2/h})^{1/p} g(u, v) dv \right|^p du \right]^{1/p} \leq \frac{h^{-3/2}}{2\sqrt{\pi}} \left[\int_{-\infty}^{\infty} v^2 e^{-v^2/h} dv \right]^{1/q} \left[\int_{-\infty}^{\infty} \int_{-\infty}^{\infty} v^2 e^{-v^2/h} |g(u, v)|^p dv du \right]^{1/p} = \frac{1}{2\sqrt{\pi}} \left[\int_{-\infty}^{\infty} v^2 e^{-v^2} dv \right]^{1/q} \left[\int_{-\infty}^{\infty} v^2 e^{-v^2} \|g(\cdot, \sqrt{h}v)\|^p dv \right]^{1/p}$. $\lim_{h \to 0+} \|g(\cdot, \sqrt{h}v)\| = 0$ $(v \in (-\infty, \infty))$, $v^2 e^{-v^2} \|g(\cdot, \sqrt{h}v)\|^p \leq M v^2 e^{-v^2} \in L(-\infty, \infty)$ であるから, 収束定理により $\lim_{h \to 0+} \int_{-\infty}^{\infty} v^2 e^{-v^2} \|g(\cdot, \sqrt{h}v)\|^p dv = 0$. 従って $\left\| h^{-1}[T(h)x - x] - \frac{1}{4}x'' \right\| \to 0$ $(h \to 0+)$. 結局, $D(A) = \{x(u) \in L^p(-\infty, \infty) ; x(u), x'(u)$ が絶対連続, かつ $x'(u)$ および $x''(u) \in L^p(-\infty, \infty)\}$, $[Ax](u) = \frac{1}{4}x''(u)$ $(a. e. u)$ が得られた.

7. (ⅰ) 帰納法を用いる. (17.8) の両辺を 0 から t まで積分すると $T(t)x = x + \int_0^t T(s) Ax ds$. ゆえに $n=1$ のときは真である. n のとき成立していると仮定する. $x \in D(A^{n+1})$ ならば $Ax \in D(A^n)$ であるから, $T(t) Ax = \sum_{k=0}^{n-1} \frac{t^k}{k!} A^{k+1} x + \frac{1}{(n-1)!} \int_0^t (t-s)^{n-1} T(s) A^{n+1} x ds$. 両辺を $t=0$ から $t=\tau$ まで積分して $\int_0^\tau T(t) Ax dt = \sum_{k=0}^{n-1} \frac{\tau^{k+1}}{(k+1)!} A^{k+1} x +$

$$\frac{1}{(n-1)!}\int_0^\tau dt \int_0^t (t-s)^{n-1} T(s) A^{n+1} x ds = \sum_{k=1}^n \frac{\tau^k}{k!} A^k x +$$
$$\frac{1}{(n-1)!}\int_0^\tau T(s) A^{n+1} x ds \int_s^\tau (t-s)^{n-1} dt = \sum_{k=1}^n \frac{\tau^k}{k!} A^k x +$$
$$\frac{1}{n!}\int_0^\tau (\tau-s)^n T(s) A^{n+1} x ds. \quad T(\tau)x - x = \int_0^\tau T(t) Ax dt$$ で
あるから, $T(\tau)x = \sum_{k=0}^n \frac{\tau^k}{k!} A^k x + \frac{1}{n!}\int_0^\tau (\tau-s)^n T(s) A^{n+1} x ds.$
(ii) (i) より $t^{-n}\left[T(t)x - \sum_{k=0}^{n-1} \frac{t^k}{k!} A^k x\right] = \frac{t^{-n}}{(n-1)!}\int_0^t (t-s)^{n-1} T(s) A^n x ds.$ 従って $t^{-n}\left[T(t)x - \sum_{k=0}^{n-1} \frac{t^k}{k!} A^k x\right] - A^n x/n!$
$= \frac{t^{-n}}{(n-1)!}\int_0^t (t-s)^{n-1} [T(s) A^n x - A^n x] ds.$ 任意の $\varepsilon > 0$ に対して $\delta > 0$ を適当に選び, $\|T(s)A^n x - A^n x\| < \varepsilon \;(0 \leq s < \delta)$ とできる. ゆえに $0 < t < \delta$ ならば $\left\|t^{-n}\left[T(t)x - \sum_{k=0}^{n-1}\frac{t^k}{k!} A^k x\right] - A^n x/n!\right\| \leq \varepsilon/n!.$ (iii) (i) の両辺に $e^{-\lambda t}$ を掛けて $t=0$ から ∞ まで積分すると $R(\lambda;A)x = \sum_{k=0}^{n-1}\frac{A^k x}{\lambda^{k+1}} +$
$\frac{1}{(n-1)!}\int_0^\infty e^{-\lambda t}\left[\int_0^t (t-s)^{n-1} T(s) A^n x ds\right] dt = \sum_{k=0}^{n-1}\frac{A^k x}{\lambda^{k+1}} +$
$\frac{1}{(n-1)!}\int_0^\infty e^{-\lambda s} T(s) A^n x \left[\int_s^\infty (t-s)^{n-1} e^{-\lambda(t-s)} dt\right] ds =$
$\sum_{k=0}^{n-1}\frac{A^k x}{\lambda^{k+1}} + \frac{1}{\lambda^n}\int_0^\infty e^{-\lambda s} T(s) A^n x ds.$ ゆえに $\lambda^{n+1}\left[R(\lambda;A)x - \sum_{k=0}^{n-1}\frac{A^k x}{\lambda^{k+1}}\right] = \lambda R(\lambda;A)A^n x \to A^n x \;(\lambda \to \infty)$ ((18.12) 参照).

8. 定理 19.4, およびその証明からわかるように, (i) A は閉作用素, $\overline{D(A)} = X$, (ii) $\{\mu \;;\; |\mu| > 0,\; \mu$ は実数$\} \subset \rho(A)$, $\|[R(\mu;A)]^n\| \leq M|\mu|^{-n} \;(|\mu| > 0,\; \mu$ は実数, $n \geq 0)$. $\lambda >$

0 とする. $(\lambda - A^2)x = -(\sqrt{\lambda} - A)(-\sqrt{\lambda} - A)x$ $(x \in D(A^2))$, $\pm\sqrt{\lambda} \in \rho(A)$ であるから, $(\lambda - A^2)^{-1} = -(-\sqrt{\lambda} - A)^{-1}(\sqrt{\lambda} - A)^{-1} = -R(-\sqrt{\lambda}\,;A)R(\sqrt{\lambda}\,;A) \in B(X)$. ゆえに A^2 は閉作用素, $\lambda \in \rho(A^2)$, かつ $\|[R(\lambda\,;A^2)]^n\| = \|R(-\sqrt{\lambda}\,;A)^n R(\sqrt{\lambda}\,;A)^n\| \leq M^2 \lambda^{-n}$ $(n \geq 0)$ ((ii) による). $D(A) = R(\sqrt{\lambda}\,;A)[X]$, $D(A^2) = R(\sqrt{\lambda}\,;A)[D(A)]$, かつ $\overline{D(A)} = X$ のゆえ, $D(A^2)$ は X で稠密である. よって定理 19.2 から, A^2 は (C_0) 半群を生成する.

9. (i) $x \in D(A)$ に対し, $\operatorname{Re} x^*(Ax) \leq 0$ なる $x^* \in F_x$ を選ぶと $\lambda\|x\|^2 = \lambda x^*(x) \leq \operatorname{Re} x^*(\lambda x - Ax) \leq \|x^*\|\|(\lambda - A)x\| = \|x\|\|(\lambda - A)x\|$. ゆえに $\lambda\|x\| \leq \|(\lambda - A)x\|$ $(x \in D(A))$. (ii) $R(\lambda_0 - A) = X$ であるから, (i) によって $R(\lambda_0\,;A) = (\lambda_0 - A)^{-1} \in B(X)$, $\|R(\lambda_0\,;A)\| \leq 1/\lambda_0$. 従って $|\lambda - \lambda_0| < \lambda_0$ を満たす λ に対し, $R(\lambda) \equiv R(\lambda_0\,;A) \sum_{n=0}^{\infty} [(\lambda_0 - \lambda)R(\lambda_0\,;A)]^n \in B(X)$ が存在する. そして $(\lambda - A) \cdot R(\lambda)x = [(\lambda - \lambda_0) + (\lambda_0 - A)]R(\lambda)x = -(\lambda_0 - \lambda)R(\lambda_0\,;A) \cdot \sum_{n=0}^{\infty} [(\lambda_0 - \lambda)R(\lambda_0\,;A)]^n x + \sum_{n=0}^{\infty} [(\lambda_0 - \lambda)R(\lambda_0\,;A)]^n x = x$ $(x \in X)$. ゆえに $R(\lambda - A) = X$.

10. 必要性: A が $\|T(t)\| \leq 1$ $(t \geq 0)$ を満たす (C_0) 半群 $\{T(t)\,;t \geq 0\}$ の生成作用素ならば, 系 19.3 により A は閉作用素, $\overline{D(A)} = X$ で, かつ $\{\lambda\,;\lambda > 0\} \subset \rho(A)$. よって $R(\lambda - A) = X$ $(\lambda > 0)$. $x \in D(A)$, $x^* \in F_x$ とする. $\operatorname{Re} x^*[T(h)x - x] = \operatorname{Re} x^*(T(h)x) - \|x\|^2 \leq \|x^*\|\|x\| - \|x\|^2 = \|x\|^2 - \|x\|^2 = 0$ であるから, $\operatorname{Re} x^*(Ax) = \lim_{h \to 0+} \operatorname{Re} x^*[(T(h)x - x)/h] \leq 0$. 従って A は消散的である. 十分性: 前問 (ii) により, $|\lambda - \lambda_0| < \lambda_0$ ならば $R(\lambda - A) = X$, とくに $R\left(\dfrac{3}{2}\lambda_0 - A\right) =$

X. 再び前問 (ii) を用いて, $\left|\lambda - \frac{3}{2}\lambda_0\right| < \frac{3}{2}\lambda_0$ ならば $R(\lambda - A) = X$. これを続けて $R(\lambda - A) = X$ ($\lambda > 0$). 従って A は閉作用素, $\{\lambda ; \lambda > 0\} \subset \rho(A)$, かつ $\|R(\lambda ; A)\| \leq \lambda^{-1}$ ($\lambda > 0$) (前問 (i) による). $\overline{D(A)} = X$ であるから, 系 19.3 ($\omega = 0$ として) により A は所要の半群を生成する.

11. $R(I - A) = X$ を示せばよい. 問題 9 (i) より $(1-A)^{-1}$ が存在して $\|(1-A)^{-1}y\| \leq \|y\|$ ($y \in R(I-A)$). これと $(1-A)$ が閉作用素であることから $R(1-A)$ は閉線形部分空間である. いま $R(1-A) \neq X$ とすると, $x_0^*(y) = 0$ ($y \in R(1-A)$) を満足する $0 \neq x_0^* \in X^*$ が存在する. $x_0^*(x - Ax) = 0$ ($x \in D(A)$) のゆえ $x_0^* \in D(A^*)$, $(1-A^*)x_0^* = 0$. 従って任意の $x^{**} \in F_{x_0^*}$ に対し, $0 < \|x_0^*\|^2 = \operatorname{Re} x^{**}(x_0^*) = \operatorname{Re} x^{**}(A^* x_0^*)$. これは A^* が消散的なことに反する.

12. $x \in D(A)$, $x^* \in F_x$ に対し, $\operatorname{Re} x^*(Ax) \leq 0$, $\operatorname{Re} x^*(Bx) \leq 0$ である (問題 10 の必要性の証明参照) から $\operatorname{Re} x^*((A+B)x) \leq 0$. よって $A+B$ は消散的である. 次に, $\|BR(\lambda ; A)x\| \leq a\|AR(\lambda ; A)x\| + \|R(\lambda ; A)x\| = a\|\lambda R(\lambda ; A)x - x\| + \|R(\lambda ; A)x\| \leq (2a + \lambda^{-1})\|x\|$ ($x \in X$, $\lambda > 0$) から $\|BR(\lambda ; A)\| \leq (2a + \lambda^{-1})$ ($\lambda > 0$). $2a < 1$ であるから, 十分大なる $\lambda_0 > 0$ を選ぶと, $2a + \lambda_0^{-1} < 1$, 従って $\|BR(\lambda_0 ; A)\| < 1$. $(I - BR(\lambda_0 ; A))^{-1} = \sum_{n=0}^{\infty} [BR(\lambda_0 ; A)]^n \in B(X)$ であるから, $R(\lambda_0 - (A+B)) = [\lambda_0 - (A+B)](R(\lambda_0 ; A)X) = [(I - BR(\lambda_0 ; A))(\lambda_0 - A)](R(\lambda_0 ; A)X) = (I - BR(\lambda_0 ; A))[X] = X$. さらに $\overline{D(A)} = X$. よって問題 10 により $A+B$ は $\|T(t)\| \leq 1$ なる性質をもつ (C_0) 半群 $\{T(t) ; t \geq 0\}$ の生成作用素である.

13. 作用素 A, B を次のように定義する. $D(A) = \{x(u) ;$

$x(u), x'(u), x''(u) \in C[-\infty, \infty]\}$, $[Ax](u) = \dfrac{1}{4}x''(u)(x(u) \in D(A))$; $D(B) = \{x(u) ; x(u), x'(u) \in C[-\infty, \infty]\}$, $[Bx](u) = cx'(u)$ $(x(u) \in D(B))$. 例 17.2 (およびその注意 1°) からわかるように, A は $\|T_A(t)\| = 1$ を満足する (C_0) 半群 $\{T_A(t) ; t \geq 0\}$ (例 16.3 における半群である) の生成作用素である. また B も $\|T_B(t)\| = 1$ を満たす (C_0) 半群 $\{T_B(t) ; t \geq 0\}$ の生成作用素になっている. (実際, $[T_B(t)x](u) = x(ct + u)$ $(x \in C[-\infty, \infty])$ により $T_B(t)$ $(t \geq 0)$ を定義すると, $\{T_B(t) ; t \geq 0\}$ は (C_0) 半群で, かつ $\|T_B(t)\| = 1$ (例 16.1 参照). 例 17.1 におけると同様にして, B は $\{T_B(t) ; t \geq 0\}$ の生成作用素であることがわかる.) 定義から $D(B) \supset D(A)$. $x(u) \in D(A)$ とする. $x(u+h) = x(u) + hx'(u) + \dfrac{h^2}{2}x''(u+\theta h)$ (ただし $0 < \theta < 1$) から $cx'(u) = \dfrac{c}{h}[x(u+h) - x(u)] - 2ch\dfrac{1}{4}x''(u+\theta h)$. ゆえに $\|cx'(\cdot)\| \leq 2|c/h|\|x(\cdot)\| + 2|ch|\left\|\dfrac{1}{4}x''(\cdot)\right\|$. さて $|ch_0| < 1/4$ であるような $h_0 \neq 0$ を選び, $a = 2|ch_0|$ とおくと, $a < 1/2$ で, $\|Bx\| \leq a\|Ax\| + 2|c/h_0|\|x\|$. 従って, 前問により $A + B$ は (C_0) 半群 $\{T(t) ; t \geq 0\}$ の生成作用素となる. $dT(t)x/dt = (A+B)T(t)x$ $(t \geq 0)$, $\lim_{t \to 0+}\|T(t)x - x\| = 0$ であるから, $x(u, t) = [T(t)x](u)$ は Cauchy 問題の解である.

参考文献

本書を書くのに参考にした単行書をあげておく.
関数解析関係のものとしては
[1] 三村征雄：位相解析（共立，現代数学講座）.
[2] 竹之内脩：函数解析（朝倉）.
[3] 吉田耕作：位相解析Ⅰ（岩波）.
[4] 吉田耕作：位相解析Ⅰ，Ⅱ（岩波，現代応用数学）.
[5] コルモゴロフ・フォーミン：函数解析の基礎（山崎三郎他訳，岩波）.
[6] N. Dunford-J. T. Schwartz : Linear operators I (Interscience Publ., 1958).
[7] C. Goffman-G. Pedrick : First course in functional analysis (Prentice-Hall, 1965).
[8] E. Hille-R. S. Phillips : Functional analysis and semi-groups (Amer. Math. Soc. Colloq. Publ., 1957).
[9] F. Riesz-B. Sz. Nagy : Leçons d'analyse fonctionnelle (Acad. Kiadó, 1955).
[10] A. E. Taylor : Introduction to functional analysis (John Wiley & Sons, 1958).

[11] K. Yosida : Functional analysis (Springer, 1965).

実解析関係のものとしては

[12] 藤原松三郎：微分積分学Ⅰ（内田老鶴圃）.
[13] 伊藤清三：ルベーグ積分入門（裳華房）.
[14] 泉　信一：実函数論（宝文館）.
[15] 鶴見　茂：測度と積分（理工学社）.
[16] 鶴見　茂：現代解析学序説（共立全書）.
[17] H. L. Royden : Real analysis (Macmillan, 1963).
[18] D. V. Widder : The Laplace transform (Princeton, 1941).

解　説

新井 仁之

　2018年の夏，ちくま学芸文庫の編集の方から一通の電子メールを頂いた．今度，宮寺功著『関数解析』（第2版）を文庫として出版するので，ついてはその解説を執筆してほしいという依頼であった．

　『関数解析』は1972年に理工学社から刊行された本であるが，理工学社そのものがなくなってしまい，そのため書店からずっと姿を消したままだった．私自身，この本の第1版で関数解析を学んだということもあって，このまま埋もれてしまうのは大変残念なことだと感じていた．それが文庫として復刊されるというのである．何ともうれしい知らせであった．

　ところで，本の解説を書くというのは，ブログや雑誌で書評を書くのとは違い，なにしろその本の一部分になるのであるから，責任は重大である．じつは宮寺先生は私の母校である早稲田大学教育学部数学専修（現在の数学科）の創設と発展に大きく貢献した方であり，恩師の一人でもある．私のようなものが先生のご著書の解説をお引き受けしてよいものかどうか，かなり迷うところがあった．しか

し,私事だがこの4月に三十数年ぶりに早稲田大学教育学部数学科に戻り,奇しくもかつて宮寺先生から教わった微積分の授業を担当している.そんな折,この解説のお話があったのも何かの縁と考え,結局お引き受けすることにした.

ここでは,『関数解析』について,宮寺先生の思い出も交えて解説をしたいと思う.

関数解析とは

まず本書の紹介を始める前に,そもそも関数解析とはどのような分野かを記しておこう.関数解析が生まれたのは20世紀初頭である.フランスの数学者フレッシェ(1906),アダマール(1903),F.リース(1909)らが先鞭をつけ,1932年にポーランドの数学者バナッハが上梓した『線形作用素の理論』により,一つの分野として確立された.関数解析の特徴は,本書『関数解析』の序文にいみじくも要約されているように

「古典的な解析学では,主として個々の関数や方程式の性質を取り扱ってきたのに対し」

関数解析は

「関数の集合である関数空間を考え,そこにおいて定義される作用素(関数空間の各要素に他の関数空間の要素を対応させる写像)の性質を位相的方法により研

究し，解析学の理論を展開する」

ものである．位相的方法によるため，かつては位相解析と呼ばれることもあった．個々の関数ではなく，関数の集合を扱うという点が古典解析学と一線を画するものであり，この新しい視点が20世紀以降の解析学の発展の原動力の一つとなった．

関数解析の骨組みを浮き彫りにした本

関数解析はバナッハらの抽象的理論の構築と相まって，解析学のさまざまな分野に大きな影響を与えた．特に偏微分方程式論，調和解析などはおそらく非常に影響を受けた分野といえるだろう．またフォン・ノイマンによるヒルベルト空間論を用いた量子力学の数学的基礎づけの仕事もエポックメーキングなものであった．

このため関数解析の教科書では，しばしば抽象的理論と共に応用も解説する本が多い．これに対して本書は関数解析の抽象的理論を重点的に解説している．いわば窓も壁も取り除いて，関数解析という建造物の骨組みを透かして見せている本であるといえよう．といっても，関数解析の易しい部分だけを取り上げたり，複雑な証明を端折っているというわけではない．丁寧な記述で，かなり深い部分まで切り込んでいる．

飾り気のない導入

　一口に関数からなる集合といっても様々なものが考えられる．バナッハの卓見の一つは関数の様々な集合に潜む本質的な性質を見抜き，それを公理とした「Banach（バナッハ）空間」を定義したことである．バナッハ以降の関数解析は Banach 空間を主軸の一つに発展したといっても過言ではないだろう．本書はこの Banach 空間の定義から始まっている．L. シュワルツによる超関数の理論や弱位相，∗弱位相と呼ばれる位相を視野に入れるならば，Banach 空間よりも一般的な位相線形空間の定義から入るのが順当かもしれない．しかし，関数解析を初めて学ぶ者にとっては，位相線形空間の話はいささか一般的過ぎて勉強しにくいきらいがある．その点，本書のように即座に Banach 空間に入り，位相に関する議論は最小限に留めるというのも有効な方法である．

　しかも本書における導入は極めて直截的である．少し飾り気のある人ならば，Banach 空間が導入された歴史やら Banach 空間がいかに重要かをほのめかしてから，定義に入るかもしれない．しかし，一切の虚飾を廃して，書き出しはこうである．

　　1 章 Banach 空間
　　§1. Banach（バナッハ）空間の定義
　　1.1 線形空間
　　定義 1.1. $\varPhi$ を複素数体または実数体とする．……

この冒頭だけからも本書の雰囲気がすぐにわかるであろう．

　じつはこれが宮寺先生のスタイルである．講義のときもそうであった．宮寺先生の講義をいくつか受講したことがあるが，先生は講義ノートを片手に黒板に向かい，板書しながら「X を Banach 空間とする」といったように始める．枕も何もない．それから淡々と議論を進め，その日の目玉となる定理にぐいぐいと迫っていく．板書は几帳面な字体で終始くずれることはなく，内容は非常によく構成されていて過不足がない．過不足がないというのは，掛値なく言葉のとおりで，不要な部分もないし，行間もない．つまり板書を読めば，定理の証明が容易にフォローできるのである．本書には宮寺先生のこの講義の流儀がそのまま現れているといえるだろう．もっとも私が学生のときの関数解析の講義は，『関数解析』を教科書としていたが，担当教員は宮寺先生ではなかった．しかし宮寺先生の他の講義はこういった進め方のものであった．

　さて，本書は先に述べた冒頭から始まり，線形空間，ノルム空間，Banach 空間の定義と若干の位相について解説する．それから Banach 空間の代表的な例として数列空間 (c), (l^p), 関数空間 $C[a,b]$, $L^p(a,b)$ が挙げられる．

　こののち，Hilbert（ヒルベルト）空間が定義される（2.3 節）．余談だが私がこの本を初めて読んだとき，最初にインパクトを受けたのがこの 2.3 節に挙げられている定理 2.2 であった．Banach 空間 (l^p), $L^p(a,b)$ の中で

Hilbert 空間になるのは $p=2$ の場合だが,一般にどのようなとき Banach 空間が Hilbert 空間たりうるか.当然この疑問が沸き起こる.それに答えるのが次の定理 2.2 である.

定理 2.2 ノルム空間 X に $\|x\| = \sqrt{(x,x)}$ となるように,内積 $(\cdot,\cdot)$ を定義し得るための必要十分条件は,X の任意の 2 点 x, y に対して
$$\|x+y\|^2 + \|x-y\|^2 = 2\|x\|^2 + 2\|y\|^2$$
が成立することである.

これは P. Joran と von Neumann により 1935 年に発表された結果である.定理の必要十分条件となっている等式は中線定理と呼ばれるものである.自然な問いに対するこの美しい答えに非常に感銘を受けたことを今でも覚えている.

基本的な四つの定理とその周辺

続いて第 2 章から第 3 章において解説されるのは,関数解析の基礎をなす四つの定理である.本に載っている順にあげると,一様有界性定理,開写像定理,閉グラフ定理,Hahn-Banach(ハーン・バナッハ)の定理である.まずキーとなる Baire(ベール)のカテゴリー定理が証明され,続いて一様有界性定理などが証明されていく.Hahn-Banach の定理は,線形汎関数の拡張という解析的な形で解説されている.Hahn-Banach の定理には幾何的

な形もあるが,しかし本書では主に解析的な形が扱われ,拡張定理としての Hahn-Banach の定理を読者に印象付けている.

これらの定理,特に Hahn-Banach の定理を基軸にして,第 4 章では共役空間が論じられる.弱収束,＊弱収束,共役作用素が扱われ,Hilbert 空間の F. Riesz の定理などもこの章で証明される.さらに第 5 章では完全連続作用素（コンパクト作用素）と固有値問題に関する議論が繰り広げられる.

第 2 章から第 5 章の内容は,関数解析を学ぶのであれば必ず押さえておきたい根幹の部分である.そのためここは関数解析の入門書の主要部になるのだが,じつはどのような切り口で話を進めるのかが難しいところでもある.もし応用例を交えて解説するならば,関数解析の有用性を教えることはできる.しかしそのためには結構なページ数を必要とし,なかなか先に進めないというもどかしさを読者に感じさせてしまう.とはいえ応用がなければ個々の定理の意義を説明することは困難である.執筆者にとっては手腕が問われる難所の一つであるといえよう.

ところが,本書では理論と応用の中庸な道を選ぶのではなく,余計な手を一切加えることなく理論重視で,あっという間に関数解析の基本が手際よく解説されていく.料理で言えば,素材の美味さをそのまま引き出す調理法である.私が本書を学んだときの印象を言うならば,ただひたすら理論としての関数解析の面白さを味わうことができ

た.たとえば,線形部分空間上の有界線形汎関数が,汎関数ノルムを保存したまま全空間に拡張できることなど,応用がなくてもそれだけで感動的であった.本書のおかげで短い期間に関数解析の主要定理を一挙に学べたことは非常によかったと思う.

意外と役に立つ Bochner 積分の解説

本書の中で忘れてはいけないのが第6章であろう.この章では Bochner(ボッホナー)積分が詳しく解説されている.Bochner 積分とは Banach 空間値関数の積分である.この章は続く第7章の準備を意図して設けられたものと思われるが,Bochner 積分をここまで丁寧に,かつコンパクトに解説している和書はあまりない.この章の部分だけでも Bochner 積分入門として活用できるものである.

作用素半群

そしていよいよ本書のクライマックスである最終章に突入する.ここでは線形作用素の半群,特に Hille(ヒレ)・吉田の定理を学ぶことができる.線形作用素の半群の理論は吉田耕作らによって創始された理論であるが,じつは宮寺先生のこの理論への貢献も大きい.たとえば岩波数学辞典(第3版)では Hille・吉田の定理を一般化した定理も含めて,一括して吉田-Hille の定理,または Hille-吉田-Feller-Phillips-宮寺の定理と呼ばれることがあるとし

ている.

ところで私が学生であった頃,宮寺先生の周りには多くの作用素半群の研究者が集まり,教育学部数学教室は作用素半群の研究で活気に満ち溢れていた.そういう環境のせいか,私自身は宮寺先生の研究室に所属しているわけではなく,学部のセミナーでは多変数複素解析を学んでいたが,何となく作用素の半群は学んでおくべきもので,最低限本書くらいはマスターしておくべきものという意識がしみ込んでいた.

ところが勉強というのはいつ役に立つのかわからないもので,大学院で多様体上の調和解析を専門にするようになって,E. M. Stein の講義録や S.-T. Yau の論文を読むのに,リー群や多様体上の拡散半群が必要となった.学部のときに線形作用素の半群を勉強しておいたことが図らずも大いに役立った.

話を元にもどそう.線形作用素の半群とはどのようなものかというと,Banach 空間 X 上の有界線形作用素の族 $\{T(t):t>0\}$ で
$$T(t+s)=T(t)T(s)$$
をみたすものである.さらに $T(0)=I$(I は恒等作用素)とし,$t\in[0,\infty)$ に関してある種の連続性(定義 16.3 参照)を仮定したものが (C_0) 半群と呼ばれ,本書の主役となっている.

(C_0) 半群の一つの重要な例はいわゆる熱半群(heat semigroup)である.これは 1 次元ユークリッド空間の場

合を書くならば,

$$C[-\infty, \infty] = \left\{ x : \begin{array}{l} x \text{ は } \boldsymbol{R} \text{の実数値連続関数で,} \\ \lim_{|u| \to \infty} x(u) \in \boldsymbol{R} \text{ が存在} \end{array} \right\}$$

として,

$$[T(t)x](u) = \frac{1}{\sqrt{\pi t}} \int_{-\infty}^{\infty} e^{-v^2/t} x(u+v) dv \ (t > 0)$$

により定義される（例 16.3）. ここで $C[-\infty, \infty]$ は $\|x\|_\infty = \sup_{u \in \boldsymbol{R}} |x(u)|$ をノルムとする Banach 空間である. $[T(t)x](u)$ を $t > 0$ と $u \in \boldsymbol{R}$ の関数とみなすと, 微分計算により

$$\frac{\partial}{\partial t}[T(t)x](u) = \frac{1}{4} \frac{\partial^2}{\partial u^2}[T(t)x](u)$$

が得られるが, この関係式は熱方程式である. つまり熱半群は熱方程式の解を与えると考えられる. ここでは天下り的に最初に半群を与え, そこから方程式を導き出しているが, 実際には逆に方程式があって, その解を与えるような半群を見つけることが重要である.

Hille・吉田の定理（の帰結）は次のようなものである. $\frac{1}{4} \frac{\partial^2}{\partial u^2}$ の代わりに Banach 空間 X の稠密な部分空間で定義された閉線形作用素 A を考える. 定義など詳細は本書第7章を参照していただくことにして, 大雑把に言えば, A が適切な条件を満たすならば, A を生成作用素とするような X 上のある種の (C_0) 半群 $\{T(t) : t > 0\}$ が存

在し，（したがって）A の定義域に属する x に対して

$$\frac{d}{dt}T(t)x = AT(t)x = T(t)Ax$$

が成り立つ（正確な命題は定理 19.2 と系 19.3 を参照）．

本書の締めくくりは §20 であり，そこでは (C_0) 半群とその生成作用素の諸性質を踏まえて抽象的 Cauchy 問題が組織的に取り上げられる．

おわりに

以上で『関数解析』の解説を終える．

最後に個人的な思い出を少しだけ書かせていただこうと思う．宮寺先生は私が入学したときのクラス担任でもあり，また微積分の担当教員でもあった．その関係でよく質問に行った．ちょうど大学 1 年の夏休みが終わったころだったろうか，夏休みにルベーグ積分を勉強したので，ルベーグ積分の本の最後の方で触れられていた関数解析を勉強したいと話したところ，書棚にあった『関数解析』の第 1 版を下さり，これを読むといいと言われた．それで本書を読み始めたのが，『関数解析』との出会である．その後あるとき，先生が雑談で熱半群の話をされたことがあった．そのとき私が「正規分布ですね」というと，「そうそう」と言って急に上機嫌になられ，さらにいろいろとお話をしてくださった．特に気の利いたことを言ったわけでもないのに非常に上機嫌になられたので，今でも何故かそのときのことが気にかかり，ときどき理由を考えてい

る．

　3年生になり研究室の配属が決まり，私は複素解析を志望したので先生の研究室ではなかったが，その後も先生のところにお話を伺いに行くと，いろいろと話をしてくださった．非線形半群の研究を始められた頃のこと，オーストラリアで過ごされた日々，ブルガリアやポーランドでの研究会のこと，比較的外国の話題が多かったように思う．

　しかし，大変残念なことに宮寺先生は 2017 年 2 月にご逝去された．先生がこの文庫版をご覧になることはない．せっかく文庫になったのに，何とも残念で仕方がない．もしも先生がこの文庫を手にされたら，さぞやお喜びになることだろうと想像している．ただ一抹の不安も感じている．それは多分，いや必ず

「新井君，この解説は蛇足だよ．」

と言われる気がするからである．困ったような顔でおっしゃるのか，それとも，先生はあまり怒らないかたであったので，にこにこしながら言われるのか，今となってはもうわからない．いずれにせよ，先生には何とかご容赦いただけることを願ってやまない．

本書に関連した文献

　[M1] I. Miyadera, Generation of strongly continuous semi-groups of operators, Tôhoku Math. J., 4 (2) (1952), 109–114.

　[M2] 宮寺功，非線形半群，紀伊國屋書店，1977．

[M3] 宮寺功,線形作用素入門,槇書店,1975.

(あらい・ひとし／早稲田大学教育・総合科学学術院教授)

索引

A

アルジブラ, algebra 56
Ascoli-Arzelà (アスコリ・アルツェラ) の定理,
 Ascoli-Arzelà's theorem 172

B

Baire (ベール) のカテゴリー定理, Baire's category theorem 62
Banach アルジブラ, Banach algebra 56
Banach (バナッハ) 空間, Banach space 22
Banach 極限, Banach limit 99
Banach-Steinhaus (バナッハ・スタインハウス) の定理,
 Banach-Steinhaus's theorem 65
ベクトル空間, vector space 13
Bernstein (ベルンスタイン) の定理, Bernstein's theorem 290
Bessel (ベッセル) の不等式, Bessel's inequality 45
B 型空間 22
Bochner 可積分, Bochner integrable 211
Bochner (ボッホナー) の定理, Bochner's theorem 215
Bochner 積分, Bochner integral 211
Bochner 積分 (単純関数の) 211

C

Cauchy (コーシー) 点列, Cauchy sequence 22
値域, range 47
超平面, hyperplane 81
直交, orthogonal 45, 143, 194
直交補空間, orthogonal complement 143
直交系, orthogonal system 45
直積空間, product space 71
稠密, dense 20
抽象的 Cauchy 問題, abstract Cauchy problem 305
(C_0) 群, (C_0)group 302
(C_0) 半群, (C_0)semi-group 256
$(C_0)_u$ 半群, $(C_0)_u$ semi-group 256

D

台, carrier 232
同型 (ノルム空間として), isomorphic 104
同程度一様連続, equi-uniformly continuous 172

E

ε近傍, ε neighborhood　19

F

Fredholm（フレドホルム）の交替定理, Fredholm's alternative theorem　197

複素 Banach 空間, complex Banach space　22

複素ノルム空間, complex normed space　18

複素線形空間, complex linear space　14

G

グラフ, graph　71

逆作用素, inverse operator　51

H

Hahn-Banach（ハーン・バナッハ）の定理, Hahn-Banach's theorem　89, 93

半群, semi-group　251

汎関数, functional　78

張られる閉線形部分空間（Sによって）, closed linear subspace spanned (by S)　21

張られる線形部分空間（Sによって）, linear subspace spanned (by S)　16

閉グラフ定理, closed graph theorem　74

閉包, closure　19

閉球, closed sphere　19

閉両側イデアル, closed two-sided ideal　182

閉作用素, closed operator　71

閉線形部分空間, closed linear subspace　21

閉集合, closed set　19

閉右（左）イデアル, closed right (left) ideal　182

左弱連続（半群）, weakly left continuous　254

左強微係数, strong left derivative　236

Hilbert（ヒルベルト）空間, Hilbert space　43

Hille（ヒレ）・吉田の定理, Hille-Yosida's theorem　301

Hölder（ヘルダー）の不等式, Hölder's inequality　38

本質的上限, essentially supremum　34

本質的に有界, essentially bounded　34

殆んど可分値的, almost separably-valued　202

I

一次独立, linearly independent　16

一次従属, linearly dependent　16

一次結合, linear combination　16

一様可測, uniformly measurable　207

一様連続半群, uniformly

continuous semi-group 251
一様有界性の定理, uniform boundedness theorem 63

J

弱微分可能, weakly differentiable 235
弱微係数, weak derivative 236
弱 Cauchy 点列, weak Cauchy sequence 155
弱完備, weakly complete 155
弱可測 (作用素値関数の), weakly measurable 207
弱可測 (ベクトル値関数の) 201
弱極限, weak limit 109
弱連続, weakly continuous 228
弱連続半群, weakly continuous semi-group 251
弱収束, weak convergence 109
弱点列コンパクト, weakly sequentially compact 114
Jensen (エンセン) の不等式, Jensen's inequality 29
実 Banach 空間, real Banach space 22
実 Hilbert 空間, real Hilbert space 43
実内積空間, real inner product space 39
実ノルム空間, real normed space 18
実線形空間, real linear space 14
上界, upper bound 88
剰余スペクトル, residual spectrum 158
順序, order 88
順序集合, partially ordered set 88

K

可分, separable 20
可分値的, separably-valued 202
解 (抽象的 Cauchy 問題の), solution 305
回帰的, reflexive 106
開球, open sphere 19
開写像定理, open mapping theorem 69
開集合, open set 19
完備, complete 22
完備化, completion 22
完全直交系, complete orthogonal system 45
完全連続作用素, completely continuous operator 167
コンパクト作用素, compact operator 167
恒等作用素, identity operator 56
固有ベクトル, eigenvector 158
固有値, eigenvalue 158
固有空間, eigenspace 158
強微分可能, strongly differentiable 236
強微係数, strong derivative

236
共役空間, conjugate space 101
共役作用素, conjugate operator 148
強可測（ベクトル値関数の）, strongly measurable 202
強可測（作用素値関数の） 207
共鳴定理, resonance theorem 63
強連続, strongly continuous 228
強連続半群, strongly continuous semi-group 251
強収束, strong convergence 110
強有界変分, strong bounded variation 237
強絶対連続, strongly absolutely continuous 237
極大元, maximal element 88
極限, limit 19

M

右（左）イデアル, right (left) ideal 181
右（左）弱微係数, weak right (left) derivative 236
右弱連続（半群）, weakly right continuous 254
右強微係数, strong right derivative 236
Minkowski（ミンコウスキー）の不等式, Minkowski's inequality 31

無限次元, infinite dimension 16

N

n 次元, n dimension 17
n 次元 Euclid（ユークリッド）空間, n dimensional Euclidean space 24
n 次元ユニタリー空間, n dimensional unitary space 25
内積, inner product 38
内積空間, inner product space 39
C. Neumann（ノイマン）の級数, C. Neumann's series 57
ノルム, norm 18
ノルム（作用素の） 50
ノルム（線形汎関数の） 79
ノルム空間, normed space 18

P

p 乗 Lebesgue（ルベーグ）積分可能 31
Parseval（パーセバル）の等式, Parseval's equality 46
Pettis（ペティス）の定理, Pettis's theorem 202

R

Radon-Nikodým（ラドン・ニコディム）の定理, Radon-Nikodým's theorem 238
零作用素, null operator 54
連続（作用素の）, continuous 48

連続（線形汎関数の）79
連続作用素, continuous operator 48
連続スペクトル, continuous spectrum 158
F. Riesz（リース）の補助定理, F. Riesz's lemma 168
F. Riesz（リース）の定理, F. Riesz's theorem 124, 138, 146
両側イデアル, two-sided ideal 182
レゾルベント, resolvent 158
レゾルベント集合, resolvent set 158

S

作用素, operator 47
Schwarz（シュワルツ）の不等式, Schwarz's inequality 39
正規直交系, orthonormal system 45
生成される閉線形部分空間（Sから）, closed linear subspace generated (by S) 21
生成される線形部分空間（Sから）, linear subspace generated (by S) 16
生成作用素, infinitesimal generator 267
積（スカラーとベクトルの）, product 14
積（作用素の）53
積分順序の交換定理, interchange of the order of integration 225
積分作用素, integral operator 171
線形部分空間, linear subspace 15
線形部分空間（ノルム空間の）21
線形汎関数, linear functional 78
線形順序集合, linearly ordered set 88
線形空間, linear space 13
線形作用素, linear operator 47
線形作用素の半群, semi-group of linear operators 251
自然な写像, natural mapping 105
スペクトル, spectrum 158
スペクトル半径, spectral radius 167
＊弱極限, weak* limit 111
＊弱収束, weak* convergence 111
射影, projection 146
射影作用素, projection operator 146
消散的, dissipative 318
集積点, accumulation point 19
収束（点列の, 級数の）, convergence 19
収束定理, convergence theorem 220

T

単純関数, simple function 202
Taylor（テイラー）の定理の一般

化, generalization of Taylor's theorem 289
定義域, domain 47
点列コンパクト, sequentially compact 167
点スペクトル, point spectrum 158
凸集合, convex set 145

U

上への作用素（X から Y の）, operator from X onto Y 47

W

和（ベクトルの）, sum 13
和（作用素の） 53

Y

有限値的単純関数, finitely-valued simple function 231
有限次元, finite dimension 16
有界, bounded 20
有界（作用素の） 49
有界（線形汎関数の） 79

Z

全順序集合, totally ordered set 88
0次元, 0 dimension 17
Zorn（ツォルン）の補題, Zorn's lemma 88

本書は一九九六年二月二十五、理工学社から刊行された。

ファインマンさん　最後の授業	レナード・ムロディナウ 安平文子 訳	科学の魅力とは何か？ 創造とは、そして死とは？ 老境を迎えた大物理学者との会話をもとにつづった、珠玉のノンフィクション。
生物学のすすめ	ジョン・メイナード＝スミス 木村武二 訳	20世紀生物学に多大な影響を与えた大家が、複雑な生命現象を理解するためのキー・ポイントを易しく解説。
現代の古典解析	森　毅	おなじみ一刀斎の秘伝公開！ 極限と連続に始まり、指数関数と三角関数を経て、偏微分方程式に至る、読み切り22講義。
数の現象学	森　毅	4×5と5×4はどう違うの？ きまりごとの算数からその深みへ誘う認識論的数学エッセイ。日常の中の数を見晴らしのきく、ユニークな歴史文化に探る。
ベクトル解析	森　毅	1次元線形代数学から多次元へ、1変数の微積分から多変数へ。応用面とは異なる、教育的重要性を軸に展開するベクトル解析のココロ。
対談 数学大明神	森　毅 安野光雅	数楽的センスの大饗宴！ 読み巧者の数学者と数学ファンの画家が、とめどなく繰り広げる興趣つきぬ数学談義。
応用数学夜話	森口繁一	俳句は何兆まで作れるのか？ 安売りをしてもっとも効率的に利益を得るには？ 世の中の現象と数学をむすぶ読み切り18話。（伊理正夫）
フィールズ賞で見る現代数学	マイケル・モナスティルスキー 眞野元 訳	「数学のノーベル賞」とも称されるフィールズ賞。その誕生の歴史、および第一回から二〇〇六年までの歴代受賞者の業績を概説。
エレガントな解答	矢野健太郎	ファン参加型のコラムはどのように誕生したか。師アインシュタインと相対性理論、パスカルの定理などやさしい数学入門エッセイ。（一松信）

| ゲームの理論と経済行動Ⅰ（全3巻） | ノイマン／モルゲンシュテルン 銀林／橋本／宮本監訳 | 今やさまざまな分野への応用いちじるしい「ゲーム理論」の嚆矢とされる記念碑的著作。第Ⅰ巻はゲームの形式的記述とゼロ和2人ゲームについて。 |

ゲームの理論と経済行動Ⅱ
ノイマン／モルゲンシュテルン
銀林／橋本／宮本監訳
銀林／橋本／下島訳

第Ⅰ巻でのゼロ和2人ゲームの考察を踏まえ、第Ⅱ巻ではプレイヤーが3人以上の場合のゼロ和ゲーム、およびゼロ和ゲームの合成分解について論じる。

ゲームの理論と経済行動Ⅲ
ノイマン／モルゲンシュテルン
銀林／橋本／宮本監訳
銀林／宮本訳

第Ⅲ巻では非ゼロ和ゲームにまで理論を拡張。これまでの数学的結果をもとにいよいよ経済学的解釈を試みる。全3巻完結。 （中山幹夫）

計算機と脳
J・フォン・ノイマン
柴田裕之訳

脳の振る舞いを数学で記述することは可能か？ 現代のコンピュータの生みの親でもあるフォン・ノイマン最晩年の考察。

数理物理学の方法
J・フォン・ノイマン
伊東恵一編訳

多岐にわたるノイマンの業績を展望するための文庫オリジナル編集。本巻は量子論・統計力学など物理学の重要論文四篇を収録。全篇新訳。

作用素環の数理
J・フォン・ノイマン
長田まりゑ編訳

終戦直後に行われた講演「数学者」と、「作用素環について」Ⅰ〜Ⅳの計五篇を収録。一分野としての作用素環論を確立した記念碑的業績を網羅する。

フンボルト 自然の諸相
アレクサンダー・フォン・フンボルト
木村直司編訳

中南米オリノコ川で見たものとは？ 植生と気候、緯度と地磁気などの関係を初めて認識した、自然学を継ぐ博物・地理学者の探検紀行。

新・自然科学としての言語学
福井直樹

気鋭の文法学者によるチョムスキーの生成文法解説書。文庫化にあたり旧著を大幅に増補改訂し、付録として黒田成幸の論考「数学と生成文法」を収録。

電気にかけた生涯
藤宗寛治

実験・観察にすぐれたファラデー、電磁気学にまとめたマクスウェル、ほかにクーロンやオームなど科学者十二人の列伝を通して電気の歴史をひもとく。

生物学の歴史	中村禎里	進化論や遺伝の法則は、どのような論争を経て決着したのだろう。生物学との歴史を高い水準でまとめあげた壮大な通史。
不完全性定理	野﨑昭弘	事実・推論・証明……。理屈っぽいとケムたがられたっぷりにもとづいたゲーデルへの超入門書。
数学的センス	野﨑昭弘	美しい数学とは詩なのか。いまさら数学者にはなれないけれどそれを楽しめたら……。そんな期待に応えてくれる心やさしいエッセイ風数学再入門。
高等学校の確率・統計	黒田孝郎/森毅/小島順/野﨑昭弘ほか	成績の平均や偏差値はおなじみでも、実務の水準とは隔たりが！　基礎からやり直したい人のために伝説の検定教科書を指導書付きで復活。
高等学校の基礎解析	黒田孝郎/森毅/小島順/野﨑昭弘ほか	わかってしまえば日常感覚に近いものながら、数学挫折のきっかけの微分・積分。そこへひともといた再入門のための検定教科書第2弾！
高等学校の微分・積分	黒田孝郎/森毅/小島順/野﨑昭弘ほか	高校数学のハイライト微分・積分！　その入門コース『基礎解析』に続く本格コース。公式暗記の学習からほど遠い、特色ある教科書の文庫化第3弾。
トポロジーの世界	野口廣	ものごとを大づかみに捉える、その極意を、数式に不慣れな読者との対話形式で、図を多用し平易・直感的に解き明かす入門書。（松本幸夫）
エキゾチックな球面	野口廣	7次元球面には相異なる28通りの微分構造が可能！　フィールズ賞受賞者を輩出したトポロジー最前線を臨場感ゆたかに解説。
数学の楽しみ	テオニ・パパス　安原和見訳	ここにも数学があった！　石鹼の泡、くもの巣、雪片曲線、一筆書きパズル、魔方陣、DNAらせん……。イラストも楽しい数学入門150篇。

書名	著者/訳者	紹介文
数は科学の言葉	トビアス・ダンツィク 水谷淳訳	数感覚の芽生えから実数論・無限論の誕生まで、数万年にわたる人類と数の歴史を活写。アインシュタインも絶賛した数学読み物の古典的名著。
一般相対性理論	P・A・M・ディラック 江沢洋訳	一般相対性理論の核心に最短距離で到達すべく、卓抜けた数学的記述で簡明直截に書かれた天才ディラックによる不朽の書。詳細な解説を付す。
幾何学	ルネ・デカルト 原亨吉訳	哲学のみならず数学においても不朽の功績を遺したデカルト。『方法序説』の本論として発表された『幾何学』、初の文庫化! (佐々木力)
不変量と対称性	今井淳/寺尾宏明/中村博昭	変えても変わらない不変量とは? そしてその意味や用途とは? ガロア理論や結び目の現代数学に現われる、上級の数学センスをさぐる7講義。
物理の歴史	リヒャルト・デデキント 渕野昌訳・解説	「数とは何かそして何であるべきか?」「連続性と無理数」の二論文を収録。現代的な視点から数学の基礎付けを試みた充実の訳者解説を付す。新訳。(江沢洋)
数とは何かそして何であるべきか	朝永振一郎編	湯川秀樹のノーベル賞受賞。その中間子論とは何なのだろう。日本の素粒子論を支えてきた第一線の学者たちによる平明な解説書。(銀林浩)
代数的構造	遠山啓	群・環・体など代数の基本概念の構造を、卓抜な比喩とていねいな計算で確かめていく抽象代数学入門。
現代数学入門	遠山啓	現代数学、恐るるに足らず! 学校数学より日常の感覚の中に集合や構造、関数や群、位相の考え方を探る大人のための入門書。
代数入門	遠山啓	文字から文字式へ、そして方程式へ。巧みな例示と丁寧な叙述で「方程式とは何か」を説いた最晩年の名著。遠山数学の到達点がここに! (小林道正)

ちくま学芸文庫

関数解析
二〇一八年十一月十日 第一刷発行

著　者　宮寺　功（みやでら・いさお）
発行者　喜入冬子
発行所　株式会社　筑摩書房
　　　　東京都台東区蔵前二-五-三　〒一一一-八七五五
　　　　電話番号　〇三-五六八七-二六〇一（代表）
装幀者　安野光雅
印刷所　大日本法令印刷株式会社
製本所　株式会社積信堂

乱丁・落丁本の場合は、送料小社負担でお取り替えいたします。
本書をコピー、スキャニング等の方法により無許諾で複製することは、法令に規定された場合を除いて禁止されています。請負業者等の第三者によるデジタル化は一切認められていませんので、ご注意ください。

© TAKASHI MIYADERA 2018 Printed in Japan
ISBN978-4-480-09889-4 C0141